环保投资并购管理

夏季春　夏　天　著

U0376520

中国建筑工业出版社

图书在版编目（CIP）数据

环保投资并购管理 / 夏季春，夏天著 . — 北京：
中国建筑工业出版社，2021.4
ISBN 978-7-112-26017-1

Ⅰ . ①环… Ⅱ . ①夏… ②夏… Ⅲ . ①企业环境管理
—环保投资②环保产业—企业兼并 Ⅳ . ①X196②X324

中国版本图书馆 CIP 数据核字（2021）第 053670 号

　　本书分 17 章，分别是环保并购概论、环保并购战略、基于价值的环保并购、
环保企业并购程序、环保行业并购分析、环保并购中的尽职调查、环保并购谈判、
环保并购中特许经营权、环保并购运营示例、环保并购股权转让、环保并购财务
预测、环保并购公司章程、环保并购咨询公司、环保并购利益相关者、环保并购
中的创新、环保并购绩效评价、环保并购风险控制。

　　本书可供环保、证券、发展改革委、建设、水利、市政等行政主管部门参考；
可作为环保公司参考书，亦可作为高等院校相关专业，如环境学院、管理学院、
商学院等师生的教学参考书。

＊　　　＊　　　＊

责任编辑：于　莉　杜　洁
责任校对：李欣慰

环保投资并购管理

夏季春　夏　天　著

＊

中国建筑工业出版社出版、发行（北京海淀三里河路 9 号）
各地新华书店、建筑书店经销
北京红光制版公司制版
北京建筑工业印刷厂印刷

＊

开本：787 毫米×1092 毫米　1/16　印张：15¾　字数：393 千字
2021 年 1 月第一版　　2021 年 1 月第一次印刷
定价：**58.00** 元
ISBN 978-7-112-26017-1
（36740）

前　　言

　　并购是一场没有硝烟的战争，虽然发生于经济领域，却与上层建筑息息相关。江湖戏言："不并购是等死，并购了是找死"。正确的并购战略，是成功的第一步。《淮南子·本经训》："四时者，春生夏长，秋收冬藏，取予有节，出入有时，开阖张歙，不失其叙，喜怒刚柔，不离其理。"

　　本书适应当前环保先进技术＋并购，需要通过先进管理来实现的形势，对环保并购进行理论＋实践式的归纳，侧重于实战。作为环保行业资深人士，介绍了作者亲身经历的很多并购实战小故事，从而帮助该领域通过并购提高环保企业运营管理竞争力。

　　本书源自作者在世界500强公司中顶尖环境公司负责环保投资并购的亲身体会，带领团队历经了众多具体环保并购项目的成功和失败磨练，百战归来，通过对多年来的环保并购实战经验的系统梳理，结合相关并购理论，视角独到，总结、归纳、凝炼、升华，提出了自己的环保并购理念，见解新颖。因此，本书中的很多方法是其他类似书本上找不到的，具有新颖性、实用性、启发性、创新性等特点，同时，也填补了环保投资并购领域创新与实战的空白。

　　本书每个章节采用理论加实际操作（以小故事形式）模式展开，不同于普通的并购类理论说教式图书，实战＋创新＋理论＋趣味＋历史。综合了环保行业的几个并购实践案例，有理有据，虚实结合，详细剖析，生动活泼，行云流水，自然而成。

　　本书中展示了环保行业并购实战案例，综合了上海、天津等环保公司股权并购中的实操经验，按照以下逻辑展开：信息收集→信息分析→接触了解→沟通政府→项目分析→尽职调查→财务分析→法律分析→方案拟定→谈判→合同→合资公司成立→后期跟进优化→评估等。

　　记得曾经在南京大学给MBA学员进行培训讲座时，学员们情绪激歔、高涨，毕竟，并购是这帮商业精英们提升企业核心竞争力及品位所迫切追求的。当时，讲座结束后，有几位听众给我递交了名片，竟然是校外很大公司的老总和律师事务所高级合伙人，实在让我诚惶诚恐。值得高兴的是，现在这些公司通过并购已成功上市。

　　同类书籍一般多从并购的原理来介绍，而本书则从环保并购实践当中的体会这个独特的角度立意、写作，强化了并购方面的知识点，弥补了该领域的不足。同时，对当前企业，尤其是环保企业改革创新管理模式，以及项目管理运营，都具有非常重要的意义。

　　本书中的一些并购管理方法，已在至少3个投资超过10亿元的环保项目管理当中得到具体应用，创造了可观的经济效益和社会效益。

　　本书不仅对环保行业并购有直接的指导价值，同时，殊途同归，也对其他行业的并购具有很大的参考意义。

　　本书可供环保、证券、发展改革委、建设、水利、市政等行政主管部门参考，可作为环保公司参考书，亦可作为高等院校相关专业如环境学院、管理学院、商学院等师生的教学参考书。

目　　录

第一章 环保并购概论

环保人读史

　　大学之道，在明明德，在亲民，在止于至善。知止而后有定，定而后能静，静而后能安，安而后能虑，虑而后能得。物有本末，事有终始。知所先后，则近道矣。古之欲明明德于天下者，先治其国；欲治其国者，先齐其家；欲齐其家者，先修其身；欲修其身者，先正其心；欲正其心者，先诚其意；欲诚其意者，先致其知。致知在格物。物格而后知至，知至而后意诚，意诚而后心正，心正而后身修，身修而后家齐，家齐而后国治，国治而后天下平。自天子以至于庶人，壹是皆以修身为本。其本乱，而末治者否矣。其所厚者薄，而其所薄者厚，未之有也。

——《大学·第一章》

　　意思是，大学的宗旨在于弘扬光明正大的品德，在于使人弃旧图新，在于使人达到最完善的境界。知道应达到的境界才能够志向坚定；志向坚定才能够镇静不躁；镇静不躁才能够心安理得；心安理得才能够思虑周详；思虑周详才能够有所收获。每样东西都有根本有枝末，每件事情都有开始有终结。明白了这本末始终的道理，就接近事物发展的规律了。古代那些要想在天下弘扬光明正大品德的人，先要治理好自己的国家；要想治理好自己的国家，先要管理好自己的家庭和家族；要想管理好自己的家庭和家族，先要修养自身的品性；要想修养自身的品性，先要端正自己的心思；要想端正自己的心思，先要使自己的意念真诚；要想使自己的意念真诚，先要使自己获得知识；获得知识的途径在于认识、研究万事万物。通过对万事万物的认识、研究后才能获得知识；获得知识后意念才能真诚；意念真诚后心思才能端正；心思端正后才能修养品性；品性修养后才能管理好家庭和家族；管理好家庭和家族后才能治理好国家；治理好国家后天下才能太平。上自国家元首，下至平民百姓，人人都要以修养品性为根本。若这个根本被扰乱了，家庭、家族、国家、天下要治理好是不可能的。不分轻重缓急，本末倒置却想做好事情，这也同样是不可能的！

第一节 环保并购概念

一、环保并购[①]定义

　　环保兼并：环保兼并是指两家或更多的独立的环保公司合并组成一家企业，通常由一

　　[①] 为避免产生歧义，本书假设将企业分为环保公司和非环保公司两大类，其中，只要含有环保内容的，如水、气、声、渣、环境监测等视为环保公司，否则，视为非环保公司。另外，环保并购指的是环保公司并购环保公司、环保公司并购非环保公司、非环保公司并购环保公司。

家占优势的公司吸收一家或更多的环保公司。兼并的方法：一是用现金或证券购买其他环保公司的资产；二是购买其他环保公司的股份或股票；三是对其他环保公司股东发行新股票以换取其所持有的股权，从而取得其资产和负债。广义的环保兼并是指一个公司通过产权交易获得其他环保公司的产权，并获得其控制权，但是这些环保公司的法人资格并不一定丧失。狭义的环保兼并是指一个公司通过产权交易获得其他环保公司的产权，使其法人资格丧失，并获得经营管理控制权的经济行为，相当于吸收合并。

环保收购：环保收购是指一家公司用现金、股票或者债券等支付方式购买另一家环保公司的股票或者资产，以获得其控制权的行为。环保收购有两种形式：资产收购和股权收购。资产收购是指一家公司通过收购另一家环保公司的资产以达到控制其行为。股权收购是指一家公司通过收购另一家环保公司的股权以达到控制其行为。按收购方在被收购方股权份额中所占的比例，股权收购可分为控股收购和全面收购。控股收购指收购方虽然没有收购被收购方所有的股权，但其收购的股权足以控制被收购方的经营管理。控股收购又可分为绝对控股收购和相对控股收购。收购方持有被收购方股权 51% 或以上的为绝对控股收购。收购方持有被收购方股权 50% 或以下且控股的为相对控股收购。全面收购指收购方收购被收购方全部股权，被收购方成为收购方的全资子公司。

环保合并：环保合并是指两个或两个以上的环保公司互相合并成为一个新的公司。合并包括两种法定形式：吸收合并和新设合并。吸收合并是指两个或两个以上的环保公司合并后，其中一个环保公司存续，其余的消失。新设合并是指两个或两个以上的环保公司合并后，参与合并的所有公司全部灭失，成立一个新的环保公司。合并主要有如下特点：其一，合并后灭失的环保公司的产权人或股东自然成为存续或者新设环保公司的产权人或股东；其二，因为合并而灭失的环保公司的资产和债权债务由合并后存续或者新设的环保公司继承；其三，合并不需要经过清算程序。

环保并购：环保并购是指一个公司购买其他环保公司的全部或部分资产或股权，从而影响、控制其他环保公司的经营管理，其他环保公司保留或者灭失法人资格。收购与兼并的区别是，收购常常保留标的环保企业的法人地位，兼并使标的环保企业和并购企业融为一体，标的环保企业的法人主体资格灭失。兼并、收购和合并三者既有联系，又有区别。为了使用方便，人们一般习惯把它们统称为并购（Merger and Acquisition，M&A）。

环保公司之间的兼并与收购行为，是企业法人在平等自愿、等价有偿基础上，以一定的经济方式取得其他法人产权的行为，是环保公司进行资本运作和经营的一种主要形式。环保公司并购主要包括公司合并、资产收购、股权收购三种形式。

二、环保公司并购的类型

1. 按功能或特征划分

（1）横向并购

横向并购是指两个或两个以上生产和销售相同或相似产品的环保公司之间的并购行为。横向并购对环保公司发展的价值在于弥补了其资产配置的不足，由于规模效应而使生产成本降低，提高了市场份额，大大增强了其竞争力和赢利能力。横向并购的优点是：这种并购方式是环保公司获取自己不具备的优势资产、削减成本、扩大市场份额、进入新的市场领域的一种快捷方式；可以发挥经营管理上的协同效应，便于在更大的范围内进行专业分工，采用先进的技术，形成集约化经营，产生规模效益。横向并购的缺点是：容易破坏自由竞争，形成高度垄断的局面。

（2）纵向并购

纵向并购是指生产过程或经营环节紧密相关的环保公司之间的收购行为，是发生在同一环保产业的上下游之间的并购。纵向并购的环保公司之间不是直接的竞争关系，而是供应和需求的关系。纵向并购是生产同一产品、处于不同生产阶段的环保公司之间的并购，并购双方往往是原材料供应者或产品购买者，对彼此的生产状况比较熟悉，有利于并购后的相互融合。纵向并购的基本特征是环保公司在市场整体范围内的纵向一体化。

（3）混合并购

混合并购是指一个公司对那些与自己生产的产品不同性质和种类的环保公司进行的并购行为，是彼此没有相关市场或生产过程的公司之间进行的并购，其中标的公司与并购公司既不是同一行业，又没有纵向关系。通过混合并购，一个公司可以不在某一个产品或服务的生产上实行专业化，它可以生产一系列不同的产品和服务，从而实现多元化经营。

2. 按付款方式划分

按付款方式大体可划分为八种情形，如表 1-1 所示。

按付款方式划分 表 1-1

类别	购买方式	购买内容
第一种	现金购买资产	并购公司使用现金购买标的环保企业绝大部分资产或全部资产，以实现对其控制
第二种	现金购买股票	并购公司以现金购买标的环保企业大部分或全部股票，以实现对其控制
第三种	股票购买资产	并购公司向标的环保企业发行并购公司自己的股票，以交换其大部分或全部资产
第四种	股票交换股票	并购公司直接向标的环保企业的股东发行股票以交换其大部分或全部股票，通常要达到控股的股数。通过这种形式并购，标的环保企业往往会成为并购公司的子公司
第五种	债权转股权	债权转股权式企业并购，是指最大债权人在公司无力归还债务时，将债权转为投资，从而取得公司的控制权
第六种	间接控股	战略投资者通过直接并购上市公司的第一大股东来间接地获得上市公司的控制权
第七种	承债式并购	并购公司以全部承担标的环保企业债权债务的方式获得其控制权。此类标的环保企业多为资不抵债，并购公司收购后，注入流动资产或优质资产，使其扭亏为盈
第八种	无偿划拨	地方政府或主管部门作为国有股的持股单位直接将国有股在国有投资主体之间进行划拨的行为

3. 按行为划分

（1）善意并购

善意并购是指标的环保企业的经营者同意此项收购，双方可以共同磋商购买条件、购买价格、支付方式和收购后公司的地位及人员的安排等，并就上述内容签订收购要约。善意并购是在双方自愿、合作、公开的前提下进行的，一般都能获得成功。

（2）敌意并购

敌意并购是指并购公司秘密收购标的环保企业股票等，最后使其不得不接受出售条件，从而实现控制权的转移。通常收购人在不与对方管理层协商的情况下，在证券交易市场暗自吸纳对方股份，以突然袭击的方式发布要约，标的环保企业管理层就会对此持不合作的态度，要么出具意见书建议股东拒绝收购要约，要么要求召开股东大会授权公司管理层采取反收购措施，因此敌意收购通常会使得收购方大幅度地增加收购成本。敌意收购是指标的环保企业的经营者拒绝与收购者合作，对收购持反对和抗拒态度的公司收购。

三、环保收购方式

1. 强制要约收购

强制要约收购是指投资者持有标的环保企业股份或投票权达到法定比例，或者在持有一定比例之后一定期间内又增持一定的比例，依法律规定必须向标的环保企业全体股东发出公开收购要约的法律制度。

2. 恶意收购

恶意收购是指收购公司在未经标的环保企业董事会允许，不管对方是否同意的情况下，所进行的收购活动。当事双方采用各种攻防策略完成收购行为，并希望取得控制性股权，成为大股东。期间，双方强烈的对抗性是其基本特点。除非标的环保企业的股票流通量高容易在市场上吸纳，否则收购困难。恶意收购可能引致突袭收购。进行恶意收购的收购公司一般被称作"黑衣骑士"。虽然这种收购方式被称为"恶意收购"，但并不违法。

3. 善意收购

善意收购亦称"协议收购"，与"恶意收购"相对。是得到标的环保企业管理层和董事会支持的并购。该收购方式可在证券交易所场外通过协议转让方式进行。通常董事会向全体股东表明，鉴于收购价格反映了公司的真实价值，公司同意并购方案。收购方公司一般会保留标的环保企业的大部分管理人员以保持现有业务的继续经营。彻底的善意收购建议由猎手公司方私下而保密地向猎物公司方提出，且不被要求公开披露。收购者在收购要约发出前就与标的环保企业进行沟通，使之在心理上有足够的准备后，再发出收购要约的收购方式。

4. 标购

标购是指并购方向标的环保企业的股东发出正式的要约，以特定的价格购买其股票。标购价格通常会高于当时的市场价格。并购方有权选择或全部购买或部分购买或不购买接受要约的股票。有两种方式：一是部分标购，即并购方就其所要持股的份额，直接向标的环保企业股东发出标购。如果投标股份超过招标数量，则应依据股东平等原则，由并购方按比例向投标者收购。这种方式多采用现金进行。二是兼并标购，指并购方持股达到相当比例后，如果标的环保企业少数股东拒绝投票其持有股份，则并购方仍可以进行兼并，同时可对剩余的少数股份依法进行强制收购。兼并收购多采用以现金报价收购控股部分，以有价证券作价收购剩余股权两种方式相结合。

四、逸闻轶事——故事智慧

曾经，非洲因战乱和干旱，难民们四处奔逃，水成为大家奢求的甘霖。听说在埃塞俄比亚和苏丹的边境上有一个难民营，传说那里能找到水，于是，难民们千里迢迢赶来求生。然而，待大家赶到后，发现并不是清澈透底的河水，也不是甘甜爽口的井水，只有烂泥地上晃着白光的泥浆水。即使这样，大家也都很满足了。于是，孩子们用破布条沾满泥浆水，再用力把泥浆水拧到罐子里，等沉淀后，慢慢舀出上层的澄清液喝。没有水人会渴死，但喝了这种没有经过任何消毒的水，人可能就会病死。在这里，蚊蝇乱飞，到处可见病死的人。尤其到了夜晚，这里的呻吟声、呕吐声、喊叫声、咒骂声，让人彻夜难眠。

但是，远处的一个小山岗上，时有时无，隐约传来歌声，嗓音虽然不是很甜美，但确实有人在歌唱。喜欢好奇、热闹的孩子们停止打闹，汇聚过来。原来，这里有人在讲故事，还边说边唱。其实，这是当地人的一个古老传统——晚上讲故事。虽然现在是战乱和自然灾害时期，但有的老人们仍然没有放弃，他们招呼孩子们围过来，讲出精彩的故事，兴之所至，还高歌一曲。

在生命最困难的时期，这些难民们没有舍弃传统，没有丢弃这种简单到几乎没有成本的文化传承，增强了他们活下去的勇气，激发了他们对美好明天的希望，这就是讲故事的魅力。

现代人，信息泛滥，难以集中注意力。讲故事，是传播信息的一种方式，对于环保并购来说，把曾经在并购实战中遇到的逸闻轶事讲给大家听，也算是于并购大师们"谈笑间樯橹灰飞烟灭"时撒的一点小小的"佐料"吧。

第二节　环保并购动因

环保并购作为一种重要的投资活动，产生的动力主要来源于追求资本最大增值的动机，以及源于竞争压力等因素，但是就单个公司的并购行为，因发展战略不同，又会有不同的动机和在现实生活中不同的具体表现形式。环保并购最常见的动机是协同效应，最基本的动机就是寻求公司的发展。环保并购的动因有以下几种。

一、环保并购基本动因

1. 扩大规模
通过并购，环保公司规模得到扩大，能够形成有效的规模效应。规模效应能够带来资源的充分利用和整合，降低原材料及生产运营、管理环节的成本，从而降低总成本。

2. 增加市场份额
规模大的环保公司，伴随生产力的提高和销售网络的完善，其市场份额将会有较大的提高，从而确立其在行业中的领导地位。

3. 增强竞争力
通过并购实现环保公司规模的扩大，使其成为原料的主要客户，能够大大增强公司的谈判能力，为获得廉价的生产资料提供可能。高效的管理、人力资源的充分利用和公司知名度都有助于降低劳动力成本，提高整体竞争力。

4. 提高知名度
品牌是价值的动力，并购能够有效提高环保公司品牌知名度，提高产品的附加值，获得更多的利润。

5. 获取资源
并购不仅收获了标的环保企业的资产，而且获得了人力资源、管理资源、技术资源、销售资源等，有助于公司整体竞争力的根本提高。

6. 多元化战略

通过并购对其他行业的投资，能有效扩充公司的经营范围，获取更广泛的市场和利润，而且能分散因本行业竞争带来的风险。

二、环保并购效应动因

1. 韦斯顿协同效应

该理论认为并购会带来环保公司生产经营效率的提高，最明显的作用表现为规模经济效益的取得，常称为 $1+1>2$ 的效应。

2. 市场份额效应

通过并购可以提高环保公司对市场的控制能力。通过横向并购，达到行业特定的最低限度的规模，改善了行业结构、提高了行业的集中程度，使行业内的企业保持较高的利润率水平；而纵向并购是通过对原料和销售渠道的控制，有力地控制竞争对手的活动；混合并购对市场势力的影响以间接的方式实现，并购后企业的绝对规模和充足的财力对其相关领域中的其他公司形成较大的竞争威胁。

3. 经验成本曲线效应

经验包括环保公司在技术、市场、专利、产品、管理和企业文化等方面的特长，由于经验无法复制，通过并购可以分享标的环保企业的经验，减少为积累经验所付出的学习成本，节约发展费用，对劳动力素质要求较高的公司，经验往往是一种有效的进入壁垒。

4. 财务协同效应

并购会给环保公司在财务上带来效益，这种效益的取得是由于税法、会计处理惯例及证券交易内在规定的作用而产生的货币效益，主要有税收效应和股价预期效应，税收效应即通过并购可以实现合理避税，股价预期效应即并购使股票市场公司股票评价发生改变从而影响股票价格，并购方可以选择市盈率和价格收益比较低但是有较高每股收益的环保公司作为并购目标。

三、环保并购一般动因

环保并购的直接动因有两个：一是最大化现有股东持有股权的市场价值；二是最大化现有管理者的财富。而增加企业价值是实现这两个目的的根本，环保并购的一般动因体现在以下几方面：

（1）获取战略机会

并购者的动因之一是要购买未来的发展机会。当一个公司决定扩大其在环保行业的经营时，一个重要战略是并购该行业中的现有环保公司，而不是依靠自身内部发展。其优点是：可直接获得正在经营的发展研究部门，获得时间优势，避免了工厂建设延误的时间；减少一个竞争者，并直接获得其在环保行业中的位置；市场力的运用，两个公司采用统一价格政策，可以使其得到的收益高于竞争时的收益。

（2）发挥协同效应

在环保生产领域，可产生规模经济性，接受新技术，减少供给短缺的可能性，充分利用未使用的生产能力；在环保市场及分配领域，同样可产生规模经济性，是进入新市场的途径，扩展现存分布网，增加产品市场控制力；在环保财务领域，充分利用未使用的税收利益，开发未使用的债务能力；在环保人事领域，吸收关键的管理技能，使多种研究与开发部门融合。

（3）提高管理效率

环保公司的管理者以非标准方式经营，当其被更有效率的企业收购后，可更替管理者而提高管理效率，当管理者自身的利益与现有股东的利益更好地协调时，则可提高管理效率。如采用杠杆购买，现有管理者的财富构成取决于公司的财务状况，这时管理者会集中精力于公司市场价值最大化。此外，如果一个公司兼并另一个环保公司，然后出售部分资产收回全部购买价值，结果以零成本取得剩余资产，从而从资本市场获益。

（4）获得规模效益

环保公司的规模经济由生产规模经济和管理规模经济两个层次组成。生产规模经济包括：环保公司通过并购对生产资本进行补充和调整，达到规模经济的要求，在保持整体产品结构不变的情况下，在各子公司实行专业化生产。管理规模经济包括：由于管理费用可以在更大范围内分摊，使单位产品的管理费用大大减少。可以集中人力、物力和财力致力于新技术、新产品的开发。

（5）买壳上市

我国对上市公司的审批较严格，上市资格也是一种资源，某些并购不是为了获得标的环保企业本身而是为了获得其上市资格，通过到国外买壳上市，可以在国外筹集资金进入外国市场。

四、环保并购财务动因

1. 避税因素

由于股息收入、利息收入、营业收益与资本收益之间的税率差别较大，在并购中，环保公司采取恰当的财务处理方法可以达到合理避税的效果。在相关税法中规定了亏损递延的条款，拥有较大盈利的公司往往考虑把那些拥有相当数量累积亏损的环保公司作为并购对象，纳税收益作为其现金流入的增加可以增加企业的价值。公司现金流量的盈余使用方式有：增发股利、证券投资、回购股票、收购其他企业。如发放红利，股东将为此支付较企业证券市场并购所支付的证券交易税更高的所得税；有价证券收益率不高；回购股票易提高股票行市，加大成本。而用多余资金收购环保公司对并购方和股东都将产生一定的纳税收益。在换股收购中，收购公司既未收到现金也未收到资本收益，因而这一过程是免税的。公司通过资产流动和转移使资产所有者实现追加投资和资产多样化的目的，并购方通过发行可转换债券换取标的环保企业的股票，这些债券在一段时间后再转换成股票。这样发行债券的利息可先从收入中扣除，再以扣除后的盈余计算所得税。另一方面，公司可以保留这些债券的资本收益直至其转换为股票为止，资本收益的延期偿付可使公司少付资本收益税。

2. 筹资

筹资是迅速成长的环保公司共同面临的一个难题，设法与一个资金充足的企业联合是一种有效的解决办法。由于资产的重置成本通常高于其市价，因此并购方热衷于并购其他环保公司而不是重置资产。并购有大量资金盈余但股票市价偏低的公司，可获得其资金以弥补自身资金不足。在有效市场条件下，反映企业经济价值的是以企业盈利能力为基础的市场价值而非账面价值，被兼并方资产的卖出价值往往出价较低，兼并后，企业管理效率提高，职能部门改组可降低有关费用，这些都是并购筹资的有利条件。

3. 企业价值增值

通常被并购公司股票的市盈率偏低，低于并购方，这样并购完成后市盈率维持在较高的水平上，股价上升使每股收益得到改善，提高了股东财富价值。因此，并购后，环保公司的绝对规模和相对规模都得到扩大，控制成本价格、生产技术和资金来源及顾客购买行为的能力得以增强，能够在市场发生突变的情况下降低风险，提高安全程度和盈利总额。同时环保公司资信等级上升，筹资成本下降，并购双方股价上扬，价值增加，产生积极的财务预期效应。

4. 进入资本市场

我国金融体制改革和国际经济一体化的增强，使筹资渠道扩展到证券市场和国际金融市场，许多业绩良好的环保企业为壮大势力，纷纷进入资本市场寻求并购。

5. 投机

并购的证券交易、会计处理、税收处理等所产生的非生产性收益，可改善环保公司财务状况，同时也助长了投机行为。有的以大量举债方式通过股市收购标的环保公司股权，再将部分资产出售，然后对其进行整顿再以高价卖出，利用被低估的资产获取并购收益。

6. 财务预期效应

由于并购时股票市场对公司股票评价发生改变而影响股价，成为股票投机的基础，而股票投机又促使并购发生。股价在短时期内一般不会有很大变动，只有在市盈率或盈利增长率有很大提高时，价格收益比才会有所提高，但是一旦出现并购，市场对环保公司评价提高就会引发双方股价上涨。并购方可以通过并购具有较低价格收益比但是有较高每股收益的环保公司，提高每股收益，让股价保持上升的势头。

7. 追求利润

公司利润的实现有赖于市场，只有当提供的商品和服务在市场上被顾客所接受，实现了商品和服务向货币转化，才能真正实现利润。与利润最大化相联系的必然是市场最大化的企业市场份额最大化。由于生产国际化、市场国际化和资本国际化的发展而使环保行业的市场日益扩大，以并购迎接国际开放市场的挑战。

五、逸闻轶事——诚以待人

当人们从你的身上嗅出了欺诈的味道，他们会远远地避开你。人天生有警惕心，会怀疑他人的动机。即使你用意良善，如不及早向他人作出可信的解释，他们也会猜测你的意图，心生警觉。在对别人讲他们将怎样受益之前，最好先告诉对方自己将得到何种好处。如果你劝我买某项产品、捐一笔钱、改变我的某种行为或者接受你的某项建议，我自然会想先知道你的企图。试图隐藏自己的意图是非常愚蠢的做法。

其实完全没有必要隐藏自私的企图，只要你的目的不是过分自私、损人利己，人们通常不会在意。要是你讲故事有所企图，那么最好开诚布公，向听众坦承自己的意图，并且用听众觉得合情合理的方式讲述你的故事。

曾经在一个开发区的给水和污水一体化并购项目中，经过几轮筛选，十几个竞争对手只剩下 2 个行业巨头，此时，KB 公司项目总监老 C 对业主方官员声称他们对某个要项可以让步，不做要求。但是作为 WV 公司的项目负责人，我明确告诉业主方官员，没有这个要项，我们做不到，退一万步，即使我们项目团队同意，公司董事会也不会通过，都是上市公司，相信 KB 公司董事会也不会通过，如此，只能徒然耽误大家时间。然而，在业主方官员的一再询问下，老 C 仍然手拍胸脯，信誓旦旦。我们只好撤退。一个月以后，我在上海办公室里接到了业主方官员刘主任的电话，他说，老 C 不实诚，想用降低这个要项条件把其他竞争对手都赶走，欺骗了他们。我当时告诉他们的是对的，也很实在，现在想和我们谈。最后，我们成功收获了这个项目，几年后，由于政策调整，这个开发区的污水量并没有像预测的那样好，也幸亏当初坚持了这个要项条件。

第三节　环保并购理论

一、垄断理论

垄断理论认为，并购重组主要用于获取特定市场的垄断地位，获得强大的市场势力即垄断权，有利于环保公司保持垄断利润和原有的竞争优势，可以有效降低进入新市场的障碍。

二、关联型企业理论

在资本回报率上，并购重组紧密关联型企业最高，并购重组相关关联型企业次之，并购重组无关联型企业最低。关联型企业一般存在于具有较高进入门槛、较高盈利水平的产业，产业影响力较大。多元化公司是一种典型的紧密关联型企业，比无关联型多元化公司具有更高的超额回报。

三、执行能力理论

1986 年，杰米逊和斯特金研究认为，执行是决定结果的一个重要变量。调查表明，大多数欧美企业家认为并购重组成功的关键要素是良好的执行能力。大多数并购重组的失败不是因为没有正确的战略，而是正确的战略没有得到良好的执行。

四、委托代理成本理论

1976 年，詹森和梅克林提出，现代企业最重要的特点是所有权和经营权的分离，所有者和经营者之间存在委托代理关系，当经营者与所有者的利益不一致时，企业就会产生委托代理成本。1979 年，霍姆斯特姆进一步指出，经营者的薪酬水平、权力大小和社会地位与企业规模成正比，因此经营者从自身利益出发，热衷于扩大企业规模，并购重组主要选择能扩大企业规模的项目，而不管项目本身是否盈利，企业不再单纯追求股东利润最大化。

五、文化兼容性理论

1983 年，马丁指出，并购重组是一个文化冲突过程。在进行整合时，应该更多地考虑组织间的文化兼容性，重视对双方文化要素的理解，增进组织间的相互尊重，进行高度有效的沟通。文化整合一般有四种方式：凌驾、妥协、合成和隔离。凌驾是指并购方用自己的文化强行取代和改造被并购方的文化；妥协是两种文化的折中，求同存异，和而不同，相互渗透，共生共享；合成是通过文化之间的取长补短，形成全新的文化；隔离是双方文化交流极其有限，彼此保持文化独立。

六、第四权力理论

第四权力是指在"行政权、立法权、司法权"之外的第四种政治权力。19 世纪以来，普及于西方主要工业国家，但又经常受到人们的质疑。随着资源的逐渐集中，媒体集团的意见和舆论方向不可忽视。事实上，即便是欧美先进国家，也没有具体的宪法、法律、规定来解释、设立第四权力，第四权力是约定成俗、自然而然形成的，是西方社会的一种关于新闻传播媒体在社会中地位的比喻，所指的即是媒体、公众视听。它所表达的是一种社会力量，新闻传播媒体总体上构成了与立法、行政、司法并立的一种社会力量，对这三种政治权力起制衡作用。

七、逸闻轶事——动机至善

稻盛和夫的《干法》中有"动机至善 私心了无"观点。"每当我面对困难、踌躇不前不知作何决定时，我总是用'动机至善，私心了无'这句话来严格地逼问自己。我认为，只要抱着纯粹的、美好的、强烈的愿望，付出不亚于任何人的努力，那么，任何困难的目标都一定能够实现。"也就是说，一个人的思想行为的动机是善良的，不存在私心。以大局利益为先，出发点是整体的，目标是团队的发展，并不是为了个人的利益。

记得当年四大环保公司巨头角逐 SC 自来水股权并购项目时，开标现场，FZ 公司出的商务报价比其他三家多溢价 4 亿元，毫无悬念中标，中标后，他们很郁闷，也找不到原因。若干年后，类似并购项目已不做，当年我们这些项目总监们都已离开这些公司。有一次参加一个会议，碰到 FZ 公司的项目总监 Z 女士，谈起这个项目时，唏嘘不已。当年，想在这个区域战略布点，志在必得，测算时，有个地方严重漏项，导致溢价奇高。不过，后期他们在与业主方谈判沟通时，也做了很多努力，衍生了该地的 7 个污水处理厂打包托管运营项目，也算是补回了一些损失。

第四节 环保并购原则

一、基本原则

环保公司在进行并购时，应当根据成本效益分析进行决策，基本原则是并购净收益一般应当大于零，这样并购才有利可图，以实现股东财富最大化的目标。

二、依法和依规原则

环保公司并购引起的直接结果是标的环保企业法人地位的消失或控制权的改变，因而需要对其各种要素进行重新安排，以体现并购方的并购意图、经营思想和战略目标。但这一切不能仅从理想愿望出发，因为企业行为要受到法律法规的约束，并购整合的操作也要受到法律法规的约束，才能避免各种来自地方、部门和他人的法律风险。

三、实效原则

环保公司整合要以收到实际效果为基本准则，即在资产、财务和人员等要素整合的过程中要坚持效益最大化目标，不论采取什么方式和手段，都应该保证能获得资源的优化配置、提高企业竞争力的实际效果，而这些实际效果可以表现为整合后环保公司经济效益的提高、内部员工的稳定、企业形象的完善和各类要素的充分利用等。避免整合中的华而不实、急功近利的做法。

四、优势互补性原则

环保公司是由各种要素组成的经济实体，各种相关要素之间是一种动态平衡，这种动态平衡是要素在一定时间和一定条件下的存在状态。平衡和最佳组合是针对不同公司而言的，甲公司的优势未必就是乙公司的优势，反之亦然，最佳组合应该是适应环境的优势互补。因此，一定要从整合的整体优势出发，善于取舍，实现新环境、新条件下的理想组合。

五、可操作性原则

环保公司并购整合所涉及的程序和步骤应当是在现实条件下可操作的，所需要的条件或设施在一定条件下可以创造或以其他方式获得，不存在不可逾越的法律和事实障碍。整合的方式、内容和结果应该便于股东知晓、理解并能控制。

六、系统性原则

其一，战略整合。并购后环保公司战略方向的重新定位，关系到企业长远发展的方针和策略。其二，组织与制度整合。建立环保公司新的组织架构，把各项活动重新部门化、制度化，确定各部门明确的责权利关系。其三，财务整合。保证环保公司在财务上的稳定性、连续性和统一性，使并购后的企业尽快在资本市场上树立良好形象。其四，人力资源整合。环保公司要重新调整、分配管理人员、技术人员，要进行员工的重组和调整，以使企业能正常有效地运营。其五，文化整合。包括环保公司并购双方企业的价值观、企业精神、领导风格和行为方式的相互融合和吸纳，构筑双方能够接受的企业文化，为各种协调活动提高共同的心理前提。其六，品牌整合。无论对标的环保企业还是并购方而言，品牌资产都是其发展和经营的重点，品牌整合的构建都是不可或缺的战略措施，决定着整合工作所带来的协同作用能否实现。

七、逸闻轶事——朝秦暮楚

朝秦暮楚出自《鸡肋集·北渚亭赋》。春秋时期，秦楚两个诸侯大国相互对立，经常作战。有的诸侯小国为了保证自身的利益与安全，时而倾向秦，时而倾向楚。

沿着丹江上行大约 5km，就到了豫陕交界的荆紫关一个名叫月亮湾的地方，"朝秦暮楚"的典故就发生于此。在这个豫陕交界的地方，有一个两山对峙的关口。关口外，是八百里秦川；关口内，是开阔的中原。咆哮的丹江与狭窄的古道在这里共同构筑起一个"一夫当关，万夫莫开"的隘口。这个隘口，就是荆紫关。这个关口，是荆紫关的第二个传奇。一道险关要隘横亘于此，发生过多少战争，只有这里的青山绿水说得清。

战国时，秦国和楚国交战频繁。当时荆紫关是秦国与楚国的交界地，其中一部分属于秦国，一部分属楚国丹阳县管辖。公元前 312 年，秦国和楚国之间爆发了"丹阳之战"，秦国凭借占据荆紫关险要地势的优势，一举击败楚国。秦国获胜后，荆紫关全部归入秦国版图。之后，秦楚两国重新修好，秦国又把此地划给了楚国。成语"朝秦暮楚"这个典故的出处就在荆紫关。一时倾向秦国，一时又依附楚国，比喻人反复无常。

那么，在进行环保并购时，如果不能审时度势，注重规则，就有可能重蹈"朝秦暮楚"的覆辙，难以收获成功的并购项目。

第二章 环保并购战略

环保人读史

养志者，心气之思不达也。有所欲，志存而思之。志者，欲之使也。欲多则心散，心散则志衰，志衰则思不达。故心气一则故不偟，欲不偟则志意不衰，志意不衰则思理达矣。理达则和通，和通则乱气不烦于胸中，故内以养志，外以知人。养志则心通矣，知人则识分明矣。将欲用之于人，必先知其养气志。知人气盛衰，而养其志气，察其所安，以知其所能。

志不养，则心气不固；心气不固，则思虑不达；思虑不达，则志意不实。志意不实，则应对不猛；应对不猛，则志失而心气虚；志失而心气虚，则丧其神矣；神丧，则仿佛；仿佛，则参会不一。养志之始，务在安己；己安，则志意实坚；志意实坚，则威势不分，神明常固守，乃能分之。

——《鬼谷子·本经阴符七术·养志法灵龟》

意思是，养志的方法要效法灵龟。思维不畅达的人要培养自己的志气。一个人心中有欲望，才会有一种想法，使欲望化为现实。所谓"志向"不过是欲望的使者，欲望过多了，则心力分散，意志就会薄弱，就会思力不畅达。如果心神专一，欲望就不会多，欲望不多，意志力就不会衰弱，意志力不衰弱，思想就会畅达。思想畅达则心气和顺，心气和顺，心中就不会烦乱。因此，人对内要养气；对外，要明察各种人物，修养自己"五气"，就心情舒畅。了解他人，才能知人善任。我们想要任用人，一定要先知道他养气的功夫，知道他心气的盛衰。知道他的心志状态，看其养气修志，观察他是否稳健，就知道他的能力。

不修养心志，"五气"就不稳固；"五气"不稳固，思虑就不畅达；思虑不畅达，意志就不坚定；意志不坚定，反应就不快捷；反应不快捷，就会失掉信心，心气就会虚弱；如果心气虚弱就会失神丧志。如果失神丧志就会精神恍惚，精神恍惚，"志""心""神"三者就不协调了。修养心志之始，定要先安定自己。自己意志安定了，意志才坚定，有了坚定的意志才能有神威。神威固守，才能调动一切。

第一节 基于资源的环保并购战略

一、环保并购战略

环保并购战略指并购的目的及实现途径，内容包括确定并购目的、选择并购对象等。并购目的直接影响文化整合模式的选择，并购战略类型对文化整合模式也有影响。在环保横向兼并战略中，并购方往往会将自己部分或全部的文化注入被兼并环保企业以寻求经营协同效应；而在环保纵向一体化兼并战略和多元化兼并战略下，并购方对被并购方的干涉大为减少。因此，在环保横向兼并时，并购方常常会选择替代式或融合式文化整合模式；而在环保纵向兼并和多元化兼并时，选择促进式或隔离式文化整合模式的可能性较大。

二、环保并购战略动机

在激烈的市场竞争中，环保企业只有不断发展才能生存下去。环保企业可以通过内部投资或外部并购获得发展，两者相比，并购方式的效率更高。环保并购战略的动机包括以下三个方面：

（1）节省时间

环保企业的经营与发展处于动态环境，必须把握好时机，尽可能抢在竞争对手之前获取有利地位。如果采取内部投资的方式，将会受到项目建设周期、资源的获取以及配置方面的限制，制约了发展速度。通过并购的方式，可以在极短的时间内将环保企业规模做大，提高竞争能力。尤其是在进入新行业的情况下，就可以率先取得原材料、渠道、声誉等方面的优势。通过内部投资，亦步亦趋，显然不可能满足竞争和发展的需要。

（2）降低进入壁垒和风险

进入一个新的行业会遇到各种各样的壁垒，包括资金、技术、渠道、顾客、经验等，这些壁垒不仅增加了企业进入环保行业的难度，而且提高了进入的成本和风险。如果采用并购的方式，先控制该行业原有的一个环保企业，则可以绕开这些壁垒，以较低的成本和风险迅速进入这一行业。

（3）促进环保企业的跨国发展

跨国发展已经成为环保企业经营的一个新趋势。环保企业经营管理方式的不同、经营环境的差别、政府法规的限制等，导致进入国外新市场比进入国内新市场会遇到更多的困难。采用并购国外已有的一个环保企业的方式进入，不但可以加快进入速度，而且可以利用原有环保企业的运作系统、经营条件、管理资源等。另外，由于被并购的环保企业与进入国的经济紧密融为一体，不会对该国经济产生太大的冲击，因此，政府的限制相对较少，有助于跨国发展的成功。

三、环保并购战略分析

1. 环保并购战略产业分析

环保产业总体状况包括产业所处生命周期的阶段、在国民经济中的地位、国家对该产业的政策等。环保产业在发展过程中都要经历一个由产生、成长、成熟到衰退的周期，处于不同生命周期阶段的各个产业发展状况是不同的，这也决定了其中环保企业的发展。处于成长阶段的环保产业，市场发展前景较好；反之，发展就会受到限制。环保产业在经济发展的不同时期，在国民经济中的地位是不同的，现阶段，环保产业处于领导地位，很容易受到国家重视，得到政策的扶持。

不同行业结构状况对企业经营有着重要影响，如果所处的环保行业结构不好，即使经营者付出很大努力，也很难获得好的回报。环保产业内各竞争者可以按照不同的战略地位划分为不同的战略集团，环保产业中战略集团的位置、相互关系对产业内环保企业的竞争有着很大的影响。通过对标的环保企业所处的产业状况进行分析，可以判断并购是否与公司的整体发展战略相符。

2. 环保并购战略法律分析

对标的环保企业的法律分析，主要集中在以下几个方面：

（1）分析标的环保企业的组织架构、公司章程

关注对收购、兼并、资产出售等方面的认可规定，公司章程和组织中有无特别投票权和限制，对董事会会议记录也应当进行梳理。

（2）分析财产清册

关注标的环保企业对财产的所有权以及投保状况，对租赁资产应看其契约条件是否有利。

（3）分析对外书面合约

对标的环保企业使用外界商标、专利权，或授权他人使用的约定，以及租赁、代理、借贷、技术授权等重要契约进行审查，注意在标的环保企业控制权转移之后这些合约是否还有效。

（4）分析债务

关注偿还期限、利率及债权人对其是否有限制，例如是否规定了标的环保企业的控制权发生转移时，债务立即到期。

（5）分析诉讼案件

对标的环保企业过去的诉讼案件进行审查，看是否有对其经营存在重大影响的诉讼案件。

3. 环保并购战略经营分析

对标的环保企业的经营分析，主要包括运营的大致状况、管理状况和重要资源等。通过对标的环保企业近几年的经营状况的了解，分析其利润、销售额、市场占有率等指标的变化趋势，对今后的运营状况作大致的预测，同时找出问题所在，为并购后的管理打下基础。调查分析标的环保企业的管理风格、管理制度、管理能力、营销能力，分析并购后是否能与并购方的管理相融合。通过分析标的环保企业的人才、技术、设备、无形资产，以备在并购后充分保护和发挥这些资源的作用，促进公司良性发展。

4. 环保并购战略财务分析

确定标的环保企业所提供的财务报表是否真实地反映了其财务状况。可以委托会计师事务所进行审查，审查重点包括资产、负债和税款等。审查资产要注意各项资产的所有权是否为标的环保企业所有；资产的计价是否合理；应收账款的可收回性如何，有无提取足额的坏账准备；存货的损耗状况；无形资产价值评估是否合理等。债务审查要查明有无漏列的负债，如有应提请调整。另外，应查明以前各种税款是否足额及时缴纳，防止并购后再缴纳而且被税务部门罚款。

四、环保并购战略原则

1. 贡献原则

贡献的形式多种多样，包括技术、管理和销售能力，而不仅仅是资金。

2. 开展多种经营原则

通过并购，开展多种经营。

3. 自尊原则

尊重被并购标的环保企业的员工、产品、市场和消费者。

4. 提升管理原则

能够为标的环保企业提供高层管理人员，改善管理。

5. 晋级原则

要让双方的管理人员得到合理晋升，使大家相信并购带来了机会。

五、股权并购六大战略

1. 横向并购战略

横向并购，是指同类环保企业为扩大规模而进行的并购。进行横向并购的基本条件是，并购方有需要并有能力扩大自身产品的生产与销售，并购双方环保企业的产品及产品生产与销售有相同或相似之处。

2. 全产业链并购战略

纵向并购亦称全产业链并购，是指生产过程或经营环节相互衔接、密切联系的环保企业之间，或者具有纵向协作关系的上、下游环保企业之间的并购。纵向并购达成的基本条件是，双方具有环保产业上的协同关系，对彼此的生产状况比较熟悉，有利于并购后相互间整合。

3. 多元化并购战略

混合并购亦称多元化并购，是指分属不同产业领域，即无产业链上的关联关系，产品也完全不相同的环保企业之间的并购。并购目的通常是为了扩大经营范围，进行多元化经营，以增强环保企业的应变能力。

4. 金融控股集团战略

金融控股集团，是指在同一控制权下，完全或主要在银行业、证券业、保险业中至少为两个不同的金融行业提供服务的金融集团。从环保产业或金融出发，并购各类金融机构。金融控股集团战略的实施，需要的基本条件是，打造金融控股集团的主体必须具有雄厚的资本实力和充足的金融行业资源。

5. 生态链并购战略

生态链并购战略，是指并购服务于同一用户群体的环保企业，共享资源，共同发展。进行生态链并购的条件是，生态链上至少拥有一个核心环保企业，其他环保企业依靠核心环保企业获得用户和实现盈利。

6. 投资集团战略

投资集团战略，是指集团主业＋投行模式。构建投资集团的基本条件是，具有强大的核心投资团队，以及全方位多渠道融资能力。

六、环保并购策略

其一，在我国环保产业迅速发展的时期，并购是环保企业做大做强的必由之路，更是发展壮大的战略性机会。在产业升级、政策利好、资本推动、高估值等因素的驱动下，环保产业的并购浪潮将更加猛烈。其二，理解产业变迁和发展，结合股东意愿，制定合适的发展战略。从内部能力和产业链角度，以及从外部机会和竞争角度来考虑并购需求。必须清楚真正购买的是什么，收购对象的价值是什么，真正的协同效应有哪些，负面效应有哪些，离开成本又是什么。同时在环保并购开始就考虑整合规划。其三，根据发展战略明确环保并购工作规划：数量、节奏、工作安排、组织结构、人才需求等。完成尽职调查、交易结构设计、谈判、合同签订、交易实施、并购整合。提升环保公司内部并购能力，组建并购人才队伍。其四，环保并购战略的实施与管理良好配合。让环保并购的资本市场收益达到最大化，同时资本市场收益最好地为战略实施和并购服务。其五，在环保产业发展和并购浪潮下，尤其需要注重速度、力度、准确度和节奏感，保持环保产业发展先机。

七、标的环保企业的反并购政策

作为并购企业，为了实现既定的并购目标，标的环保企业的反收购政策也是必须要考虑的。在企业并购过程中，标的环保企业为了防止恶意并购，通常借助于反垄断法、证券交易法和在管理上采取一些措施来阻止并购企业达到并购的目的。管理上的措施通常有：与关系密切的环保企业相互持股、寻求股东的支持、采取（金、银、锡）降落伞计划、采取"毒丸"计划、甩包袱计划、增加"驱鲨"条款、股份回购计划、"白衣骑士"计划等。这些措施一旦实行，有可能会对并购行动的成功实施以及并购行动的最终目标顺利实现产生极其不利的影响。

八、逸闻轶事——正是时候

老Y刚入职一家跨国环保公司中国代表处。该代表处负责中国区的环保水务并购事宜。时值12月下旬，大雪纷飞，老Y和司机根据环保项目信息来到C市，经过考察判断，发现该处项目品质很差。

老Y心有不甘，非常惆怅。于是，他决定到邻近的H市去看看，撞撞运气。可是，如果就这样贸然前去接洽，似乎不是太好。于是，他给该省建设厅的一处长同学打了一个电话，让他引荐一下，给H市建设局打个电话，以便前去接洽。

待老Y下午风尘仆仆赶到H市时，该市水务公司L总经理已在办公室等候多时，才聊几句，L总经理就说：你来得正是时候！因为恰恰就在当天上午市政府常委会研究通过出让该市水务公司股权。

在并购业界，跟进10个项目能成功一个，已属不错。第一次，老Y仅仅用了半年时间，就将这个非常好的环保项目收入囊中，而且环保合资公司顺利挂牌运营了。在之后的日子里，老Y经常会想到，人的运气来了，真是山也挡不住啊。从此，一直从事环保运营技术的老Y，踏上了环保并购路。

第二节　环保战略协同

一、环保市场协同

环保市场协同效应是指并购后竞争力增强，导致净现金流量超过两家环保公司预期现金流量之和，或者合并后业绩比两个环保公司独立存在时的预期业绩高。环保并购产生的协同效应包括：环保经营协同效应和环保财务协同效应。

取得环保市场协同效应有节约成本、强化收入、节约资本支出三种来源，其中，节约成本是最为常见和最常考虑的来源。在成熟的资本市场中，环保市场协同效应和并购溢价是股东或投资者判断一项环保并购对自身利益影响的两个关键指标。当并购方的出价远高于标的环保企业的内在价值，而溢价又没有潜在市场协同效应来支撑时，投资者、公众以及利益相关者就会怀疑并购方的并购动机。

如何实现环保市场协同效应？其一，并购者能够识别标的环保企业战略、流程、资源中的独特价值，并能维持和管理好这种价值，使其至少不贬值或不流失。其二，并购者自身拥有的资源和能力，在整合过程中不会被损害，能够维持到整合后新的竞争优势发挥作用。其三，并购者拥有的资源和能力与标的环保企业的资源和能力能够有效加以整合，创造出超出原来两个公司新的竞争优势。

二、文化协同

文化协同效应是指由于积极的文化对消极的文化具有可输出性，环保并购中通过积极的文化对消极的文化的扩散、渗透和同化，最终提高标的环保企业的整体素质和效率。文化协同是指管理层根据员工或顾客个人的文化倾向，而不是限定其文化差异，从而形成环保企业的战略、策略、结构和管理的过程。文化协同为解决跨国经营中的文化冲突提供了一种新的思维方式。它以文化差异的存在为前提，融合差异导致的行为和制度差别，把环保企业面临的多元文化变成经营的资源和优势加以利用，使文化冲突的解决能为环保企业的经营带来效益。短期内要容忍多种文化下的差异性行为模式。环保并购初始，各种不同文化驱动下的行为模式都可能存在。管理者要能容忍不同文化的差异性行为，但同时注重新的公司文化的劝导和培育。

建立新的文化规范。环保并购时，文化的差异会对生产和员工的士气产生有害影响，应对每个公司的文化规范加以分类，分成对员工重要程度高的规范和对员工重要程度低的规范，然后再对比两家公司文化规范目录中比较重叠和互补的部分，将其提炼出来作为新的文化规范基础。

三、知识转移

知识转移是知识从一个载体转移到另一个载体的过程。知识转移可以通过口头传授或其他非正式的方式进行，也可以通过组织建立正式的机制来进行。知识转移包括传输和吸收两个过程。环保企业知识转移是一个组织（如团队、部门、企业）的经验影响另一个组织行动的过程。它意味着知识的改变或者改变知识接受者的行为。

知识转移的目的是影响或改变知识接受者（个人或组织）的行为，提高组织的绩效水平。为此，必须设计一个方案来评价环保企业的知识转移效果，作为对知识转移的反馈信息，以期不断改善今后的知识转移效果。

环保企业是有效创造和转移知识的专业的社会团体。与市场等其他制度安排相比，环保企业的竞争优势就在于其独特的知识转移能力。知识在组织内部的转移并非一蹴而就。环保企业间关系力量越强，则隐性知识转移水平越高，且该关系受环保企业合作经验的正向调节；隐性知识转移水平越高，则环保企业创新能力越强，从而创新绩效越好。

知识是环保企业主要的生产资源，隐性知识和显性知识是知识的两个主要类型。隐性知识与显性知识的区别是知识能否被一个正式的、系统的语言来描述和传达。由于显性知识容易传递和共享，极易被竞争对手学到。显性知识大都来源于隐性知识，核心竞争力也常常表现在难以模仿和不可替代的隐性知识上。对于环保企业来说，显性知识显然不可能形成持续的竞争优势，构成其核心能力的知识基础是建立在隐性知识的基础上，所以知识管理的核心内涵是发掘员工头脑中的隐性知识。

四、逸闻轶事——合纵连横

所谓合纵连横，从地域上看，当时那些弱国是以三晋为主，北连燕、南连楚为纵；东连齐或西连秦为横。合纵可以对秦，也可以对齐。从策略上说，是"合众弱以攻一强"，是阻止强国兼并的策略。连横是"事（从属）一强以攻众弱"，是强国迫使弱国帮助它进行兼并的策略。随着兼并战争形势的变化，合纵连横的具体内容也跟着有了一些变化和发展。到长平之战后，变成了合纵是六国并力抵抗强秦，连横是六国分别投降秦国的意思。

以史为鉴，合纵需要团结，连横需要发展。合纵的各方，需要懂得放弃，运用舍得精神，大舍才有大得，不舍永远不得。而连横的一方，需要知道在与别人合作的同时，不断深度发掘自身的潜能，壮大自我。秦国，就是在与六国连横的过程中，一方面击破了合纵，另一方面不断深挖本国的潜能，使国家不断富强，最终一统天下。

战国后期，秦国力量越来越强，东方六国都不能单独抗秦，公孙衍与苏秦先后游说六国，联合抗秦，是为合纵。秦国用魏国人张仪游说各国帮助秦国进攻其他的弱国，叫做连横。合纵连横，斗争持续了很长时间。当时，各国为了自身利益，时而合纵，时而连横，反复无常。这时，各大国之间，围绕着怎样争取盟国和对外扩展的策略，有纵横两种不同的主张。纵横家，应时而生，他们鼓吹依靠合纵、连横的活动来称霸，或者建成王业。《韩非子》中就有"外事，大可以王，小可以安""从（纵）成必霸，横成必王"的记载。纵横家重视依靠外力，夸大计谋策略的作用，把它看作国家强盛的关键。张仪在秦国推行连横策略获得成功，达到了对外兼并土地的目的，使得秦惠王能够"东拔三川之地，西并巴蜀，北收上郡，南取汉中"，"散六国之从（纵），使之西面事秦"（《史记·李斯列传》）。这是因为他用"外连衡而斗诸侯"（贾谊《过秦论》）的策略，配合了当时秦国耕战政策的推行。

环保并购，有时候也需要寻找到好的合作伙伴，尤其是在进行联合体投标时，展示各自的优势，则较容易将项目收入囊中。

第三节　环保协同效应

一、环保管理协同效应

1. 概念

环保管理协同效应指并购给环保企业管理活动在效率方面带来的变化及效率的提高所产生的效益。两个管理效率不同的环保公司，管理效率高的兼并低的后，使后者管理效率得以提高，这就是环保管理协同效应。

2. 作用机理

本质上，环保管理协同效应源于合并后管理能力在环保企业间的有效转移和在此基础上新的管理资源的衍生以及环保企业总体管理能力的提高。管理者发现被并购新领域中的问题与自己过去曾遇到的问题相似，他就有了对新进入领域企业进行有效强势管理的主动权。组织经验和组织资本是影响环保企业管理能力的两个重要因素。组织经验是在环保企业内部通过对经验的学习而获得的员工技巧和能力的提高，组织资本专指环保企业特有的知识资产。组织经验和组织资本是环保企业的管理资源，同时它们也是一种隐形资产，环保管理协同效应是合理配置管理资源的结果。

3. 实现

环保管理协同效应的作用机理为其实现提供了前提。选择合适的环保并购对象，并购前对其进行认真筛选意义重大。人力资源是环保企业管理能力的载体，是知识与能力的体现。确定客观有效的人力资源管理程序，实现知识的内部转移，建立内部人才市场衍生新的管理资源。实现文化融合，文化的差异有可能给实现管理协同制造障碍，环保并购发生后要通过加强文化培训等手段来进行文化整合。

4. 主要表现

节省管理费用，即单位产品的管理费用可以大大减少。通过并购可以提高环保企业的运营效率，使整个环保经济的效率水平得到提高。为了充分利用过剩的管理资源，并购提供了一条有效的途径，即把这些过剩的管理资源转移到其他环保企业中而不至于使它们的总体功能受到损害。一个管理低效的环保企业如果通过直接雇佣管理人员增加管理投入，以改善自身的管理业绩是不充分的或者说是不现实的。

5. 企业特征

能够发生管理协同效应的两个环保企业特征如下：

（1）管理能力密度差异发生管理能力转移的环保企业之间，存在管理能力的密度差异。从而使高密度的环保企业有向外输出过剩能力的愿望，而低密度的环保企业则有对管理能力的引进需求。

（2）管理能力缺乏和过剩管理能力缺乏的环保企业，在其他情况相同时，其业绩在同行业中水平较低；而管理能力过剩的环保企业恰恰相反，源于后者比前者的资产经营效率更高的缘故。

（3）管理能力增长管理能力缺乏的环保企业多为产生时间较短、增长速度较快的企业，其有形增长比管理能力的增长更快。而管理能力过剩的环保企业通常已经过较长时期的生长发展，因为管理能力的积累需要相当长的时间，而且其发展速度可能已经大为下降，从而造成管理能力供大于求的局面。

6. 意义

环保管理协同效应可以更有效地配置、使用人力资源及环保企业的管理能力。管理能力的转移可以使管理能力相对缺乏的环保企业得到有效的管理资源补充，提高其资产的管理效率。对于管理能力过剩的环保企业来说，所转移的只是过剩的管理能力而并不会降低其资产的管理效益和环保企业的管理水平。对社会总体资源的合理配置和有效利用也是极为有意义的。对于单个环保企业，管理协同效应的意义体现在：为解决管理能力过剩提供了可行的方法；解决了管理能力较低的环保企业增加专属能力的问题；解决了环保企业间管理资源的转移问题。管理协同效应可以起到充分利用管理资源、提高管理水平的作用。

二、环保经营协同效应

1. 含义

环保经营协同效应指并购给环保企业生产经营活动在效率方面带来的变化及效率的提高所产生的效益。并购改善了环保公司的经营，提高了其效益，产生了规模经济、优势互补、成本降低、市场份额扩大、更全面的服务等。

2. 主要表现

（1）环保规模经济效应

环保规模经济是指随着生产规模的扩大，单位产品所负担的固定费用下降而导致收益率的提高。

（2）环保纵向一体化效应。

环保纵向一体化效应主要针对纵向环保并购，标的环保公司要么是并购方的原材料或零部件供应商，要么是产品的买主或顾客。

（3）环保市场力或垄断权

获取环保市场力或垄断权主要是针对环保横向并购，两个产销同一产品的环保公司相合并，有可能导致该行业的自由竞争度降低，合并后可以借机提高产品价格，获取垄断利润。

（4）环保资源互补

并购可以达到资源互补从而优化资源配置的目的，将两个环保公司合并，留下好的部分，兼收并蓄，使两个环保公司的能力达到协调有效的利用。

3. 产生原因

通过环保企业并购，使其经营达到规模经济。并购使几个规模小的环保公司组合成大型环保公司，从而通过大规模生产降低单位产品的成本。并购可以帮助环保企业实现经营优势互补，有时既包括原来各环保公司在技术、市场、专利、产品管理等方面的特长，也包括优秀的企业文化。获得环保经营协同效应的另一个领域是纵向一体化。将环保行业处于不同发展阶段的环保企业合并在一起，可以获得各种不同发展水平的更有效的协同。其原因是通过环保纵向联合可以避免联络费用、各种形式的讨价还价和机会主义行为。

4. 对环保企业产生的作用

成本降低是最常见的一种协同价值，而成本降低主要来自环保规模经济的形成。环保规模经济由于某些生产成本的不可分性而产生，单位产品的成本得到降低，可以相应提高环保企业的利润率。生产规模的扩大，使得劳动和管理的专业化水平大幅度提高。收入增长是随着环保公司规模的扩张而自然发生的，并购前，两家环保公司由于生产经营规模的限制都不能接到某种业务，而伴随着并购的发生、规模的扩张，并购后的环保公司具有了承接该项业务的能力。此外，标的环保企业的分销渠道也被用来推动并购方产品的销售，从而促进其销售增长。

5. 来源

环保经营协同效应有环保规模经济、环保优势互补和环保市场势力三个来源。其一，环保并购会带来工厂规模经济效应，它一般来源于资源的不可分性。其二，环保企业规模的扩大，可以使用更大型和更有效率的机器设备，设备的规模成本指数降低。其三，从整个环保企业经营的角度来说，并购会带来大规模采购的收益。通过环保企业的并购和联合来实现产品线的优势互补，并分享彼此的营销网络及研发成果，是环保经营协同效应的一个很重要的来源。环保市场势力是指市场参与者通过控制产品的价格、数量或产品特性而获取超额利润的能力。环保企业通过并购能够迅速提高市场份额和行业集中度，并增强自身的垄断力量，从而获得较高的利润。

三、环保财务协同效应

1. 概念

环保财务协同效应是指并购发生后，通过将并购方的低资本成本的内部资金投资于标的环保企业的高效益项目上，从而使兼并后的企业资金使用效益更高。通过并购形成一个小型的资本市场，一方面可以提高环保企业资金的效益，另一方面得到了充裕的低成本资金，可以抓住良好的投资机会，使得并购后的环保企业能够更科学、合理地使用资金。

2. 表现

（1）现金流入充足

并购发生后，环保企业规模得以扩大，资金来源更为多样化。通过财务预算在环保企业中始终保持着一定数量的可调动的自由现金流量，从而达到优化内部资金时间分布的目的。

（2）资金流向更有效益

使环保企业经营所涉及的行业不断增加，经营多样化为环保企业提供了丰富的投资选择方案，从中选取最为有利的项目。把原本属于外部资本市场的资金供给职能内部化了，使环保企业内部资金流向更有效益的投资机会，提高企业投资回报率和资金使用效率。投资项目的风险分布是非完全正相关的，多样化的投资组合能够起到降低风险的作用。

（3）偿债能力提高

并购扩大了环保企业自有资本的数量，自有资本越大，由于破产而给债权人带来损失的风险就越小。使原本属于高偿债能力环保企业的负债能力转移到了低偿债能力的环保企业中，解决了偿债能力对融资带来的限制问题。那些信用等级较低的被并购环保企业，通过并购，使其信用等级提高到并购方的水平，为外部融资减少了障碍。美化了环保企业的外部形象，从而能更容易地从资本市场上取得资金。

（4）筹集费用降低

并购后环保企业可以根据需要发行证券融资，避免了各自为战的发行方式，减少了发行次数。整体性发行证券的费用要明显小于单独多次发行证券的费用之和。

3. 前提条件

（1）资金充裕

通常并购方所在行业的需求增长速度低于整个经济平均的行业增长速度，内部现金流量可能超过其所在行业中目前存在的投资需要。并购中，并购方资金充裕，由于缺乏可行的投资机会，其资金呈现出相对过剩的状态，因此，会向标的环保企业提供成本较低的内部资金。

（2）自由现金流量

标的环保企业往往缺乏自由现金流量，随着行业需求增长，其需要更多的资金投入。而且这类环保企业可能由于发展时间短，资本投入和积累都较少，经营风险较大，难以直接从外界得到大量的资金或资金成本过高，发展受到资金的限制，希望通过并购获得低成本的内部资金。

（3）资金分布

并购方与标的环保企业的资金分布必须是非相关的。只有当一方具有较多的自由资金，而另一方同时缺乏资金时，才能发挥出最大的环保财务协同效应，否则效果会受到限制。环保企业应通过资金预算等方式，合理配置自由现金流量的时间分布，保证环保财务协同效应的最大限度发挥。

四、环保技术协同效应

1. 概念

环保技术协同效应指将并购方的专利技术、专有技术等知识产权类无形资产注入标的环保企业，提高其产出效率和产品质量，获得价值增量而产生协同效应。

2. 表现

战略并购促进技术的扩散，使先进技术在更广的范围里使用，并增加了社会福利；提高了标的环保企业技术水平，提高了其竞争力和效益，使其低效资产变成高效资产，改善经营业绩。

3. 作用机制

环保并购有利于技术创新。影响环保企业技术创新能力的要素包括技术机会、技术能力、融资能力、技术创新的效率和市场销售的配套资产等。并购形成的大型环保企业具有更强的融资能力、技术能力和销售能力，有能力建立自己的专用研究和开发实验室，形成研发上的规模经济，同时能够承担由于技术创新的不确定性带来的风险。并购能促进环保企业的技术创新，产生技术在研发上的协同效应，有利于技术扩散。并购可以在短时间内引进所需技术，连同熟练的职工和配套设备也同时引进，大大缩短了技术开发时间，加快了技术扩散的速度。并购后两个环保企业的外部交易内部化，技术转移的壁垒消除，双方的先进技术在并购后的公司中迅速传播，大大加快了技术扩散的速度，提高了技术的利用率。

五、环保品牌协同效应

1. 概念

环保品牌协同效应指通过并购将优势品牌在并购双方进行共享，同时注入品牌文化，或者两者进行品牌联合，使品牌更具吸引力，从而依托其产生更大的价值。

2. 表现

依托品牌及销售网络和售后服务体系，可以提高被并购环保企业产品的市场竞争力和销售业绩。向被并购环保企业员工灌输品牌文化，可以提高其品牌意识和素质，提高凝聚力和吸引力。随着环保企业规模的扩张，可以有更大的实力进行技术开发、广告宣传，建立更为完善的销售和服务网络。进一步扩大了品牌的市场影响，增强了品牌的价值和竞争优势。以品牌作价投资，可以减少现金和股息支出，从而有效降低兼并重组成本。

3. 制约因素

环保品牌协同效应的制约因素：其一，品牌自身的实力，如果该品牌是国内甚至是国际名牌，那么它对被并购环保企业绩效的影响就越大，品牌协同效应也就越强。其二，被并购环保企业对品牌的支撑能力，即其技术、管理等方面能否达到品牌的要求。如果被并购环保企业的技术和管理水平不能保证品牌的一贯质量和性能，最终会破坏品牌的市场形象，品牌协同效应也就会降低为零甚至为负值。其三，行业相关性，即被并购环保企业产品与品牌原依托产品的关联程度。如果被并购环保企业的主营产品与品牌原有依托产品是一种产品且有相同的市场定位，则品牌的优势很容易就能转移过去，此时的品牌协同效应最大，反之，品牌协同效应就很小。

六、环保文化协同效应

1. 概念

环保文化协同效应指由于积极的文化对消极的文化具有可输出性，因此并购中通过积极的文化对消极的文化的扩散、渗透和同化，最终可能会提高标的环保企业的整体素质和效率。

2. 影响因素

环保文化协同效应的大小取决于两个因素：一是并购方文化被外界认同的程度，认同程度越高，对其他文化的协同力就越强；二是环保并购双方文化差异程度越大就越容易造成文化冲突，因此在环保并购时应当对双方的文化进行分析，选择文化差异小的环保企业作为目标，较容易同化另一方，产生文化协同效应。

3. 作用机制

为了有效解决并购中的文化漠视问题，最大化地实现环保并购价值，需要在并购过程中进行文化协同。

（1）讲求速度

要在尽可能短的时间内将并购方的文化有选择地移植到被并购环保公司，或者将两种文化的差异与在此基础之上形成的全新文化用明白无误的方式向被并购环保公司的员工灌输。

（2）建立文化范式

新的文化植入必须建立在美好的企业愿景感召之下，并购之后新的管理层必须将环保企业的愿景和战略传达给新成立的组织和员工。可以通过会议、备忘录、网络平台来传达企业文化。将旧的理念和新的理念结合到一起，集中于对环保公司和对客户有利的方面，会在两种文化之间产生连接力。

（3）差异性行为模式

并购初始，各种不同文化驱动下的行为模式都可能存在。管理者要能容忍不同文化的差异性行为，但同时注重新的环保公司文化的劝导和培育。

（4）有效沟通

能否形成有效沟通是文化协同成功与否的标志。有效沟通有四个标准：简单化、结构化、一致性和平稳性。

（5）建立新的文化规范

并购时，文化的差异会对生产和员工的士气产生有害影响，应当对每个环保公司的文化规范加以分类，分成对员工重要程度高的规范和对员工重要程度低的规范，然后再对比两家环保公司文化规范目录中比较重叠和互补的部分，将其提炼出来作为新的文化规范基础。

七、逸闻轶事——项目协同

T环保公司在B市跟进的自来水、污水一体化项目，由于尽职调查不仔细，在财务测算时出现了问题，导致报价偏差，名落孙山。当时，项目组承受的压力很大。在总结经验，反思项目丢失原因时，说到激动之处，T环保公司老板怒摔键盘。面对盛怒之下的老板，项目总监老Z脑中飘过当时开标以后，早晨在B市国际大酒店内吃早餐，有个假和尚凑过来，频频要给其算上一卦，而自己坚决不同意，结果这个假和尚讪讪离开时恨恨地说：两日之内，你必被削！现在看来，这个乌鸦嘴竟然说对了。

后来，T环保公司根据情况，积极与政府沟通，相继拿下污泥处置项目，收获开发区污水处理项目，形成项目协同局面，也算扳回一局。这下，T环保公司项目总监老Z总算松了一口气。

第三章 基于价值的环保并购

第一节 环保价值的概念

一、环保价值

环保价值,泛指客体对于主体表现出来的积极意义和有用性,能够公正且适当反映商品、服务或金钱等值的总额。环保价值就是凝结在商品中无差别的人类劳动,即产品价值。环保价值是商品的一个重要性质,它代表该商品在交换中能够交换得到其他商品的多少,环保价值通常通过货币来衡量,成为价格,是交换价值的表现。环保价值是自然与人类现象中普遍存在的数量性事物、存在者、事实。环保价值的本质是数量性存在,就是数量值。

汉语词解:环保价值是体现在商品里的社会必要劳动;环保方面的积极作用。源自《闲情偶寄·声容·薰陶》。

环保价值属于关系范畴,是指客体能够满足主体需要的效益关系,是表示客体的属性和功能与主体需要间的一种效用、效益或效应关系的哲学范畴。环保价值作为哲学范畴具有最高的普遍性和概括性。环保价值的本质,存在多种观点,这些观点从不同角度、不同程度上反映出环保价值的某些外部或内部特性,但都有其片面性,均不能全面反映环保价值的哲学本质。环保价值的本质可以通过以下学说诠释。

(1)环保价值抽象说

环保价值是抽象的信念、理想、规范、标准、关系、倾向、爱好、选择等，它看不见、摸不着，但却时时、处处起作用，指导人的思想，支配人的行动，评价某一事物就是来源于并反映了抽象的理想价值。

（2）环保价值奥妙说

环保价值是一个深奥的、微妙的概念，包容量大且含义模糊，其内涵和外延难以把握，其精神实质难以领悟。环保价值绝不是实在，既不是物理的实在，也不是心理的实在。环保价值的实质在于它有效性，而不在于它实际的事实性。环保价值的最后基础在于人类的自许，人类对世界的希冀，人类对人性的祈愿。

（3）环保价值本性说

赖以生活的环保价值是天生的，像包括真、善、美在内的人类的古老价值，以及后来的愉快、正义和欢乐等价值，都是人类本性固有的，是人的生物性质的一部分，是本能的而非后天获得的。

（4）环保价值关系说

环保价值是一种关系范畴，表示客体与主体之间的相互联系。有的人把环保价值当作是一种联系和关系，并认为它是诸事物之间的联系和关系，而不是专指人类与客观世界的联系和关系，即任何有联系的事物之间都可能存在价值，这样，环保价值就成了联系和关系的代名词，从而混淆了主体与客体的本质区别。

（5）环保价值情感说

环保价值的源泉在于情感：当合理性遭遇它的限度，对开明的理性的求助不再帮助我们时，那么思维的对位形式即情感可以帮助我们。情感是通过我们的感觉释放的，它帮助我们感知世界和辨认价值。这是不能测量或计算的价值，只能通过感觉经验或感知领会，例如美的价值。

（6）环保价值意义说

环保价值是一种关系范畴，表示客体对主体的意义，以及客体满足主体需要的关系。然而，这种观点并没有解释意义或需要本身又是什么内涵，因此，这种观点只能是两个名词之间的同义反复，没有多少实际意义。

（7）环保价值属性说

环保价值是指客观事物的一种有用属性。这种观点把价值等同于事物的功能属性，忽略了主体特性和介体特性对于价值的决定性作用。

（8）环保价值劳动量说

环保价值就是劳动价值，它由劳动者所付出的劳动量来决定。这种环保价值是指马克思主义经济学中指定资本化市场下交易的本质，是一种特定范畴的价值概念。

（9）环保价值主体性说

环保价值是主体根据自己的需要自觉地、有意识地赋予客体的属性，它反映了主体对客体的态度，这种观点把环保价值与其主观反映混淆起来。

二、关于环保价值

1. 环保市场价值

市场价值是指一项资产在交易市场上的价格，它是买卖双方竞价后产生的双方都能接受的价格。内在价值与市场价值有密切关系。如果市场是有效的，即所有资产在任何时候的价格都反映了公开可得的信息，则内在价值与市场价值应当相等。如果市场不是完全有效的，则一项资产的内在价值与市场价值会在一段时间里不相等。投资者估计了一种资产的内在价值并与其市场价值进行比较，如果内在价值高于市场价值则认为资产被市场低估了，他会决定买进。投资者购进被低估的资产，会使资产价格上升，回归到资产的内在价值。市场越有效，环保市场价值向内在价值的回归越迅速。

2. 环保企业价值

从管理学角度看，环保企业价值遵循价值规律，通过以价值为核心的管理，使所有环保企业利益相关者（包括股东、债权人、管理者、普通员工、政府等）均能获得满意回报的能力。从金融学角度看，环保企业价值是该环保企业预期自由现金流量以其加权平均资本成本为贴现率折现的现值，它与环保企业的财务决策密切相关，体现了环保企业资金的时间价值、风险以及持续发展能力。显然，环保企业的价值越高，给予其利益相关者回报的能力就越高。

环保企业价值指其本身的价值，是有形资产和无形资产价值的市场评价。环保企业价值不同于利润，利润是其全部资产的市场价值中所创造价值中的一部分，环保企业价值也不是指其账面资产的总价值，由于环保企业商誉的存在，通常其实际市场价值远远超过账面资产的价值。环保企业价值是该环保企业预期自由现金流量以其加权平均资本成本为贴现率折现的现值，它与环保企业的财务决策密切相关，体现了其资金的时间价值、风险以及持续发展能力。

3. 环保企业绩效评价理论依据

（1）股东权益最大化理论

资本所有者投入资本购买环保设备、雇佣工人，因此，资本的投入是实现环保企业价值的最关键因素；对于一个环保企业，其所有者是环保企业中唯一的剩余风险承担者和剩余价值享有者。剩余的资本要承担最大的风险，而在环保企业内部存在的除股东之外的利益主体，包括雇员和债权人，可以通过选择在环保企业中只承担有限的责任或任务，获取相对固定的报酬或利益，并受到有关合同的保护，因此，环保企业的经营应以股东权益最大化为最终标的，以保护股东的权益。

（2）环保公司价值最大化理论

环保公司价值最大化即公司市场价值最大化。环保公司价值最大化理论认为：所谓环保公司价值是指其全部资产的市场价值，主要表现为环保公司未来的收益以及按与取得收益相应的风险报酬率作为贴现率计算的现值，即未来现金净流量的现值。环保公司价值只有在其报酬与风险达到最佳均衡时才能达到最大。随着市场竞争的日益激烈，以及环保公司并购活动的日益频繁，并购双方越来越关注环保公司的市场价值，因为只有环保公司价值最大化，才能在并购活动中获取更多的谈判筹码，或者以较低的价格购买其股权，或者以较高的价格出售其股权，同时体现出公司管理者自身的价值。环保公司价值是其唯一路标，环保公司价值最大化与股东财富最大化不是对立的，环保公司价值最大化理论成为所有者和管理者共同追求的标的，这就要求环保公司管理层在确保企业持续性价值创造、承担社会责任的基础上，为全体股东创造最大化的财富。

（3）环保利益相关者理论

如果没有利益相关者群体的支持，环保企业就难以生存，他们包括：股东、雇员、顾客、债权人、供应商及社会责任。利益相关者理论的基本论点是环保公司经营除了要考虑股东利益外，还要考虑其他利益相关者的利益。一是环保企业的董事会成员和经理成员在最大限度发挥创造财富的潜能的同时，必须考虑他们的行为如重大决策等对公司利益相关者的影响；二是在环保企业决策中一部分利益相关者要比另一部分更重要；三是应当使环保企业全部有实际意义的资产处于承担风险的利益相关者的控制之下。建立于利益相关者理论基础上的环保企业绩效评价方法，要通过设置相应评价指标反映各方利益相关者的利益保障程度。

4. 环保企业价值表现形式

（1）账面价值

采用账面价值对环保企业进行评价是指以会计的历史成本原则为计量依据，按照权责发生制的要求来确认环保企业价值。环保企业的财务报告可以提供相关的信息，其中资产负债表最能集中反映公司在某一特定时点的价值状况，揭示环保企业所掌握的资源、所负担的负债及所有者在环保企业中的权益，因此资产负债表上各项目的净值，即为公司的账面价值。并且环保企业账面价值有时为适应不同需要，可以进行适当调整。比如，为确定普通股东的净值，对有发行在外优先股的股份有限公司，应将优先股的价值从净值总额中扣除，以确定属于普通股东的净值。该净值被发行在外的普通股数相除即可得出每股账面价值。再如，为稳健起见，在计算环保企业账面净值时，通常要剔除无形资产如商誉、专利权等，以及债券折价、开办费用和递延费用等，而其他一些项目，如存货估价准备，则可能要被加回。

账面价值可以直接根据环保企业的报表资料取得，具有客观性强、计算简单、资料易得等特点。但由于各环保企业之间、同一环保企业不同会计期间所采用的会计政策不同，账面价值较易被环保企业管理当局所操纵，从而使不同环保企业之间、同一环保企业不同时期的账面价值缺乏可比性。例如，在通货膨胀时期，运用后进先出法存货估价的结果会使得当期费用高于采用先进先出法的情况，长期使用后进先出法，将使存货的价值低于采用先进先出法的环保企业；加速折旧法相对于直线折旧法在开始使用的年份，会更快地减少固定资产的账面价值。因此，在运用账面价值时，必须密切关注环保企业的人为因素，一般说来，账面价值最适合于那些资产流动性较强且会计政策采用准确的环保企业。账面价值的另一局限是：来自财务报表的净值数据代表的是一种历史成本，它与环保企业创造未来收益的能力之间的相关性很小或者根本不相关，这与环保企业价值的内涵不相符合，而且环保企业存续的时间越长，市场技术进步越快，这种不相关性就越突出。

（2）环保内涵价值

环保内涵价值指环保企业预期未来现金流收益以适当的折现率折现的现值。其价值大小取决于专业分析人士对未来经济景气程度的预期、环保企业生命周期阶段、现阶段的市场销售情况、环保企业正在酝酿的扩张计划或缩减计划以及市场利率变动趋势等因素，由于大多数因素取决于专业人士的职业判断，所以在使用时需要设定一些假设条件，比如现金流收益按比例增长或固定不变等。一般投资者在对环保企业债券、股票等进行投资时，使用环保内涵价值作为决策依据。

（3）环保市场价值

环保市场价值指环保企业出售所能够取得的价格。当环保企业在市场上出售时，其买卖价格即为该环保企业的市场价值。市场价值通常不等于账面价值，其价值大小取决于市场的供需状况，但从本质上看，市场价值亦是由内涵价值所决定。市场价值由内涵价值决定，是内涵价值的表现形式，环保企业的市场价值围绕其内涵价值上下波动，完美的状况是市场价值等于内涵价值。但受到人们的主观因素或市场信息不完全等诸多因素的影响，环保企业的市场价值会偏离其内涵价值，这种偏离程度在不成熟市场上往往会非常大。事实上，正是由于环保企业价值被低估的情形存在，才有了通过资本运作等手段来获取环保企业内涵价值与市场价值之间的价差的空间，因此，如何准确判断环保企业内涵价值便成为问题的关键。

（4）环保清算价值

环保清算价值指环保企业由于破产清算或其他原因，要求在一定期限内将环保企业或资产变现，在清算日预期出售资产可收回的快速变现金额。对于环保企业股东而言，优先偿还债务后的剩余价值才是股东的清算价值。环保企业清算时，既可整体出售环保企业，也可拆零出售单项资产，采用的方式以变现速度快、收入高为原则。环保企业清算价值的性质及其计量与在持续经营中的环保企业价值截然不同，必须明确加以区别。

（5）环保重置价值

重置价值指在市场上重新建立与之相同规模、技术水平、生产能力的环保企业需要花费的成本。根据环保企业的各项资产特性，估算出各资产的重置必要成本，再扣除已经发生的各种损耗，从而得出其重置价值。其中，资产的各种损耗既包括资产的有形损耗，又包括资产的无形损耗。在财务决策中，主要使用市场价值和内涵价值作为评判依据，因为只有这两种价值形式充分考虑了环保企业的未来收益能力、发展前景以及竞争优势，尤其是内涵价值，在重视现金流量的今天，其以可以预期到的未来现金流量换算成今天的现值，既考虑了预测的前瞻性，又提供了可以具体操作的现金流量定价等来衡量环保企业的价值。

5. 价值决定价格

在证券市场上，股票价格是各方关注的焦点，因为股票价格体现了股东财富。另外，股票价格实际上是投资者对环保企业未来收益的预期，是市场对环保企业股票价值作出的估计。根据市场的有效性假设，在市场强势有效时，投资者掌握完全信息，其对环保企业未来收益的预期与其实际情况完全相符，只会以与股票价值相等的价格买卖股票，此时，股票价格与其价值相等。理想市场中，股票价格由股票价值决定，现实中，股票价格总是围绕着其价值波动。当股票价格高于其价值时，投资者就会卖掉股票，使其价格趋向于价值；同理，当股票价格低于其价值时，投资者就会买进股票，使其价格趋向于价值。环保企业价值决定了其股票价格，即其市场价值。环保企业价值不仅仅停留于投资银行家的估算，而且有了一个市场的定位。对业内管理者而言，是否为环保企业创造了价值，也可以在市场上得到检验。

三、环保企业价值观

谁能率先树立正确价值导向的环保企业信仰，谁就能更容易把握先机。有信仰的环保企业，会始终把公众利益放在第一位，更加深刻理解生态文明和绿色发展，会更快找到把绿水青山变成金山银山的正确方法。携手环境产业的有识之士，共同组建一支讲政治、守规矩的环保企业家同盟军，成为有利于人民、有益于社会、为股东创造价值的新时代环保企业。城市与环保企业、环保产业与技术、环保行业与应用的紧密互动，正推动大量的环保企业成为新的产业引领者。顶层的风向、资本的关注、技术的深入，也让环保领域成为创新型、高成长公司的集中地。

环保企业价值观是做事的指引，而做事的指导原则来自于实践，也就是公司业务。价值观是环保企业自身通过一场场胜仗得到的做事方式的最高升华，每个环保企业的价值观都应该是这家环保企业及员工所信奉的至高无上的东西，是最硬核的东西。环保企业价值观自业务中提炼成长，它不只简单强调规模、估值，更看重增长率、发展潜力、未来可塑空间等综合实力的考量。因此，要重点关注引领行业创新、营收、市值在行业头部的环保企业；重点关注近期品牌影响突破上升、业务发展迅猛的环保企业；重点关注资本市场关注度高、环保企业规模跨越增长的环保企业；重点关注海归创业、创新技术、跨界融合等方面的环保企业。

四、逸闻轶事——企业价值

最近，关于环保领域的上市公司 G 环保公司，因为"债务违约、信用降级、上交所发函、高管又接连离职"等事件，弄得股民们人心惶惶。

G 环保公司是由 Q 先生及其团队苦心经营，是一家专业从事环保能源领域的智能化、全方位技术解决方案服务商，主营业务涵盖工业水处理、市政水处理、固体废弃物处理等板块。经过十多年的发展，G 环保公司已成为水处理核心技术优势的公司，于十年前登陆上交所。上市后，为了做大做强，Q 先生积极思考全球化的道路，获得新的技术和研发产品，引进国外的先进技术，研发人员和高级管理人员，通过海外并购，实现更大的发展。然而，事与愿违，Q 先生在后续的经营中，由于盲目自信，快速扩张，采取激进的外延式并购，增收却不增利，导致公司持续失血，负债率飙升。期间，通过并购，G 环保公司旗下曾拥有约 50 家子公司，其中有三分之二处于亏损状态。

资本市场，瞬息万变。作为一个企业的掌门人，如果取得了一点成绩，就开始自我膨胀，觉得自己无所不能，违反资本市场客观规律，甚至于在海外不计结果，随性纵横捭阖，大举并购扩张，到头来，必然是捉襟见肘，步履维艰。待到玩不下去的时候，又采取各种手段，疯狂减持，脚底抹油，溜之大吉，岂不悲哉！这种情况，也暴露了 Q 先生脆弱的本性，在公司的发展过程中，他并没有悉心经营，稳步推进，使 G 环保公司保值增值，不断使企业价值得到提升。

第二节　环保企业价值的分析方法

一、从环保企业自身状况考察

主要包括：规模、效益、效率、技术、产品、资产质量、债务及其他。其中，规模：生产能力规模、自身拥有生产能力、实际控制生产能力、销售能力规模、近期销售额（实现量、变动趋势）、已有销售网络（网点数、覆盖面）等。效益：利润总量，包括利润总额、净利润、主营利润、投资收益、补贴收入等。利润率，包括销售利润率、税前利润率、总资产利润率、净资产利润率等。组织效率：生产效率，包括劳动力效率、材料消耗效率、设备使用率等；营销效率，包括营销费用率、销售折扣率、单位销售人员销售额等。技术状态：现存的技术开发能力、现存的技术队伍状况等。产品状况：当前市场占有率。主营产品的市场进入门槛：资金、技术、政策（特许经营）等。资产质量：固定资产，包括厂房的实际成新度、设备的技术保值度、资产的通用性等；流动资产，包括库存（账物相符、物损程度）、应收账款（独立调查）等；无形资产，包括资产的估值、资产的完整性。债务及其他：债务的总量、期限结构。债务总量，包括近期需偿还的债务量，重要财务问题之一；或有债务；环保企业担保；潜在的付款事项。潜在赔款的经济纠纷及其他纠纷，包括股东与管理层的纠纷、管理层与员工的纠纷、技术纠纷、销售纠纷等。

二、从环保企业所处行业生命周期考察

从环保企业所处行业生命周期，分为四阶段考察：幼稚阶段、成长阶段、成熟阶段、衰退阶段。其一，幼稚阶段：由于环保新产业刚刚诞生或初建不久，只有为数不多的创业公司投资于这个新兴的产业，且初创阶段环保行业的创立投资和产品的研究、开发费用较高，而产品市场需求狭小，销售收入较低，因此这些创业公司财务上可能不但没有盈利，反而普遍亏损；同时，较高的产品成本和价格与较小的市场需求还使这些创业公司面临很大的投资风险。其二，成长阶段：拥有一定市场营销和财务力量的环保企业逐渐主导市场，这些企业往往是较大的企业，其资本结构比较稳定，因而它们开始定期支付股利并扩大经营。环保新产业的产品经过广泛宣传和消费者的试用，逐渐以其自身的特点赢得大众的欢迎或偏好，市场需求开始上升，环保新产业也随之繁荣起来。其三，成熟阶段：环保产业的成熟阶段是一个相对较长的时期。在这一时期，在竞争中生存下来的少数大厂商垄断了整个环保行业的市场，每个厂商都占有一定比例的市场份额。由于彼此势均力敌，市场份额比例发生变化的程度较小。厂商与产品之间的竞争手段逐渐从价格手段转向各种非价格手段，如提高质量、改善性能和加强售后维修服务等。环保产业的利润由于一定程度的垄断达到了很高的水平，而风险却因市场比例比较稳定且新企业难以打入成熟期市场而较低。其四，衰退阶段：这一时期出现在较长的稳定阶段后。由于新产品和大量替代品的出现，原环保产业的市场需求逐渐减少，产品的销售量下降，某些厂商开始向其他更有利可图的产业转移资金。因而原环保产业出现了厂商数目减少、利润下降的萧条景象。

三、从环保企业所处行业考察

1. 环保经营组织模式

行业门类及组织模式的差别：如工业与商业、制造业与服务业等；由于行业的差别，组织模式有较大差别；环保制造业中加工工艺及设备特点影响着环保企业组织的可分拆性。趋势：品牌、连锁等。

2. 环保品牌运用

环保企业品牌外溢效应：赢家通吃。环保品牌的形成：真实的打造、必要的宣传。

3. 互补性

考察环保并购双方的互补性，协同效应包括规模、效益、组织效率、技术及产品等。

4. 环保价值比较

不同环保企业的运营成本比较：工资水平、物耗水平；不同环保企业的区位优势比较：运输成本、销售成本等。

四、逸闻轶事——神样队友

在跟进 D 市的一个环保项目时，协助我们商务小组的财务经理是 M 小姐，在与业主进行几次沟通以后，发现 M 小姐实在是太厉害了！她不仅精通财务知识，而且商务上面也经常给我们提醒，有时还能出很好的主意。尤其在尽职调查期间，大家都很辛苦，业主方也被多家意向公司弄得疲惫不堪。有的材料业主方就很勉强，不愿意提供，最终，通过 M 小姐的不懈努力，还是拿到了我们想要的资料。这算是神一样的队友。

第三节 环保价值评估方法

并购中，标的环保企业的价值估算可以用三种方法进行：净值法、市场比较法和净现值法。这三种方法在估算标的环保企业的价值时经常被采用，适用于不同的场合，并不存在优劣之分，在并购之中可以灵活使用，也可以几种方法同时使用。

一、净值法

净值法是指利用净资产的价值作为标的环保企业的价值，净值法是估算其价值的基本依据。利用这种方法估算公司的价值，一般是在标的环保企业不适合继续经营或收购的主要目的是为了获取其资产时使用。使用这一方法的关键是正确估计标的环保企业资产和负债的实际价值，因此，必须在保证其资产负债表准确的基础上进行。其一，环保资产的估算。在环保资产的估算中应注意：有价证券一般应该以其市值为基础进行计算，而非以账面价值为基础进行计算；外币应计算汇兑损益；应收账款应注意其可回收性以及是否已经提取足额的坏账准备；存货应合理估算其目前的市价；固定资产按期净值算；无形资产采用合理的方式评估其价值。其二，环保负债的估算。应对标的环保企业的负债进行审查，查明有无漏列的负债，另外，标的环保公司若有负债应该进行合理的处理。标的环保企业的资产和负债净值计算出来之后，两者相减即得出其净值，作为其价值。

二、市场比较法

市场比较法是以公司的股价或目前市场上有成交公司的价值作为标准，估算标的环保企业的价值，有两种标准可用来估算。其一，公开交易公司的股价。尤其是对于没有公开上市的公司，可以根据已上市的同类型的公司的市价作为标准，估算标的环保企业的价值。具体操作是先找出产品、市场、当前获利能力、未来业绩成长等方面与标的环保企业类似的若干家上市公司，将这些公司的各种指标和股价的比率作为参考，计算标的环保企业大约的市场价值。在实施中，可以根据收购的目的不同，选择不同的标准，尽可能使估算价值趋向于实际价值。其二，相似公司过去的收购价格。如果最近市场上有同类公司成交的案例，以这些环保企业的成交价格为参考对象。这种方法由于所采用的标准是并购方支付的真实价值，且由于继续经营的溢价和清算的折价均已经包含在标的环保企业的成交价格中，所以相对较为准确。但这种方法很难找到经营项目、财务业绩、规模等十分相似的公司作为参考，且不同的标的环保企业由于并购方的战略、经营条件的不同，对其有不同的意义，溢价很难确定，对这一方法的采用构成了很大的局限。

三、净现值法

如果并购方的标的是为了继续对其进行经营，那么对标的环保企业的价值估算就应该以净现值法为宜。净现值指未来资金流入现值与未来资金流出现值的差额。未来的资金流入与资金流出均按预计贴现率各个时期的现值系数换算为现值后，再确定其净现值。这种预计贴现率是按环保企业的最低投资收益率来确定的，是环保企业投资可以接受的低限。净现值法是把项目在整个寿命期内的净现金流量按预定的标的收益率全部换算为等值的现值之和。净现值之和亦等于所有现金流入的现值与所有现金流出的现值的代数和。净现值法是评价投资方案的一种方法，是一种比较科学简便的投资方案评价方法。该方法是利用净现金效益量的总现值与净现金投资量算出净现值，然后根据净现值的大小来评价投资方案。净现值为正值，投资方案可以接受；净现值为负值，投资方案就不可接受。净现值越大，投资方案越好。

将并购方的利润资本化作标的环保企业的价值，是基于其未来的获利能力，而不是资产价值来估算其价值。在收购后对标的环保企业继续经营的情况下，使用价值是其获利能力，而非资产本身。传统上用以往年度标的环保企业的会计盈余为基础估算公司的价值，忽略了货币的时间价值，且没有反映未来公司的盈利能力、经营风险，因此无法反映收购后继续运营的价值。因此，净现值法是一种非常常用的方法。

由于净现值法是将标的环保企业未来的现金流量折现为现值估算其价值，因此这一方法的关键在于未来的现金流量和折现率的确定，在具体操作中需要注意：其一，现金流入量。在净现值法下，现金流入公式为：现金净流入＝税后净利＋非现金费用＋税后利息费用－固定资产与运营资金投入。这个是假设在无债务负担的情况下的标的环保企业的价值，因此在计算出标的环保企业的价值后再减去负债总额就是其估算价值。其二，残值计算。在最后一年计算残值时，不应以会计折旧的概念来计算残值，通常以最后一年现金流入除以折现率来计算。其三，年限确定。在确定公司的现金流入年限时，应根据标的环保企业的具体情况进行，经营状况稳定的时间可以长一些，而经营状况变化快的如高科技环保企业则可以短些。其四，折现率的确定。一般应该以并购方购买标的环保企业的资金成本来确定折现率，因为不同的资金成本要求不同的报酬率。

四、环保并购价值评估其他思路

并购收益＝并购后整体环保企业价值－并购前并购方环保企业价值－并购前被并购方环保企业的协同效应价值。

并购净收益＝并购收益－并购溢价－并购费用。

并购中的环保企业价值评估包括四个方面的全方位价值评估：评估并购环保企业价值；评估被并购环保企业价值；评估并购后整体环保企业价值；评估并购环保企业获得的净收益。在环保企业并购中，并不是只采用收益法、市场法、成本法中的一种评估方法，可以针对不同的对象采取不同的方法，或者三种方法同时使用。

1. 收益法

收益法，是通过将被评估环保企业预期收益资本化或折现来确定被评估环保企业价值。收益法主要运用现值技术，即一项资产的价值是利用其所能获取的未来收益的现值，其折现率反映了投资该项资产并获得收益的风险回报率。其中主要方法是现金流量折现法。

收益法的评估思路：现金流量折现法是通过估测被评估环保企业未来预期现金流量的现值来判断环保企业价值的一种估值方法。从现金流量和风险角度考察环保企业的价值。在风险一定的情况下，被评估环保企业未来能产生的现金流量越多，价值就越高，即内在价值与其未来产生的现金流量成正比；在现金流量一定的情况下，被评估环保企业的风险越大，价值就越低，即内在价值与风险成反比。

收益法评估的基本步骤：

步骤一，分析历史绩效。对环保企业历史绩效进行分析，其主要目的就是要彻底了解环保企业过去的绩效，这可以为判定和评价今后的绩效提供一个视角，为预测未来的现金流量做准备。历史绩效分析主要是对环保企业的历史会计报表进行分析，重点在于环保企业的关键价值驱动因素。

步骤二，确定预测期间。在预测环保企业未来的现金流量时，通常会人为确定一个预测期间，在预测期后就不再估计现金流量。预测期间的长短取决于环保企业的行业背景、管理部门的政策、并购的环境等，通常为5~10年。

步骤三，预测未来的现金流量。在环保企业价值评估中使用的现金流量是指所产生的现金流量在扣除库存、厂房设备等资产所需的投入及缴纳税金后的部分，即自由现金流量。用公式可表示为：自由现金流量＝（税后净营业利润＋折旧及摊销）－（资本支出＋营运资金增加额）。

利息费用尽管作为费用从收入中扣除，但它属于债权人的自由现金流量。因此，只有在计算股权自由现金流量时才扣除利息费用，而在计算环保企业自由现金流量时不能扣除。

其一，税后净营业利润。税后净营业利润是指扣除所得税后的营业利润，也就是扣税之后的息税前利润。

税后净营业利润＝息税前利润×（1－所得税率）＝税后净利＋税后利息。

息税前利润＝主营业务收入－主营业务成本×（1－折扣折让）－税金及附加－销管费用。

这里的营业利润是由持续经营活动产生的收益，不包括环保企业从非经营性项目中取得的非经常性收益。

其二，折旧及摊销。折旧不是本期的现金支出，而是本期的费用，因此折旧可以看作现金的一种来源。摊销是指无形资产、待摊费用等的摊销。与折旧一样，它们不是当期的现金支出，却从当期的收入中作为费用扣除，同样也应看作现金的一种来源。

其三，资本支出。资本支出是指环保企业为维持正常经营或扩大经营规模而在物业、厂房、设备等资产方面的再投入。具体地讲，包括在固定资产、无形资产、长期待摊费用（包括租入固定资产改良支出、固定资产大修理支出等）及其他资产上的新增支出。

其四，营运资金增加额。营运资金等于流动资产与流动负债的差额，营运资金的变化反映了库存、应收/应付项目的增减。因为库存、应收款项的增加而占用的资金不能作其他用途，所以营运资金的变化会影响环保企业的现金流量。

步骤四，选择合适的折现率。折现率是指将未来预测期内的预期收益换算成现值的比率，有时也称资金成本率。通常，折现率可以通过加权平均资本成本（WACC）模型确定（股权资本成本和债务资本成本的加权平均）。

$$WACC = (E/V) \times Re + (D/V) \times Rd \times (1 - Tc)。$$

式中　Re——股本成本，是投资者的必要收益率；

　　　Rd——债务成本；

　　　E——公司股本的市场价值；

　　　D——公司债务的市场价值；

　　　V——企业的市场价值，$V = E + D$；

　　E/V——股本占融资总额的百分比，资本化比率；

　　D/V——债务占融资总额的百分比，资产负债率；

　　　Tc——企业税率。

股权资本成本有以下两种计算方法：

方法一：资本资产定价模型，它假设所有投资者都按马克维茨的资产选择理论进行投资，对期望收益、方差和协方差等的估计完全相同，投资人可以自由借贷。基于这样的假设，资本资产定价模型研究的重点在于探求风险资产收益与风险的数量关系，即为了补偿某一特定程度的风险，投资者应该获得多少的报酬率。

$$E(r_i) = r_F + [E(r_M) - r_F]\beta_i。$$

一方面，当我们获得市场组合的期望收益率的估计和该证券的风险 β_i 的估计时，我们就能计算市场均衡状态下证券 i 的期望收益率 $E(r_i)$；另一方面，市场对证券在未来所产生的收入流（股息加期末价格）有一个预期值，这个预期值与证券 i 的期初市场价格及其预期收益率 $E(r_i)$ 之间有如下关系：在均衡状态下，上述两个 $E(r_i)$ 应有相同的值。因此，均衡期初价格应定为：

$E(r_i) = E$（股息＋期末价格）/期初价格－1；

均衡的期初价格＝E（股息＋期末价格）/（1＋$E(r_i)$）。

于是，可以将现行的实际市场价格与均衡的期初价格进行比较。二者不等，则说明市场价格被误定，被误定的价格应该有回归的要求。利用这一点，便可获得超额收益。

方法二：股利折现模型，它是股票估值的一种模型，是收入资本化法运用于普通股价值分析中的模型。以适当的贴现率将股票未来预计将派发的股息折算为现值，以评估股票的价值。

普通股成本＝第一年预期股利/普通股金额×（1－普通股筹资费率）×100％＋股利固定增长率。

步骤五，环保企业连续价值。环保企业未来的现金流量不可能无限制地预测下去，因此要对未来某一时点的环保企业价值进行评估，即计算环保企业的终值。环保企业终值一般可采用永久增长模型计算。这种方法假定从计算终值的那一年起，自由现金流量是以固定的年复利率增长的。环保企业终值计算公式为：

永续增长模型、股权现金流量折现模型的应用：

股权价值＝下期股权现金流量/股权资本成本－永续增长率。

零增长时，股权价值＝下期股权现金流量/股权资本成本。

实体现金流量折现模型的应用：

实体价值＝下期实体现金流量/加权平均资本成本－永续增长率。

两阶段增长模型、股权现金流量折现模型的应用：

预测期（T 年）现金流量现值＝T 年各期的现金流量现值之和；

后续期终值＝（T＋1）年的现金流量/股权资本成本－永续增长率；

后续期现值＝后续期终值×折现系数。

注意：这个折现系数是 T 年的折现系数，即跟预测期最后一年的折现系数一样。

股权价值＝预测期权现金流量现值＋后续期价值的现值。

实体现金流量折现模型的应用：

预测期（T 年）现金流量现值＝T 年各期的现金流量现值之和；

后续期终值＝（T＋1）年的现金流量/加权平均资本成本－永续增长率；

后续期现值＝后续期终值×折现系数。

注意：这个折现系数是 T 年的折现系数，即跟预测期最后一年的折现系数一样。

实体价值＝预测期权（T 年）现金流量现值＋后续期价值的现值；

环保企业的股权价值＝实体价值－净债务价值。

步骤六预测环保企业价值。它等于预测期内现金流量的折现值之和加上终值的现值。

2. 市场法

市场法是根据参考环保企业、在市场上已有交易案例环保企业的价值，来确定被评估环保企业价值。

其一，可比环保企业分析法。评估思路：可比环保企业分析法是以交易活跃的同类环保企业的股价和财务数据为依据，计算出一些主要的财务比率，然后用这些比率作为乘数计算得到非上市环保企业和交易不活跃上市环保企业的价值。实施方法的步骤：第一，选择可比环保企业。所选取的可比环保企业应在营运上和财务上与被评估环保企业具有相似的特征。在基于行业的初步搜索得出足够多的潜在可比环保企业总体后，还应该用进一步的标准来决定哪个可比环保企业与被评估环保企业最为相近。常用的标准有规模、环保企业提供的产品或服务范围、所服务的市场及财务表现等。所选取的可比环保企业与标的环保企业越接近，评估结果的可靠性就越好。第二，选择及计算乘数。乘数一般有如下两类：一类是基于市场价格的乘数。常见的乘数有市盈率（P/E）、价格对收入比（P/R）等。基于市场价格的乘数中，最重要的是市盈率。计算环保企业的市盈率时，既可以使用历史收益（过去 12 个月或上一年的收益或者过去若干年的平均收益），也可以使用预测收益（未来 12 个月或下一年的收益），相应的比率分别称为追溯市盈率和预测市盈率。出于估值目的，通常首选预测市盈率，最受关注的是未来收益。环保企业收益中的持久构成部分才是对估值有意义的，一般把不会再度发生的非经常性项目排除在外。另一类是基于环保企业价值的乘数。基于环保企业价值的常用估值乘数有 EV/EBIT、EV/EBITDA、EV/FCF 等，其中，EV 为环保企业价值，EBIT 为息税前利润，EBITDA 为息税折旧和摊销前利润，FCF 为环保企业自由现金流量。第三，运用选出的众多乘数计算被评估环保企业的价值估计数。选定某一乘数后，将该乘数与被评估环保企业经调整后对应的财务数据相乘就可得出被评估环保企业的一个市场估值。根据多个乘数分别计算得到的各估值越接近，说明评估结果的准确度越高。用基于市场价格的乘数得出的被评估环保企业的估值是股东权益市场价值的估计数。用基于环保企业价值的乘数得出的则是包括被评估环保企业股权和债权在内的总资本的市场价值估计数。第四，对环保企业价值的各个估计数进行平均。运用不同乘数得出的多个环保企业价值估计数是不相同的，为保证评估结果的客观性，可以对各个环保企业价值估计数赋予相应的权重，至于权重的分配要视乘数对环保企业市场价值的影响大小而定。然后，使用加权平均法算出被评估环保企业的价值。

其二，可比交易分析法。评估思路：相似的标的应该有相似的交易价格，基于这一原理，可比交易分析法主张从类似的并购交易中获取有用的财务数据，据此计算被评估环保企业的价值。实施方法的步骤：第一，选择可比交易。第二，选择和计算乘数。如支付价格/收益比、账面价值倍数、市场价值倍数等。支付价格/收益比＝并购者支付价格/税后利润。账面价值倍数＝并购者支付价格/净资产价值。市场价值倍数＝并购者支付价格/股票的市场价值。第三，运用选出的众多乘数计算被评估环保企业的价值估计数。选定某一乘数后，将该乘数与被评估环保企业经调整后对应的财务数据相乘后就可得出被评估环保企业的价值估计数。根据多个乘数分别计算得到的各估值越接近，说明评估结果的准确度越高。第四，对环保企业价值的各个估计数进行平均。运用不同乘数得出的多个环保企业价值估计数是不相同的，为保证评估结果的客观性，可以对各个环保企业价值估计数赋予相应的权重，至于权重的分配要视乘数对环保企业市场价值的影响大小而定。然后，使用加权平均法算出被评估环保企业的价值。

3. 成本法

成本法也称资产基础法，是在合理评估环保企业各项资产价值和负债的基础上确定其价值。它的关键是选择合适的资产价值标准。计算方法包括：账面价值法，是基于会计的历史成本原则，以账面净资产为计算依据来确认被评估环保企业价值的一种估值方法；重置成本法，是以各单项资产的重置成本为计算依据来确认环保企业价值的一种估值方法；清算价格法，是通过估算环保企业的净清算收入来确定环保企业价值的方法。

五、逸闻轶事——搭档老C

有一次，我和我的搭档老C前去某市跟进一个项目，路上聊到现在的环保并购项目难做时，他给我讲了自己的中国式的考学故事。

20世纪后期，他参加了高考，高考前夕，天气炎热，由于误吃了不洁食物，接连拉肚子，吃了药也止不住。当时，他腿脚发软，浑身虚脱。头脑里面一直在纠结：能不能上考场，要不要放弃？开考前，他去了一趟校医室，让校医再看看。校医当时也没有更好的办法，唯一的办法就是给他注射一针葡萄糖。看着粗大的针管，他下定了决心，注吧！最后，咬紧牙关，坚持将几场考试考完，取得了较好的成绩。

后来，在参加研究生统一入学考试时，由于提前预订的小酒店靠近市场，车水马龙，热闹非凡。快到凌晨一点，闹得他休息不好，筋疲力尽。他去找小酒店老板调房间也没有，实在没有办法，他发现厕所靠近里面，关上门，噪声较小。于是，用抹布把厕所地面擦得干干净净，地上铺上纸（反正不用的学习资料也多），放好褥子。然后，盖好马桶盖，堵上地漏，防止臭气泄漏中毒。折腾了一个小时，躺下来，一觉到天亮。第二天，找到老板让换了一个安静的房间，顺带让他把褥子外套拆下来好好洗洗。自然，硕士入学通知书按时寄到。

　　说完后，老 C 斜了我一眼，自嘲道：你看我这个厕所里走出来的环境工程硕士，那水平是不是不行不行的！现在跟进的这个项目，难道还能比这个更难吗？

　　我说：好吧！你负责再给找一个厕所吧，所长同志。

第四章 环保企业并购程序

环保人读史

夫马者，伯乐相之，造父御之，贤主乘之，一日千里。无御相之劳而有其功，则知所乘矣。今召客者，酒酣歌舞，鼓瑟吹竽，明日不拜乐己者而拜主人，主人使之也。先王之立功名有似於此。使众能与众贤，功名大立於世，不予佐之者，而予其主，其主使之也。譬之若为宫室，必任巧匠，奚故？曰：匠不巧则宫室不善。夫国，重物也，其不善也岂特宫室哉！巧匠为宫室，为圆必以规，为方必以矩，为平直必以准绳。功已就，不知规矩绳墨，而赏匠巧匠之。宫室已成，不知巧匠，而皆曰："善，此某君、某王之宫室也。"此不可不察也。

——《吕氏春秋·似顺论·分职（之三）》

意思是：马，伯乐这种人相察它，造父这种人驾御它，贤明的君主乘坐马车，可以日行千里。没有相察和驾御的辛劳，却有一日千里的功效，这就是知道乘马之道了。譬如召请客人，饮酒酣畅之际，倡优歌舞弹唱。第二天，客人不拜谢使自己快乐的倡优，而拜谢主人，因为是主人命令他们这样做的。先王建立功名与此相似，使用各位能人和贤人，在世上功名卓著，人们不把功名归于辅佐他的人，而归于君主，因为是君主使辅臣这样做的。这就像建造宫室一定要任用巧匠一样，什么缘故呢？回答是：工匠不巧，宫室就造不好。国家是极重要的，如果国家治理不好，所带来的危害岂止像宫室建造不好那样呢！巧匠建造宫室的时候，划圆一定要用圆规，划方一定要用矩尺，取平直一定要用水准墨线。事情完成以后，主人不知圆规、矩尺和水准墨线，只是赏赐巧匠。宫室造好以后，人们不知巧匠，而都说："造得好，这是某某君主、某某帝王的宫室"。这个道理是不可不体察的。

第一节 环保企业并购的流程和内容

环保企业并购程序千差万别，依其差异的大小，通常把其分为一般环保企业并购的程序与上市公司收购的程序。

一般环保企业并购流程通常为：制定并购计划；成立项目小组；提出可行性分析报告；发出并购意向书；核查资料；谈判；形成决议同意并购；签订并购合同；完成并购；交接和整顿。

下面就以一般环保企业并购的流程和内容进行进一步的阐述。

一、制定并购计划

1. 并购计划的信息来源

战略规划目标；董事会、高级管理人员（简称高管）提出并购建议；行业、市场研究后提出并购机会；目标环保企业的要求。

2. 目标环保企业搜寻及调研

选择的标的环保企业应具备以下条件：符合战略规划的要求；优势互补的可能性大；投资环境较好；利用价值较高。

3. 并购计划的主要内容

并购的理由及主要依据；并购的区域、规模、时间、资金投入（或其他投入）计划。

二、成立项目小组

成立项目小组，明确责任人。项目小组成员由战略部、财务部、技术人员、法律顾问等组成。

三、提出可行性分析报告

其一，由战略部负责进行可行性分析并提交报告。其二，可行性分析应包括如下主要内容：外部环境分析（经营环境、政策环境、竞争环境）；内部能力分析；并购双方的优势与不足；经济效益分析；政策法规方面的分析；目标环保企业的主管部门及当地政府的态度分析；风险防范及预测。其三，效益分析由财务人员负责进行，法律顾问负责政策法规、法律分析，提出建议。

四、发出并购意向书

由并购方向被并购方发出并购意向书是一个有用但不是法律强行要求的必需的步骤。发出并购意向书的意义首先在于将并购意图通知被并购方，以了解被并购方对并购的态度。一般来说，并购的完成都是善意并购，也就是经过谈判、磋商，并购双方都同意后才会有并购发生。如果被并购方不同意并购或坚决抵抗，出现敌意收购时，并购很难成功。

发出并购意向书，投石问路，若被并购方同意并购，就会继续向下发展，若被并购方不同意并购，就需做工作或就此止步，停止并购。这样，经由意向书的形式，一开始就明确下来，避免走弯路，浪费金钱与时间。意向书中将并购的主要条件已作出说明，使对方一目了然，知道该接受还是不该接受，不接受之处该如何修改，为下一步的进展作出正式铺垫。因为有了意向书，被并购方可以直接将其提交董事会或股东会讨论，作出决议。被并购方能够使其正确透露给并购方的机密不至将来被外人所知，因为意向书都含有保密条款，要求无论并购成功与否，并购双方都不能将其所知的有关情况透露或公布出去。

意向书的内容要简明扼要，可以比备忘录长，也可以内容广泛。意向书一般都不具备法律约束力，但其中涉及保密或禁止寻求与第三方再进行并购交易（排他性交易）方面的规定，有时被写明具有法律效力。一份意向书一般包含以下条款：

（1）意向书的买卖标的

被购买或出卖的股份或资产；注明任何除外项目（资产或负债）；不受任何担保物权的约束。

（2）对价

价格，或可能的价格范围，或价格基础；价格的形式，例如现金、股票、债券等；付款期限（包括留存基金的支付期限）。

（3）时间表

交换时间；收购完成；必要时合同交换与收购完成之间的安排。

（4）先决条件

适当谨慎程序；董事会批准文件；股东批准文件；法律要求的审批（国内与海外）；税款清结；特别合同和许可。

（5）担保和补偿

将要采用的一般方法。

（6）限制性的保证

未完成（收购）；不起诉；保密。

（7）雇员问题和退休金

与主要行政人员的服务合同；转让价格的计算基础；继续雇用。

（8）排他性交易

涉及的时限。

（9）公告与保密

未经相互同意不得作出公告。

（10）费用支出

各方费用自负。

（11）没有法律约束力

排他性交易与保密的规定有时具有法律约束力。

实践中也有很多环保企业在进行并购时，不发出并购意向书，而只是与目标公司直接接触，口头商谈，删繁就简，一步到位。目标公司如果属于国有环保企业，其产权或财产被兼并，必须先取得国有资产管理局或国有资产管理办公室的书面批准同意。否则，并购不可以进行。

五、核查资料

被并购方同意并购，并购方就需进一步对被并购方的情况进行核查，以进一步确定交易价与其他条件。此时并购方要核查的主要是被并购方的资产，特别是土地权属等的合法性与正确数额、债权债务情况、抵押担保情况、诉讼情况、税收情况、雇员情况以及章程合同中对环保公司一旦被并购时其价款、抵押担保、与证券相关的权利如认股权证等的条件会发生什么样的变化等。

核查这些情况时，会计师与律师在其中的作用十分重要。由于被并购方同意并购，在进行上述内容核查时，一般都会得到被并购方的认真配合。被并购方如是国有环保企业，则在其同意被并购且取得了必要的批准同意后，还必须要通过正规的资产评估机构对其资产进行评估。不评估不能出售。集体环保企业、私人环保企业、外商投资环保企业、股份制环保企业等则无此要求。

六、谈判

并购双方都同意并购，且被并购方的情况已核查清楚，接下来就是比较复杂的谈判问题。谈判主要涉及并购的形式、交易价格、支付方式与期限、交接时间与方式、人员的处理、有关手续的办理与配合、整个并购活动进程的安排、各方应做的工作与义务等重大问题，是对这些问题的具体细则化，也是对意向书内容的进一步具体化。具体的问题要落实在合同条款中，形成待批准签订的合同文本。

交易价格除国有环保企业外，由并购双方以市场价格协商确定，以双方同意为准。国有环保企业的交易价格则必须基于评估价确定，以达到增值或保值的要求。支付方式一般有现金支付，以股票（股份）换股票（股份）或以股票（股份）换资产，或不付一分现金而全盘承担并购方的债权债务等方式。支付期限有一次性付清后接管被并购方，也有先接管而后分批支付并购款。

七、形成决议同意并购

谈判有了结果且合同文本已拟出，这时依法就需要召开并购双方董事会，形成决议。决议的主要内容包括：拟进行并购环保公司的名称；并购的条款和条件；关于因并购引起存续公司的公司章程的任何更改的声明；有关并购所必需的或合适的其他条款。形成决议后，董事会还应将该决议提交股东大会讨论，由股东大会批准。对于环保股份公司，经出席会议的股东所持表决权的三分之二以上股东同意，可以形成决议。在私人环保企业、外商投资环保企业的情况下，该环保企业董事会只要满足其他环保企业章程规定的要求，即可形成决议。在集体环保企业的情况下，则由职工代表大会讨论通过。

八、签订并购合同

环保企业通过并购决议，同时也会授权一名代表来代表环保企业签订并购合同。并购合同签订后，虽然交易可能要到约定的某个日期完成，但在所签署的合同生效之后买方即成为标的环保企业所有者，自此，准备接管标的环保企业。合同生效的要求，除合同本身内附一定的生效条件要求必须满足外，对于标的环保企业为私人环保企业、股份制环保企业的情况，只要签署盖章，就发生法律效力；对于国有小型环保企业，双方签署后还需经其上一级人民政府审核批准后方能生效；对于外商投资环保企业，则须经原批准设立外商投资环保企业的机关批准后方能生效；对于集体环保企业，也须取得原审批机关的批准后方能生效。

九、完成并购

并购合同生效后，并购双方要进行交换行为。并购方要向标的环保企业支付所定的并购费（一次或分批付清），标的环保企业需向并购方移交所有的财产、账表。股份证书和经过签署的将标的环保企业从卖方转到买方的文件将在会议上由其董事会批准以进行登记，并签字。标的环保企业的法定文件、注册证书、权利证书、动产的其他相关的完成文件都应转移给并购方，任何可能需要的其他文件如债券委托书、公司章程细则等都应提交并予以审核。并购方除照单接受标的环保企业的资产外，还要对其董事会和经营层进行优化，对原有职工重新妥善安排。并购方还需要向标的环保企业原有的顾客、供应商和代理商等发出正式通知，并在必要时安排合同更新事宜。此外，并购方还需到工商管理部门完成相应的变更登记手续，如更换法人代表登记、变更股东登记等。

十、交接和整顿

资产交接及接收：由并购工作组制定资产交接方案，并进行交接。双方对主合同下的交接子合同进行确定及签章。正式接管标的环保企业开始运作。进行并购总结及评估。纳入核心能力管理。

十一、逸闻轶事——一匹黑马

L市的自来水股权出让项目，已进入白热化阶段。从7家实力很强的竞投公司，一路走来，慢慢变成了3家公司，到最后只剩下G公司和S公司，前面大家已经交了1000万元的保证金，现在还需要缴纳4000万元的保证金。然后，在设定的时间，由G公司和S公司在当地的产权交易所现场竞价，多出者胜出。可是，此时出现了戏剧性的变化。跟进了这个项目5年的S公司，竟然没有缴纳4000万元的保证金。显然，他们作出了放弃的决定。但又心有不甘，致函L市政府，要求取消这个4000万元的保证金。

箭在弦上，不得不发。此时，L市政府如果取消本次交易，将面临破坏当地的招商生态，丧失公信力的问题，而且G公司也不乐意。怎么办？L市政府最后的决策是继续履行程序，往下走！说真的，当时我们非常担心市政府取消交易。事实证明，当时市政府领导团队是有作为的。

竞价那天，交易如期进行。G公司团队已稳操胜券。记得当时产权交易所要求溢价500万元，这样大家都好看一点，但是G公司还是没同意，最后也只好如此了。有谁会向钓上来的鱼嘴里再喂蚯蚓呢？

后来，G公司团队分析了一下S公司退出的原因，是因为独立董事未通过该项目的投资。原因大致有：原先拟在国外为该项目融资，因融资未成功，资金紧张无着落，只得放弃；与G公司竞标胜算不多；S公司最近获得的2个水项目经营不理想；面临与大型国企重组的不确定性因素，对外投资有所放缓；政府看好并倾向G公司，程序又很正规，S公司恐中标后"反口"机会少等。

第二节 环保并购决策

一、并购战略

环保企业通过与财务顾问合作，根据行业状况、自身资产、经营状况和发展战略确定自身的定位，形成并购战略。即进行环保企业并购需求分析、并购目标的特征模式以及并购方向的选择与安排。

二、并购目标选择

定性选择模型：结合标的环保企业的资产质量、规模和产品品牌、经济区位并与本企业在市场、地域和生产水平等方面进行比较，同时从可获得的信息渠道对标的环保企业进行可靠性分析，避免陷入并购陷阱。

定量选择模型：通过对环保企业信息数据的充分收集整理，利用静态分析、ROI 分析，以及 logit、probit 还有 BC（二元分类法），最终确定目标环保企业。

三、并购时机选择

通过对环保企业进行持续的关注和信息积累，预测标的环保企业进行并购的时机，并利用定性、定量的模型进行初步可行性分析，最终确定合适的环保企业与合适的时机。

四、并购初期工作

根据我国环保企业资本结构和政治体制的特点，与环保企业所在地政府进行沟通，获得支持，这一点对于成功的和低成本的收购非常重要，当然如果是民营环保企业，政府的影响会小得多。应当对标的环保企业进行深入调查，包括对其生产经营、财务、税收、担保、诉讼等的调查研究等。

五、并购实施阶段

与标的环保企业进行谈判，确定并购方式、定价模型、并购的支付方式（现金、负债、资产、股权等）、法律文件的制作，确定并购后环保企业管理层人事安排、原有职工的解决方案等相关问题，直至股权过户、交付款项，完成交易。

六、并购后的整合

对于并购方而言，仅仅实现对环保企业的并购是远远不够的，需要对标的环保企业的资源进行成功的整合和充分的调动，产生预期的效益。

七、逸闻轶事——归心似箭

时值春节前夕，我们正在研究 C 市 6 个污水处理厂打包托管运营项目。该项目水价较低，设备维修量较大，竞争对手多，设置的条件比较苛刻。商务小组介绍了项目概况、竞争对手等事项；财务小组详细汇报了项目测算的回报率；法务小组也谈了项目风险。综合评价，该项目只能算是一个一般的项目。

投还是不投？如果投的话，春节一过，就要开标，这个春节大家甭想安稳了。此时，国内的同事都是归心似箭，团队里的老外呢，也在那儿耸肩。

最后，大 Boss 一锤定音：算了吧，大家都回去过节吧。

事后反思，当时的决策是对的。因为中标的那家公司，接手后几年内连着亏损，真应了那句：赔本赚吆喝。

第三节　办理交接等法律手续

签订环保企业并购协议之后，并购双方就要依据协议中的约定履行协议，办理各种交接手续，主要包括产权交接、财务交接、管理权移交、变更登记、发布并购公告等事宜。

一、产权交接

并购双方的资产移交，需要在国有资产管理局、银行等有关部门的监督下，按照协议办理移交手续，经过验收、造册，双方签证后会计据此入账。标的环保企业未了的债券、债务，按协议进行清理，并据此调整账户，办理更换合同债据等手续。

二、财务交接

财务交接工作主要在于，并购后双方财务会计报表应当依据并购后产生的不同的法律后果作出相应的调整。例如：如果并购后一方的主体资格消灭，则应当对被并购环保企业财务账册做妥善的保管，而并购方财务账册也应当作出相应的调整。

三、管理权移交

管理权移交工作是每一个并购案例必需的交接事宜，完全依赖于并购双方签订并购协议时对管理权的约定条款。如果并购后被收购环保企业还照常运作，继续由原有的管理班子管理，管理权移交工作就很简单，只要对外宣示即可；但是如果并购后要改组被并购环保企业原有的管理班子的话，管理权移交工作则较为复杂。这涉及原来管理人员的去留、新管理人员的进入以及管理权的分配等诸多问题。

四、变更登记

这项工作主要存在于并购导致一方主体资格变更的情况：续存环保公司应进行变更登记，新设环保公司应进行注册登记，被解散的环保公司应进行解散登记。只有在政府有关部门进行这些登记之后，并购才正式有效。并购一经登记，因并购合同而解散的环保公司的一切资产和债务，都由续存环保公司或新设环保公司承担。

五、发布并购公告

环保并购双方应当将并购事实公布社会，可以在公开报刊上刊登或相关网站上发布，也可由有关机关发布，使社会各界知道环保并购事实，并调整与之相关的业务。

六、逸闻轶事——顺水推舟

关于竞争对手的项目总监之间的小九九，有个项目总监朋友 D 先生给我说了这么一件事。那是在角逐 M 市的一个环保项目，项目前期，各家公司都派出项目小组前去做尽职调查，忙得不亦乐乎。几经筛选，竞争公司已所剩无几。D 先生代表 A 环保公司，实力最强，H 先生代表 B 环保公司，实力稍弱。当时，B 环保公司要想拔得头筹非常困难，因为在最近的几个好一点的项目竞争中，A 环保公司都击败了所有对手，其中就包括 B

环保公司在内。B 环保公司大 Boss 也放出了狠话，这个项目如果再跟丢了，H 先生就自行开路吧。可想而知，H 先生压力有多大。

万般无奈，H 先生给 D 先生打了一个电话，让其高抬贵手。他们本就是老乡，以前也比较熟，只不过为了谋生，大家各为其主。当时，D 先生非常为难，如果让的话，岂不有失职业道德；如果不让，H 先生眼看就要丢了工作，自己也是干这一行的，将心比心，也挺难受。

后来，这个项目是 B 环保公司成交了，自然 H 先生的工作保住了。因为在最后竞投决策时，A 环保公司里有人觉得这个项目太小，不值得投，D 先生于是也就顺水推舟，放弃了这个项目。

第五章 环保行业并购分析

第一节 环保行业并购

一、国内环保公司并购现状

1. 国内企业并购国内环保项目

目前，国内环保企业已超过几万家，那些拥有资本优势、专业优势的企业在并购中更能掌握主导权。随着产业集中度的提升，环保产业的结构性重组将加剧，强强联合不断涌现。环保业务全产业链布局优势明显，对环保企业综合解决能力的要求越来越高，综合性也越来越强。很多环保企业已捷足先登，开始多元化发展战略，形成全产业链的业务布局。国内环保企业并购，主要是：通过强化核心业务领域，拓展产业链上下游，变为环境综合解决服务商；通过并购实现异地扩张；非环保企业则通过跨界并购进军环保领域。环保产业的发展，依赖技术进步驱动。当前，国内环保产业还处于无序竞争的阶段，低价中标等问题挑战着环保企业发展的底线。环保企业有的小而散，专精尖人才凤毛麟角，世界级旗舰公司短期内难以出现。

良币驱逐劣币，强者恒强，弱者出局。随着国内环境问题日益增多，常规的点源治理模式已难解决，亟需从产业链的角度来提供系统解决方案，生态环境综合治理模式脱颖而出。有些环保细分领域的进入门槛较低，国内环境持续优化，金融潜在风险消除，越来越多的央企及非环保企业进入，引发行业并购竞争白热化。央企布局环保大致有两种情况：一是产业链延伸，二是跨界并购。央企依托其强大实力及品牌优势，收获了大量的环保工程，无形挤压了中小企业的生存空间。对于中小环保企业来说，很难在同质化竞争中与大的环保企业匹敌，很容易被并购整合，少数中小环保企业也有可能受益，拥有一定话语权。有些央企本身资金充裕，需要寻找新的多元化投资项目，环保产业的高速发展，使其跃跃欲试。有些央企，由于行业整体处于衰退期，需要寻找新的业务增长点，来满足保值增值的要求，发力环保产业，挖掘新的盈利点，成为其动力来源。从点到面，有的央企业务领域也逐步由传统市政水务向环境治理全产业链扩张转移。

我国生态现代化建设的稳步推进，促进了环保行业并购的发展，水、气、土、环境监测等政策的相继出台，行业标准、垂直监管、监测网络建设、河长制、排污许可等执行制度的陆续颁布，中央环保督察、专项督查、强化督查等强执行力的先后实施，对环保并购来说无疑推动意义巨大。

随着我国对生态文明现代化建设重视程度的提升，环保产业通过并购重组，从成长期跨入成熟期的步伐提速，无论市场规模还是行业环境，都具备一定的安全边际，对于环保企业的吸引力也在不断增强。同时，融资环境的风云变幻，企业抵抗风险的能力不强，也使得宏观政策利好，微观艰难前行，环保企业国内并购重组跌宕起伏。环保产业游击战时代过去了，规模化、集约化的时代正在到来。环保行业"工程＋运营"的模式，对资本实力、政府协调能力、综合治理能力的要求也在逐渐提高。更多的企业开启了并购＋再融资的模式，以期实现产业链整合以及异地扩张。随着国家对环保行业投入力度的加大，越来越多的传统行业如钢铁、电气、机械等公司纷纷转型环保，以寻求新的业绩增长点，跨界成了一种时尚，这也必然带来了价值的重估，也越来越引起人们对行业发展的深思。

2. 外企并购国内环保项目

跨国公司投资我国环保项目，能发挥其垄断优势和技术转移优势。国际资本市场风起云涌的兼并收购浪潮，由于受政策因素、市场条件的限制，我国在吸收外资方面得天独厚的优势尚未彰显。多年来尝到改革开放的甜头，让环保行业的国际化进程加速，伴随着"一带一路"生态文明理念的传播，环保新长征路上的摇滚越来越精彩。跨国公司对我国的直接投资主要以上环保新项目、建设环保新企业的方式进行，通过兼并收购方式进行的直接投资则较少。外国直接投资中国环保市场的另一种方式是外资并购中国上市公司。

二、我国环保企业海外并购现状

环境问题引起了人们越来越多的关注，在各项环保政策的推动下，环保行业得到了飞速发展。很多环保企业将目光瞄准了海外环保企业，希望通过并购来提升自身的技术实力和开拓国外市场，以达到抢占环保市场有利地位的目的。在实施海外并购方面，环保行业作为我国的战略性新兴产业，也表现出强大势头。我国海外环保投资并购市场火爆，呈现出央企和国企占主导、环保投资领域广泛化、发展中国家参与度活跃、各国对海外环保并购的规制逐渐加强化、总体并购成功率较低的特征。随着"一带一路"的不断推进，我国环保企业借势积极布局海外市场，提升国际竞争力。这主要源于环保上市企业国际战略的需求、融资渠道的需求、优质品牌和技术引进的需求、市值增长的需求、金融工具完善的需求等。

海外的环保技术和产品是其核心需求，但从外方被收购企业的角度来讲，我国乃至整个亚洲地区都是他们寻求新增长的关键市场。在收购标的选择中，以技术和产品为目的的收购普遍对标的环保企业的技术要求相当严格，先进成熟的技术加上现有的市场渠道成了中方企业考虑的必要条件。中方企业在交易条款上也对标的环保企业被收购后数年的利润额以及在现有管理团队的敬业条款方面都有明确的限制，风险把控意识较强。技术产品型标的环保企业往往来自于欧美发达国家，源自发达国家的环境治理效果显著，环保市场基本饱和，使得当地环保企业的增长趋于缓慢，寻找新兴市场进入是其迫切需要的。将有越来越多的环保企业在国际并购舞台上施展拳脚，我国的环保产业也将正式向深水区进发。引入世界环保前沿技术，弥补我国行业发展的技术短板，实现环保技术的快速升级，切实解决我国城市环卫、垃圾处理的难点、痛点问题，弥补国内行业发展的技术短板。补齐环保类垃圾处理前端布局，将"前端分类＋智慧环卫＋设备自造＋后端垃圾焚烧处理"全产业链打造完毕，拥有完善的产业链布局和全方面立体发展空间。

三、我国环保企业海外并购情结

环保企业确立自己的核心竞争力和竞争战略，其目的是长期稳定地盈利。基于经营战略的海外并购，只是企业经营中的一个手段，必须要围绕着构筑企业的核心竞争力和竞争战略来布局。准确地掌握了海外市场和技术的动向、法规政策的变化、竞争对手的变化，正确进行决策，搞清楚是否出海和如何出海问题。需要注意的是，跨国环保投资并购，看到别的企业出去了，自己也冲动，跟风出海，害莫大焉。

我国环保企业家一般有个情结，就是在环保股权并购中，都希望能够控股，因此，我国企业收购海外某家环保企业的股权，往往是控制性地超过 50％股权。但是，非控股的广义并购，范围宽广，也很有意义。没有资本方面的出资，也可以通过合同的方式构成环保战略联盟。比如交换一些环保技术、互相使用对方的营销渠道、派人定期交流学习、共同采购等。如果想加强联盟关系，也可以采用互相持股的方式，即双方都持有对方少量的股份。为加强来往、增进互信，可以在我国、标的国或者第三国设立环保合资公司。能够避免收购海外环保企业时，伴随的法律限制、当地社会及员工的排斥等情况。现实中，我国企业可以持有海外环保企业 10％以下的股份，往往不能够获得董事会的席位。但是先持有少部分股份，增加双方信赖之后再增持股份，也是一种比较现实的操作方式。如果能够一步到位实现股权的控制，当然很好，但相应也要承担巨额的资金负担和风险。

四、环保第三方商业咨询

我国本土环保企业较少聘请专业的第三方咨询机构进行商业咨询。国内环保企业收购，会请第三方财务和法律顾问进行尽职调查，商业技术的尽职调查大多仅仅依靠企业内部团队或老板一人决策。不主动请第三方咨询机构调研自己的产品在哪些领域适合，对应市场有多大，有哪些竞争对手，适合什么商业模式，长、短期战略分别应该如何规划，需要寻找哪些合作伙伴等。

1. 第三方商业咨询机构的价值

（1）市场估值与预测

帮助环保企业了解产品技术在全球可以应用的市场、重点发展的行业、潜在的市场价值、未来的发展趋势、成长性等。每个国家法律法规、水质水量等都不同，咨询主要是通过市场价值和环保企业业务产品适合度，助其识别出哪些市场值得深挖，明确自己产品技术的价值。

（2）选定市场的深入分析

帮助环保企业了解调研市场的主要竞争对手、成功的商业模式、客户的反馈、当地对应的法律法规、已有商业模式的风险点。

（3）市场进入战略与规划

帮助环保企业进入市场，或更好地发展已进入的市场。具体咨询内容包括发展目标、战略、实施步骤规划、每步的关键点等。

（4）投资或收购标的识别与选择

环保企业作为战略投资者，基金投资机构作为财务投资者，为实现其战略或财务投资目标，帮助其提前在全球或特定地域识别潜在标的环保企业，并对这些公司进行分析，筛选出重点。环保企业可以提前主动去接触这些标的，进行收购投资洽谈，避免盲目收购。

（5）价值风险评估

对标的环保企业已有市场和未来发展进行价值评估，衡量其产品和商业模式与现有市场的匹配度，通过对客户群体进行分析识别潜在危险与商业发展机会等，减少并购方因对标的的环保企业不了解而导致的投后风险，防止收购失败。

2. 第三方商业咨询机构的选择

第三方商业咨询机构强大的数据库和咨询团队的经验支撑，最后凝结为一个高质量的报告。考量环保行业第三方商业咨询机构主要有：

（1）客户的需求

环保行业的特点非常明显，相比宏观的市场报告，客户定制化要求高。涵盖自来水处理、污水处理、直饮水处理、污泥处置等，其中又包含了很多细分的技术。另外，现在的智慧水务也非常时髦。第三方商业咨询机构必须有能力帮助客户进行专业的思考及设计最需要调研的范围和具体内容。

（2）长期积累的众多信息渠道

能为环保行业做专业商业咨询服务的机构，必须具有该行业专有的数据库和专家库。企业商业化的项目有大量的历史数据和信息可以参考。咨询项目一般需要专家采访，在全球拥有众多行业专家资源，能及时找到行业细分领域相应专家。

（3）环保行业内的经验

环保行业商业咨询机构必须要有类似项目经验，不一定要选大型的咨询机构。具有丰富经验的项目团队和类似项目经验，可以节省更多时间和金钱，获得最好、最有价值的报告。

五、逸闻轶事——煮熟鸭子

那是八项规定出台前的事，我在跟进 N 环保项目时，与该市负责这个项目的市政府 B 副秘书长联系较多，B 副秘书长工作能力很强，资格也老，在该市几个重要的局都做过一把手。他最得意的事就是现任的一位副省长，刚毕业时，挎着一个黄书包，来到他当时所在的局报到,那时,他给了这个年轻人很多鼓励和关心,以致后来有时去省上办事时,该副省长还要请他吃顿饭。

当时,N 环保项目非常好,北京有个大的央企 C 公司已跟进了 4 年,花费的时间、精力等成本很大。但是,情况是在变化的。C 公司一直接触的一把手市长调走了,而市委书记平时也充分授权,不太过问此事。恰恰在这时,项目开始推出,此时,正好有个跨界实力很强的大公司像一匹黑马,一头冲进来,拿走了这个项目。搞得 C 公司的 CEO 老 W 同志非常郁闷。有一天,老 W 专门来了一趟,与市政府相关领导做了一次交流。B 副秘书长说,事已至此,我请你吃饭吧。那一天,老 W 因为伤心郁闷,喝多了,坚持还要回北京,送到机场后,已烂醉如泥,上不了飞机,只得在机场宾馆躺了一宿。

说真的,煮熟的鸭子飞了,相信干环保并购的都没少遇到。丢了项目,喝闷酒的故事,不知道现在还有没有?

第二节　环保企业在国内外并购规定

一、外企在我国环保并购规定

1. 概述

外国投资者并购国内环保企业,应符合中国法律、行政法规和规章的规定,遵循公平合理、等价有偿、诚实信用的原则,不得扰乱社会经济秩序和损害社会公共利益,不得造成过度集中、排除或限制竞争,不得导致国有资产流失。引进国外的先进技术和管理经验,实现资源的合理配置,保证就业、维护公平竞争和国家经济安全,提高利用外资的水平,促进和规范外国投资者来华投资。

依照《外商投资产业指导目录》,不允许外国投资者独资经营的产业,比如,环保方面含有城市自来水管网的,并购不得导致外国投资者持有其全部股权,仍应由中方在企业中占控股或相对控股地位。被并购环保企业原有所投资企业的经营范围应符合有关外商投资产业政策的要求,不符合要求的,应进行调整。

外国投资者并购国内环保企业涉及企业国有产权转让和上市公司国有股权管理事宜的,应当遵守国有资产管理的相关规定。设立外商投资企业,应依照本规定经审批机关批准,向登记管理机关办理变更登记或设立登记。如果被并购环保企业为国内上市公司,还应根据《外国投资者对上市公司战略投资管理办法》,向国务院证券监督管理机构办理相关手续。所涉及的各方当事人应当按照中国税法规定纳税,接受税务机关的监督。所涉及的各方当事人应遵守中国有关外汇管理的法律和行政法规,及时向外汇管理机关办理各项外汇核准、登记、备案及变更手续。

2. 基本制度

外国投资者在并购后所设外商投资环保企业注册资本中的出资比例高于 25% 的,该企业享受外商投资企业待遇,否则,不享受外商投资企业待遇。并购后所设外商投资环保企业,根据法律、行政法规和规章的规定,属于应由商务部审批的特定类型或行业的外商投资企业的,省级审批机关应将申请文件转报商务部审批。国内公司、企业或自然人以其在国外合法设立或控制的公司名义并购与其有关联关系的国内的公司,应报商务部审批。

当事人不得以外商投资企业国内投资或其他方式规避前述要求。外国投资者并购国内环保企业并取得实际控制权，涉及重点行业、存在影响或可能影响国家经济安全因素或者导致拥有驰名商标或中华老字号的国内企业实际控制权转移的，当事人应就此向商务部进行申报。外国投资者股权并购的，并购后所设外商投资环保企业承继被并购国内公司的债权和债务。外国投资者资产并购的，出售资产的国内企业承担其原有的债权和债务。并购当事人应以资产评估机构对拟转让的股权价值或拟出售资产的评估结果作为确定交易价格的依据。资产评估应采用国际通行的评估方法。禁止以明显低于评估结果的价格转让股权或出售资产，变相向国外转移资本。并购当事人应对并购各方是否存在关联关系进行说明，如果有两方属于同一个实际控制人，则当事人应向审批机关披露其实际控制人，并就并购目的和评估结果是否符合市场公允价值进行解释。外国投资者并购国内环保企业设立外商投资环保企业，应自外商投资环保企业营业执照颁发之日起3个月内向转让股权的股东，或出售资产的国内企业支付全部对价。外国投资者认购国内环保公司增资，环保有限责任公司和以发起方式设立的国内环保股份有限公司的股东应当在公司申请外商投资环保企业营业执照时缴付不低于20％的新增注册资本。环保股份有限公司为增加注册资本发行新股时，股东认购新股，依照设立股份有限公司缴纳股款的有关规定执行。外国投资者资产并购的，投资者应在拟设立的外商投资环保企业合同、章程中规定出资期限。

作为并购对价的支付手段，应符合中国有关法律和行政法规的规定。外国投资者以其合法拥有的人民币资产作为支付手段的，应经外汇管理机关核准。外国投资者以其拥有处置权的股权作为支付手段的，按照相应规定办理。外国投资者协议购买国内环保公司股东的股权，国内环保公司变更设立为外商投资环保企业后，该外商投资环保企业的注册资本为原国内环保公司注册资本，外国投资者的出资比例为其所购买股权在原注册资本中所占比例。外国投资者认购国内环保有限责任公司增资的，并购后所设外商投资环保企业的注册资本为原环保公司注册资本与增资额之和。外国投资者与被并购国内环保公司原其他股东，在国内环保公司资产评估的基础上，确定各自在外商投资环保企业注册资本中的出资比例。外国投资者认购国内环保股份有限公司增资的，按照《中华人民共和国公司法》（简称《公司法》）有关规定确定注册资本。外国投资者股权并购的，除国家另有规定外，对并购后所设外商投资环保企业应按照以下比例确定投资总额的上限：注册资本在210万美元以下的，投资总额不得超过注册资本的10/7倍；注册资本在210万美元以上至500万美元的，投资总额不得超过注册资本的2倍；注册资本在500万美元以上至1200万美元的，投资总额不得超过注册资本的2.5倍；注册资本在1200万美元以上的，投资总额不得超过注册资本的3倍。外国投资者资产并购的，应根据购买资产的交易价格和实际生产经营规模确定拟设立的外商投资环保企业的投资总额。拟设立的外商投资环保企业的注册资本与投资总额的比例应符合有关规定。

3. 审批与登记

外国投资者股权并购的，投资者应根据并购后所设外商投资环保企业的投资总额、环保企业类型及所从事的环保行业，依照设立外商投资企业的法律、行政法规和规章的规定，向具有相应审批权限的审批机关报送下列文件：被并购国内环保有限责任公司股东一致同意外国投资者股权并购的决议，或被并购国内环保股份有限公司同意外国投资者股权并购的股东大会决议；被并购国内环保公司依法变更设立为外商投资环保企业的申请书；

并购后所设外商投资环保企业的合同、章程；外国投资者购买国内公司股东股权或认购国内公司增资的协议；被并购国内环保公司上一财务年度的财务审计报告；经公证和依法认证的投资者的身份证明文件或注册登记证明及资信证明文件；被并购国内环保公司所投资环保企业的情况说明；被并购环保公司及其所投资环保企业的营业执照（副本）；被并购国内环保公司职工安置计划。并购后所设外商投资环保企业的经营范围、规模、土地使用权的取得等，涉及其他相关政府部门许可的，有关的许可文件应一并报送。

股权购买协议、国内公司增资协议应适用中国法律，并包括以下主要内容：协议各方的状况，包括名称（姓名），住所，法定代表人姓名、职务、国籍等；购买股权或认购增资的份额和价款；协议的履行期限、履行方式；协议各方的权利、义务；违约责任、争议解决；协议签署的时间、地点。

外国投资者资产并购的，投资者应根据拟设立的外商投资环保企业的投资总额、环保企业类型及所从事的环保行业，依照设立外商投资企业的法律、行政法规和规章的规定，向具有相应审批权限的审批机关报送下列文件：国内环保企业产权持有人或权力机构同意出售资产的决议；外商投资环保企业设立申请书；拟设立的外商投资环保企业的合同、章程；拟设立的外商投资环保企业与国内环保企业签署的资产购买协议，或外国投资者与国内环保企业签署的资产购买协议；被并购国内环保企业的章程、营业执照（副本）；被并购国内环保企业通知、公告债权人的证明以及债权人是否提出异议的说明；经公证和依法认证的投资者的身份证明文件或开业证明、有关资信证明文件；被并购国内环保企业职工安置计划等。

资产购买协议应适用中国法律，并包括以下主要内容：协议各方的状况，包括名称（姓名），住所，法定代表人姓名、职务、国籍等；拟购买资产的清单、价格；协议的履行期限、履行方式；协议各方的权利、义务；违约责任、争议解决；协议签署的时间、地点。

审批机关应自收到规定报送的全部文件之日起 30 日内，依法决定批准或不批准。转股收汇外资外汇登记证明是证明外方已缴付的股权收购对价已到位的有效文件。外国投资者资产并购的，投资者应自收到批准证书之日起 30 日内，向登记管理机关申请办理设立登记，领取外商投资环保企业营业执照。被并购国内环保公司在申请变更登记时，应提交以下文件：变更登记申请书；外国投资者购买国内公司股东股权或认购国内公司增资的协议；修改后的公司章程或原章程的修正案和依法需要提交的外商投资企业合同；外商投资环保企业批准证书；外国投资者的主体资格证明或者自然人身份证明；修改后的董事会名单，记载新增董事姓名、住所的文件和新增董事的任职文件；国家工商行政管理总局规定的其他有关文件和证件。

4. 外国投资者以股权作为支付手段并购国内环保公司

（1）以股权并购的条件

外国投资者以股权作为支付手段并购国内环保公司，系指国外环保公司的股东以其持有的国外环保公司股权，或者国外环保公司以其增发的股份，作为支付手段，购买国内环保公司股东的股权或者国内环保公司增发股份的行为。国外环保公司应合法设立并且其注册地具有完善的环保公司法律制度，且环保公司及其管理层最近 3 年未受到监管机构的处罚；除规定的特殊目的公司外，国外环保公司应为上市公司，其上市所在地应具有完善的证券交易制度。外国投资者以股权并购国内环保公司所涉及的国内外公司的股权，应符合以下条件：股东合法持有并依法可以转让；无所有权争议且没有设定质押及任何其他权利限制；国外环保公司的股权应在国外公开合法证券交易市场（柜台交易市场除外）挂牌交易；国外环保公司的股权最近1年交易价格稳定。外国投资者以股权并购国内环保公司，国内环保公司或其股东应当聘请在中国注册登记的中介机构担任并购顾问。并购顾问应就并购申请文件的真实性、国外环保公司的财务状况以及并购是否符合规定的要求作尽职调查，并出具并购顾问报告，就前述内容逐项发表明确的专业意见。并购顾问应符合以下条件：信誉良好且有相关从业经验；无重大违法违规记录；应有调查并分析国外公司注册地和上市所在地法律制度与国外公司财务状况的能力。

（2）申报文件与程序

外国投资者以股权并购国内环保公司应报送商务部审批，国内环保公司除报送规定所要求的文件外，另须报送以下文件：国内环保公司最近1年股权变动和重大资产变动情况的说明；并购顾问报告；所涉及的国内外环保公司及其股东的开业证明或身份证明文件；国外环保公司的股东持股情况说明和持有国外环保公司5％以上股权的股东名录；国外环保公司的章程和对外担保的情况说明；国外环保公司最近年度经审计的财务报告和最近半年的股票交易情况报告。商务部自收到规定报送的全部文件之日起30日内对并购申请进行审核，符合条件的，颁发批准证书，并在批准证书上加注"外国投资者以股权并购境内公司，自营业执照颁发之日起6个月内有效"。

5. 其他

外国投资者购买国内外商投资环保企业股东的股权或认购国内外商投资企业增资的，适用现行外商投资企业法律、行政法规和外商投资企业投资者股权变更的相关规定，其中没有规定的，参照办理。被股权并购国内环保公司的中国自然人股东，经批准，可继续作为变更后所设外商投资环保企业的中方投资者。

二、我国企业在海外环保并购规定

1. 商务部或省级商务主管部门的审批

国外投资包括我国环保企业通过新设（独资、合资、合作等）、收购、兼并、参股、注资、股权置换等方式在国外设立环保企业或取得既有环保企业所有权或管理权等权益。国外投资开办环保企业需要审批，除了金融企业以外，国内环保企业国外投资的审批权在商务部和省级商务主管部门，其中，商务部主管中央环保企业的国外投资审批和非中央环保企业在美国、日本、新加坡等国的国外投资审批，其余的国外投资由省级商务主管部门负责审批。

2. 不予许可的国外环保并购

商务部有权认定不予许可国外环保并购，通常有如下情形：危害国家主权、安全和社会公共利益的；违反国家法律法规和政策的；可能导致中国政府违反所缔结的国际协定的；涉及我国禁止出口的技术和货物的；东道国政局动荡和存在重大安全问题的；与东道国或地区的法律法规或风俗相悖的；从事跨国犯罪活动的。

3. 许可基本程序

环保企业首先应向商务部或者省级商务主管部门申请，商务部受理后进行法定项目的审查，并征求驻该国使领馆商务参赞意见，核准后颁发《境外投资批准证书》。

4. 环保企业国外并购的前期报告制度

环保企业在确定国外并购意向后，须及时向商务部及省级商务主管部门和国家外汇管理局及省级外汇管理部门报告。国务院国有资产管理委员会管理的环保企业直接向商务部和国家外汇管理局报告；其他环保企业向省级商务主管部门和省级外汇管理部门报告，并由省级商务主管部门和省级外汇管理部门分别向商务部和国家外汇管理局转报。

5. 环保企业国外并购的外汇管理

环保企业必须在国外并购审批前向外汇管理部门提交外汇来源证明和所在国的外汇管理政策，然后办理外汇登记和汇出手续，同时环保企业还应该交纳汇出外汇数额 5% 的利润保证金，在当地会计年度终结后 6 个月内环保企业应该向外汇管理部门报告其年度会计报告。

三、环保企业海外并购审批流程

1. 前置审批制

我国对于环保企业国外投资目前实行的是前置审批制，审批程序是否能顺利通过直接决定了投资及并购项目能否顺利推进。确定拟投资并购的企业所在国是否属于我国的建交国，是否属于《对外投资国别产业导向目录》所列的目录国家。在确定被并购环保企业所在国后，需对照《对外投资国别产业导向目录》查明被并购环保企业所涉产业是否属于导向目录国别项下所列的产业，因《对外投资国别产业导向目录》实际上是一份鼓励类产业目录，若被并购环保企业所属产业属于目录上所列产业，则项目即属于国家鼓励投资的项目，在项目立项核准层面将更容易获得审批部门的批准。

2. 提交国外收购环保项目信息报告

向国家发展改革委提交国外收购环保项目信息报告，取得发展改革委出具的确认函，应在投标或对外正式开展商务活动前，向国家发展改革委报送书面信息报告。应报送投资主体基本情况、项目投资背景情况、投资地点、方向、预计投资规模和建设规模、工作时间计划表。

3. 提交环保项目申请报告及相关附件

向国家发展改革委提交环保项目申请报告及相关附件，取得国家发展改革委的核准文件。根据《境外投资项目核准暂行管理办法》的规定，向国家发展改革委提交环保项目申请报告的时间应为签订并购意向书之后。递交环保项目申请报告的同时，还应提交公司董事会决议，证明中方及合作外方资产、经营和资信情况的文件，银行出具的融资意向书；以有价证券、实物、知识产权或技术、股权、债权等资产权益出资的，按资产权益的评估价值或公允价值核定出资额；中外方签署的并购意向书或框架协议；国家发展改革委出具的《境外收购或竞标项目信息报告确认函》。

4. 提交《境外并购事项前期报告表》

在并购双方签订并购意向书或备忘录（MOU）之后，向商务部门和外汇管理部门提交《境外并购事项前期报告表》。

5. 申请颁发《企业境外投资证书》

向商务部或省级商务主管部门提交申请材料，申请颁发《企业境外投资证书》。由商务部核准的情形包括：在与我国未建交国家的国外投资；特定国家或地区的国外投资；中方投资额1亿美元及以上的国外投资；涉及多国（地区）利益的国外投资；设立国外特殊目的公司。由省级商务主管部门核准的情形包括：中方投资额1000万美元及以上、1亿美元以下的国外投资；能源、矿产类国外投资；需在国内招商的国外投资。国内环保企业要向商务部门报送自己的相关报告表，还要向商务部门提交国外并购标的环保企业的相关情况。

四、逸闻轶事——饱满激情

Z先生是某外资环保公司的高级副总裁，负责商务。之前他，曾在FD大学教过书。多年来的商务职业生涯让其时刻保持着整洁的仪表、饱满的激情、高效的沟通能力、敏锐的洞察力。带领环保并购团队攻下了一个又一个堡垒，拿下了一个又一个项目，在业界也是首屈一指，名气响亮。

有一次，他在上海拿下了一个大的项目以后，正好住在离FD大学不远的地方宾馆，他饶有兴趣地漫步到曾经执教的FD大学。校园内，就遇到好几个以前的老同事，发现有的老教授不修边幅，明显老态龙钟。回来的路上，Z先生不禁感慨万千，开拓市场，挑战大，必须要时刻激情饱满才行，看来还是搞商务使人永葆青春啊！

第三节　环保企业在国内外的并购

一、我国环保企业在国外并购动因

环保企业国外并购面临着政治、法律、战略、财务、经营、整合等诸多风险，因此，国外并购存在成功率不高的现象。要充分考虑各国监管和审查力度在逐渐加强，保护知识产权和国家安全因素的措施也越来越多。我国环保企业自身对于国外并购战略的研究不成熟，存在并购前战略目标不明确、并购后整合能力不足等问题。其一，我国环保企业对在海外并购前缺少科学合理的战略目标，过多地注重短期利益，而未考虑自身的长期战略发展。其二，我国环保企业缺少对国外被并购环保企业以及竞争对手的充分了解，由于信息不对称和国外调研成本较高，在国外并购中缺乏核心竞争力。其三，我国环保企业在国外并购后的文化整合、人力资源管理整合以及经营管理整合不易。环保企业国外并购的动因包括以下四个方面：

（1）获取核心技术

我国环保企业仅仅依靠引进外国直接投资和自主研发难以快速见效，跨国并购正好通过市场提供核心技术的供需渠道。

（2）获取当地资源

通过跨国并购得到国外的人力、物资、自然、信息和技术等资源，这将极大地提高我国环保企业在国际市场的综合竞争力。

（3）开拓市场

通过环保企业跨国并购，可以实现商品输出，克服贸易壁垒的限制，获得在当地直接生产、销售的机会，增强扩展国际市场的能力和提升品牌知名度。

（4）实现低成本扩张

许多跨国环保公司为提高利润率，正在剥离其非核心业务，我国环保企业有机会以一个相对较低的价格进军国际市场，获得品牌和销售渠道，并占有一定的市场份额，从总体上实现低成本扩张。

二、外资并购我国环保企业

1. 间接收购

外资可以根据我国《外商投资产业指导目录》中鼓励和支持的投资方向，整体或部分买断我国环保上市公司的母公司或控股股东企业，将该环保企业变成外商独资环保企业或外商投资环保企业，从而通过迂回的方式间接控股上市公司。

2. 直接收购

外资也可以根据我国《外商投资产业指导目录》中鼓励和限制的投资方向，直接收购我国环保上市公司的部分股权，从而使上市公司成为外资投资环保企业。从收购股权所达到的比例来分，可以分为绝对控股式收购、相对控股式收购、参股式收购；从收购所采取的手段来分，可以分为协议收购、要约收购、增资控股式收购。协议收购，即通过协议受让的方式获得我国环保上市公司的法人股或减持的国家股。要约收购，即通过公开发出要约的形式，以不同的价格分别收购国家股、法人股和流通股，达到一定的股权比例。增资控股式收购，以参与国有资产债转股的方式进入环保上市公司。外资还可以通过为管理者提供融资的方式帮助环保上市公司的管理者完成对环保企业的收购，并通过控制管理者的方式进而控制环保上市公司。

3. 以中国法人资格的外商投资企业身份并购我国环保上市公司

根据原对外经贸部、国家工商局联合出台的《中外合资经营企业合营各方出资的若干规定》的补充规定，外商投资企业可以通过下列各种方式对我国环保企业实施全部收购或部分收购：环保企业投资者之间协议转让股权；环保企业投资者经其他各方投资者同意向其关联企业或其他受让人转让股权；环保企业投资者协议调整企业注册资本导致变更各方投资者股权；环保企业投资者经其他各方投资者同意将其股权质押给债权人，质权人或受益人依照法律规定和合同约定取得该投资者股权；环保企业投资者破产、解散、被撤销、被吊销或死亡，其继承人、债权人或其他受益人依法取得该投资者股权；环保企业投资者合并或者分立，其合并或分立后的承继者依法承继原投资者股权；环保企业投资者不履行企业合同、章程规定的出资义务，经原审批机关批准，更换投资者或变更股权。

三、我国环保企业国外并购的困惑

我国环保企业国外并购面临很多困惑，国外并购持续走热，并购呈现量价齐升态势，但也夹杂着不少教训，主要表现在以下几个方面：

（1）立法体系

环保企业国外并购相关立法滞后，从现有的立法体系看，我国关于国外并购的文件大都以通知、规定、办法等部门规章形式出现，缺少更高层面的立法，导致各规章之间缺乏系统性和稳定性。近些年，尽管国家从税务、保险和外汇等方面出台了一系列政策对国外并购活动进行支持，但在有关国外并购的具体环节上，如投资、保险等方面仍存在法律空白，使目前的法律法规不能完全满足并购活动的需要，在一定程度上影响了国外并购的进一步发展。整体而言，国外并购立法工作滞后于快速发展的海外并购活动。

（2）审批流程

国外并购审批流程长导致环保企业成本增加。近些年，众多环保企业持续进行国外收购，各种风险也在不断增加。国家发展改革委发出声明敦促关键行业要增加对国外收购的风险防控，以调节控制国外并购速度、规模，限制部分国有环保企业盲目的、不成熟的海外并购。但这种风险防控手段也带来了多元审批、逐级审批等流程复杂的问题，增加了我国环保企业国外并购的时间成本，导致容易出现错过最佳收购时机、影响并购成功率等问题。

（3）法律限制风险

法律限制风险多样。我国环保企业国外并购的法律限制风险来自东道国反垄断、东道国外资法对国外并购的限制、劳工权益和环保风险等。国外并购遇到最大的问题就是垄断，东道国对国外并购的管制体现在：并购审批制度，大多数发达国家设置有严格的审批制度，涉及外资并购的国有环保企业和重要环保企业；外国并购环保企业的出资比例，各国针对外商投资领域的出资比例均有明确的规定。

关于劳工权益，各国基本上对劳工的最低工资标准、劳动时间和公司裁员等作出了相应的规定。劳工的权益与企业的发展及盈利目标常会发生冲突，我国环保企业因追求自身的发展而忽略员工的权益，就可能面临违反劳工法的风险。对于环保行业，违反目标公司所在国的环境法规是并购方潜在的诉讼来源，目标公司关于环境污染方面的责任会直接导致收购方利益受损。

（4）合理价值评估

我国环保企业缺少相关国外并购经验，难以准确评估国外并购的交易价格。导致谈判过程中常处于不利地位，待并购完成后才发现标的环保企业的价值与预期价值存在很大偏差。参与并购的各个环保公司出于市场战略考虑，对目标环保公司的并购估值难以作出准确的衡量。并购方仅依靠会计事务所、评估公司的评估报告，难以真实、准确地反映标的环保企业的真实价值。

（5）融资渠道单一

环保企业并购争取更多的融资手段，有利于环保企业实现财务整合效应，降低交易成本，加速行业结构升级。但是，现实中，融资难是我国国外并购面临的突出问题。目前，并购支付手段的创新力明显不足，产业资本和金融资本结合度较低，仍以现金、股票等较为单一的方式为主，缺少混合融资工具，定向债、可转化债券、认股权证、优先股等的运用仍处于起步阶段。

（6）提升整合能力

环保企业国外并购交割完成后，有的在重组时面临更大的挑战，需要妥善处理和巧妙应对。其中，整合资金不足、知识产权获取不易、人才和客户流失、管理模式差异、文化冲突等问题较为常见，资源难以有效整合。

（7）专业人才

熟悉国际化规则相应法律财务知识的人才、具备国际化经营管理能力的人才缺乏，限制了企业国外并购的能力。专业人才缺乏，我国环保企业国外并购还处于初级阶段，国际经营实力和经验与跨国环保公司尚存在很大差距，缺乏对行业周期前瞻性分析和国外并购经验。第三方中介服务体系不成熟，尤其是国内本土投资银行、法律管理咨询机构实力无法满足环保企业国外并购对财务法律方面的要求，大部分的环保企业国外并购还是依赖国外投资银行完成。

四、逸闻轶事——眼睛热了

王阳明王大人因为平叛有功，进京接受封赏。大殿上，王大人所戴的冠冕的丝帛垂下来，遮住了耳朵。有人就问他，是因为你的耳朵冷吗？王大人答：不是，是你的眼睛热了。

这样的回答固然没错，但是，无形中与别人结了怨，实为不美。左宗棠与左公柳的典故，则堪称佳话。

清末名将左宗棠任陕甘总督期间，下令军队沿着河西走廊六百多里征途种柳二十六万株，人称"左公柳"，至今仍为西北人民所称道。左宗棠认为：壮士长歌，不复以出塞为苦也，老怀益壮。清人杨昌溪曾写诗赞道：上相筹边未肯还，湖湘子弟满天山。新栽杨柳三千里，引得春风度玉关。

在一些大的环保公司，做环保并购的也许是按片区分成好几个小组，这些小组虽然存在着一些协同，但是暗地里还是存在很多竞争。有的小组如果战果辉煌，在总部难免会遭人羡慕嫉妒恨，这时就需要来一点哲学了，否则日后日子可能很难过。

第四节　环保行业并购趋势

一、我国环保行业需要改善之处

1. 环保行业高端技术水平有待提高

目前，我国环保产业上游设备领域的行业集中度总体较差，市场化程度较低。环保常规技术产品已经相对成熟，但在高端技术产品方面仍较为欠缺，环保企业规模普遍较小，低水平运行现象较为普遍。环保产业上游设备领域是一个接近充分竞争的市场，大量中小型企业围绕价格、产品和服务质量展开竞争。

2. 融资能力和运营模式有待改善

由于投资周期较长、资金需求较大、投资回报较慢和受政策影响较大，而且现阶段服务市场秩序尚不规范，大多数环保服务企业的规模较小，服务水平较低，环保企业面临融资难、成本高的困境。

3. 企业规模和产品结构有待调整

环保企业规模小，尚未形成一批大型骨干环保企业或集团，缺乏市场竞争力。环保产品结构不合理，环保设备成套化、系列化、标准化、国产化水平低，低水平重复建设现象严重。

4. 人才紧缺

大型环保企业需要高级技术人才来研制高附加值、高技术含量、满足特种工艺污染治理需求的产品。而现在的环保人才中，能够驾驭大的工程，能同时承担多项大型环境工程设计项目，可独立设计多项大型环境工程项目的技术人才非常缺乏。人才紧缺的原因，一是高等教育对环保专业性人才培养较少；二是环保行业以前受重视程度低，人才整体存量偏少；三是环保行业人才需求在短期内出现较大增长，凸显了环保行业人才的整体结构性失衡；四是环保行业人才配置和流动有待整体优化，环保行业的专业猎头公司太少。

二、国内环保并购趋势

趋势一，环境修复、环境咨询、烟气治理等领域将成为下一轮环保并购热点。在国家放开环评市场、环保PPP、"气十条"、"水十条"等大背景下，基于对环保需求的提升及未来市场热点的判断，环境咨询、环境修复、烟气治理、垃圾焚烧发电等细分领域将成为环保并购的下一轮热点。烟气治理、农村污水处理、污泥处理处置、环卫市政、危废处理处置以及环保互联网等也将成为大气、水务、固废巨头们并购转型升级的下一个增长点。

趋势二，多元环保并购必将成为未来的发展趋势。面对环保行业的新治理需求，这个新时代的标志不再是从无到有，而是从有到优、到多到全。在这种趋势之下，愈发多元化的治污需求将使环保行业的企业主体、发展模式、并购逻辑都变得多元化。环保处理的蛮荒时代已经不再，"跑马圈地"的横向并购时代虽然距离落幕仍有一段时间，但借鉴美国、欧洲等并购经验，多元环保并购必将成为未来的发展趋势。

趋势三，并购后剥离，已逐渐出现并将成为环保并购的伴生物。伴随着环保企业战略的转变，并购后剥离将逐渐成为常态。目前在环保行业，剥离已逐渐出现。环保企业的战略既有向环保领域的聚焦，也有对环保业务的剥离。并购与剥离是对环保资源的重新配置，只能说并购的魅力无限大。

趋势四，当前，国家层面的大型环保公司正在涌现，尤其是很多省级环保集团纷纷组建，给未来的环保并购平添了无限想象的空间。

三、国外环保并购趋势

随着国内监管逐步收紧和规范、国外审查趋严以及国际局势不断变换，在中企国外环保并购的具体实施中，利用在国外设立的子公司进行并购，除了资金来源更加多元化、可操作性更强的特点，与我国国内企业直接跨国并购相比，其在交易过程中获得明显的优势。国外买家在环保并购交易中，交易完成时长、审批效率都比国内买家更短、更高效。国外环保并购不再是单纯围绕着生产资料的获取展开，而是以市场为导向，通过产品、技术、渠道的更新迭代来迎合环保企业的全球化战略定位与布局。回归到国外环保并购的本质，中企并购交易的内涵显著提升，正在经历从资源占有型向技术获取型和市场拓展型的转变。

向标的国家输出环保技术经验、培育当地人才的国外并购拥有着长远合作与互惠互利的优秀基因，也是更容易被标的国家接受和许可的并购。时下，国内环保企业开展国外环保并购时，不再是单打独斗，而是几个企业一起走出去，或者企业和并购基金合作。

四、需要抓住的环保并购特征

并购是环保企业从内延式增长向外延式扩张转变的重要途径。环保企业通过横向并购迅速拓展市场成为常态。从细分领域来看，污水处理、固废处理处置成为并购的主要领域。污水处理领域，收购和参股小而美的技术型企业和区域市场运营型企业将成为巩固核心技术体系和提高市场占有率的主要路径。对于小型污水处理企业而言，技术将是其实现高估值和高溢价的关键。固废处理处置领域，并购风向已逐渐发生转变，已由拓展市场、扩大运营规模的横向并购逐渐转变为基于行业价值链构建和补全的并购整合，环保企业同质化竞争正在被生态化互补和合作取代。

我国环保企业力图通过横向并购获取国外先进技术以及宝贵的品牌和海外市场管理经验，来弥补技术装备上与国际水平的差距，寻求新的利润增长点。同时，海外并购也呈现出高溢价的特点。这恰恰反映出我国对于国外环保技术、产品及市场的迫切需求以及并购的不成熟。横向并购依然是主流，外延式扩张也成为环保产业水务和固废"简单暴力，屡试不爽"的杀手锏。相比横向并购，混合并购也在逐渐发力。一些聪明的环保公司可以利用市场的非有效性进行并购活动以从中谋利。二级市场的泡沫使得大多数上市环保公司的价值被高估，而一级市场中，由于企业未上市，流动性较差，使得环保公司价值被低估，这巨大的估值差触发了并购活动的盛行。

并购是资本逐利性的一种表现，具体表现为由低质量管理、低效率企业向高质量管理、高效率企业的流动，这种环保企业间的资源配置有助于创造更多价值。用环保企业的市场价值与其重置成本之比作为环保公司资产使用效率的衡量指标，即 Q 比率。Q 比率越高，公司的资产使用效率越高。环保公司之间不同估值促使高 Q 比率公司收购低 Q 比率公司，是并购浪潮的一大特征。

五、环保行业并购新增长

环保行业并购新看点是：环保金融资本和产业资本进入；环保行业并购风起云涌；环保新兴产业增长点不断涌现；环保传统产业链不断拉长；环保产业增长高地从环境设施投资建设转向工程运营维护领域。

完善环境服务价格调整机制，推动建立环保产业基金，完善项目招标投标监督管理机制等。产业资本和金融资本协作的双轮驱动发展模式已较为普遍。地方政府、企业和金融机构设立各种绿色产业发展基金，带动了银行、保险、信托、私募等多种类型金融机构配置绿色资产。根据投资方向不同，出现低碳基金、环保基金、新能源基金及大气污染防治基金等，涉及市政水处理、工业水处理、固废危废处理、烟气治理、废旧汽车综合利用、环保清洁能源、环境评价与在线监测、环境治理服务、环保产品生产等多个细分领域。

环保产业进入并购期。传统环保行业迈入成熟期，企业面临业绩和盈利能力增长的压力，需要弥补产业链缺口、降低成本和跨区域发展，横向扩大业务规模，纵向延伸产业链的发展策略成为必然选择。任何一个产业的发展过程都是从成长期到成熟期，环保产业现在是处于成长期到成熟期的过渡阶段。

六、环保政策扶持及并购扩展

从产业链的角度环保行业可概括为设计、制造、工程、运营四个主要环节，典型的已上市环保公司主要为工程和投资运营公司。由于工程领域进入壁垒较低，竞争激烈，业务本身的不稳定使得盈利能力和盈利水平持续下降，相关环保公司迫切需要通过业务的并购保持持续性发展。

从环保业务发展与市场发展两个角度看，环保类的企业扩张模式分为三类：一是纵向扩张，主要是工程类企业，由于盈利能力降低，期望通过纵向延伸提高建造项目的盈利能力，向上进入设备制造环节，行业主要采用的 BOT 模式又为此提供了契机，典型的为烟气治理行业和固废治理行业中的企业；二是横向扩张，所处行业增速减缓、技术壁垒促使相关企业以并购方式进行跨领域扩张，通过并购形成综合环保供应商；三是区域扩张，由于环保需求主要来自地方政府和大型集团，企业发展依托地方政府或大型集团特征明显，具有特定垄断性，谋求全国发展的环保企业需要通过并购、合资等方式扩张。

并购具有突发性，但也并非完全无章可循。企业的自我定位、发展战略、股东背景、技术能力、融资能力、所处行业发展前景等均可以给我们提供线索。从国外著名环保上市公司的发展轨迹可见，并购是公司规模成长的必由之路，规模扩张必然带来市值膨胀。

七、逸闻轶事——项目拿捏

我作为业主方顾问，至今仍然对 S 市水务并购项目开标场景记忆犹新。这是一个总价值大概 20 亿元的水务项目，当时符合条件参与投标的一共有 4 家公司，其中，2 家为国内环保巨头，2 家为国外环保巨头。开标那天，气氛严肃，程序规范。待到打开 W 环保公司的标书时，大家震撼了！铲车把 W 环保公司的标书铲过来，竟然有八个厚重的大纸箱。一个项目，他们怎么写了这么多？但是，不管怎么说，对于一个国际性的大公司来说，有这么大的量，说明人家工作做得细致，相比旁边一家国内环保巨头的 2 个小箱子来说，反差实在是太大！

最后，W 环保公司拿下了这个项目。

若干年后，在我与 W 环保公司的一个高管聊天时，说到此事，他只是笑了笑：呵呵，当时项目团队确实很辛苦，里面也是有些讨巧的成分。比如，有好多本公司的项目介绍占据了一些篇幅，还有一些内容是翻译成了双语，也占据了一些篇幅，等等。不过，真正拿下这个项目，是我们的尽职调查做得仔细，溢价合理，主要是对项目的把握拿捏得恰到好处。

第六章　环保并购中的尽职调查

环保人读史

刻意尚行，离世异俗，高论怨诽，为亢而已矣：此山谷之士，非世之人，枯槁赴渊者之所好也。语仁义忠信，恭俭推让，为修而已矣：此平世之士，教诲之人也，游居博学者之所好也。语大功，立大名，礼君臣，正上下，为治而已矣：此朝廷之士，尊主强国之人也，致功兼并者之所好也。就薮泽，处闲旷，钓鱼闲处，无为而已矣：此江海之士，避世之人也，闲暇者之所好也。吹呴呼吸，吐故纳新，熊经鸟伸，为寿而已矣：此导引之士，养形之人，彭祖寿考者之所好也。若夫不刻意而高，无仁义而修，无功名而治，无江海而闲，不导引而寿，无不忘也，无不有也。淡然无极而众美从之，此天地之道，圣人之德也。

——《庄子》

意思是，磨砺心志崇尚修养，超脱尘世不同流俗，谈吐不凡，抱怨怀才不遇而讥评世事无道，算是孤高卓群罢了：这样做乃是避居山谷的隐士，是愤世嫉俗的人，正是那些洁身自好、宁可以身殉志的人所一心追求的。宣扬仁爱、道义、忠贞、信实和恭敬、节俭、辞让、谦逊，算是注重修身罢了：这样做乃是意欲平定治理天下的人，是对人施以教化的人，正是那些游说各国而后退居讲学的人所一心追求的。宣扬大功，树立大名，用礼仪来划分君臣的秩序，并以此端正和维护上下各别的地位，算是投身治理天下罢了：这样做乃是身居朝廷的人，尊崇国君强大国家的人，正是那些醉心于建立功业开拓疆土的人所一心追求的。走向山林湖泽，处身闲暇旷达，垂钓钓鱼来消遣时光，算是无为自在罢了：这样做乃是闲游江湖的人，是逃避世事的人，正是那些闲暇无事的人所一心追求的。嘘唏呼吸，吐却胸中浊气，吸纳清新空气，像黑熊攀缘引体、像鸟儿展翅飞翔，算是善于延年益寿罢了：这样做乃是舒活经络气血的人，善于养身的人，正是像彭祖那样寿延长久的人所一心追求的。若不需磨砺心志而自然高洁，不需倡导仁义而自然修身，不需追求功名而天下自然得到治理，不需避居江湖而心境自然闲暇，不需舒活经络气血而自然寿延长久，没有什么不忘于身外，而又没有什么不据于自身。宁寂淡然而且心智从不滞留一方，而世上一切美好的东西都汇聚在他的周围，这才是像天地一样的永恒之道，这才是圣人无为的高尚之德。

第一节　环保并购尽职调查概述

一、环保并购尽职调查的概念

环保并购尽职调查是指并购方对标的环保企业的经营和财务、资产和负债、法律关系及其所面临的机会与潜在的风险等进行的一系列调查。是对标的环保企业业务发展的内外部环境和情况进行调查，对达到其发展计划的关键因素进行评估和分析。为了支持投资决策，选择正确的投资对象，遵循审慎原则，环保并购尽职调查有着一套严谨的流程。环保并购尽职调查是并购程序中最重要的环节，不仅限于审查标的环保企业的历史状况，更着重于协助并购方合理地预测未来，是重要的风险防范工具。调查过程中通常利用管理、财务、税务方面的专业经验和专家资源，形成独立观点，用以评价并购优劣，作为管理层决策依据。

环保并购尽职调查报告包括财务、法律、业务等方面的内容。对并购标的环保企业的管理、技术、市场、资金、人员和历史数据等做全面深入的调查。

二、环保并购尽职调查的目的

环保并购尽职调查的目的是明确标的环保企业的商业前景。通过对其宏观环境、市场规模和竞争环境的分析，了解标的环保企业所处的行业地位和未来发展趋势。通过对其内部运营管理的分析，可以为交易完成后价值提升和并购后整合方案的制定作出准备。

并购本身存在着各种各样的风险，环保并购尽职调查使并购方尽可能地发现要购买的标的环保企业股份或资产的全部情况，做好风险管理。比如，标的环保企业过往财务账册的准确性，并购后主要员工、供应商和顾客是否会继续留下来等，通过环保并购尽职调查来弥补信息不对称性。并购方可以就相关风险和义务应由哪方承担进行谈判，可以决定在何种条件下继续进行环保并购活动。

三、环保并购尽职调查的范围和内容

环保并购尽职调查的范围如下：一是环保行业和市场，包括环保行业未来的发展趋势、政策、市场规模、市场的驱动力等。二是竞争，包括竞争力分析、关键成功因素、主要竞争者信息、市场进入门槛、新入行者机遇等。三是标的环保企业历史表现，包括战略与市场定位、商业模式、业务发展、财务数据、销售策略等。四是未来发展，包括环保发展规划、发展竞争力等。五是调查对象的范围比标的环保企业要广，如果标的环保企业存在子公司并且需要对其进行尽职调查时，二者均为调查对象。

环保并购尽职调查的内容如下：一是现状：标的环保企业的基本情况、公司股东、商业信用情况、股权关系结构图，清晰地判断标的环保企业当前状态下的产权关系。二是历史沿革：标的环保企业的设立程序、条件、方式和有权部门的批准；标的环保企业改制情况；标的环保企业设立过程中的资产评估、验资报告等程序；标的环保企业历次演变，包括股东、董事、监事、高管、公司章程、年检情况以及政府主管部门颁发的各种批准或者登记备案文件等。三是注册资本：标的环保企业股东的基本情况，股东投入标的环保企业的资产，出资到位与非货币资产出资的过户情况。四是规范运作：标的环保企业的公司章程，内部组织结构图，显示内设机构、分公司、不具备独立法人资格的其他机构的设置，并反映各自的职能及相互的关系，组织机构是否有效运行；标的环保企业董事、监事和高管的任职资格，内部控制制度是否健全及其执行情况，关联方资金占用情况，违法违规情况，对外担保批准程序是否明确有效，是否有严格的资金管理制度并有效运行。五是独立性：标的环保企业业务体系及独立经营能力；标的环保企业的资产是否完整，人员是否独立，财务是否独立，机构是否独立。六是财务与税务：近三年及一期的经审计的财务报告，税务登记及纳税基本情况，税收优惠情况，财政补贴情况。七是业务发展与技术：标的环保企业的经营范围、经营资质、经营模式；标的环保企业生产或者业务流程图，核心技术、技术人员及研发情况，生产经营是否符合国家产业政策，是否在中国大陆之外经营，是否存在持续经营的法律障碍，业务发展战略，历年发展计划的执行和实现情况。八是主要资产：标的环保企业拥有的主要房屋建筑物情况，主要无形资产情况，主要生产经营设备情况，长期对外投资情况，国外重要资产与长期投资情况，对其主要资产的所有权或者使用权的行使有无限制，租赁房屋、土地使用权或者其他重大生产经营设备的情况。九是知识产权：标的环保企业持有或拥有的全部专利、商标、服务标识、商号、专有技术、标志、域名、软件著作权汇总表；与第三方订立的有关专利、商标、专有技术、域名的转让或者许可协议及有关登记注册证明；现存或潜在的有关标的环保企业所有或虽为第三方所有但许可标的环保企业使用的专利、商标、商誉、专有技术、域名或其他知识产权的争议或纠纷；技术转让合同、技术许可合同、技术合作开发、委托开发合同、技术进出口合同以及注册、许可批准及登记证明。十是重大债权债务：标的环保企业将要或者正在履行的重大合同，已经履行完毕的合同是否存在潜在的纠纷，重大其他应收款、其他应付款，因环境保护、知识产权、产品质量、劳动安全以及人身权等原因产生的重大债务。十一是关联交易及同业竞争情况：关联交易是否公允，进行关联交易时是否已采取必要的措施对其他股东的利益予以保护，关联交易的决策程序是否公允，与关联方是否存在同业竞争，是否已经采取有效措施避免同业竞争，对关联交易和同业竞争的披露情况。十二是人力资源：标的环保企业员工人数及其变化、专业结构、受教育程度、年龄分布情况，执行社会保障制度、住房制度改革、医疗制度改革情况，劳动合同、集体合同签订情况，董事会成员、高管兼职情况，社保证明和相关费用缴纳凭证。十三是诉讼、仲裁、行政处罚事项：涉及标的环保企业已经发生的、正在进行的或已有明显迹象表明可能要发生的全部诉讼、仲裁、行政处罚或者行政复议情况汇总表和文件；标的环保企业财产存在任何行政机关、司法机关的查封、冻结及其他强制执行的措施或程序，应查看以下文件：裁定书，查封、扣押、冻结通知书，协助执行通知书，执行通知书等；在过去三年及可预见的未来是否与第三方发生任何在法律诉讼或仲裁程序以外的纠纷或政府机构进行的调查，并查看其中存在潜在纠纷的重大合同及合同当事人的往来文件。

四、环保并购尽职调查的类型

环保并购尽职调查大致分为八类：商业尽职调查，法务尽职调查，财务尽职调查，税务尽职调查，知识产权尽职调查，人事劳务尽职调查，环境尽职调查，IT尽职调查。欧美的一些大型跨国企业在选择供应商或者并购环保企业时，会进行人权调查，主要内容为是否使用童工、是否存在人种歧视等。

1. 环保并购商业尽职调查

从宏观经济、投资环境、企业运营等方面分析标的环保企业经营预期的可能性，在收入、费用、资产、负债等科目中体现，就是说要把这些真实的情况反映在对标的环保企业预测报表中，从而给估值提供进一步素材，具体工作涉及各种相关信息的调研分析和整合。

环保并购商业尽职调查和环保并购财务尽职调查的用途都是用于发现重大风险以及为标的环保企业估值提供素材。但它们的区别在于它们研究的范围不同：环保并购财务尽职调查主要研究标的环保企业自身，并且主要着眼于历史数据；而环保并购商业尽职调查除了看标的环保企业自身外，还要看宏观环境、竞争环境等，着眼于预期数据。

根据标的环保企业的投资需求制定尽职调查方法及程序。首先了解企业海外投资性质、目标及需求。着眼于投资交易的全过程，提供为并购方量身打造的环保并购尽职调查方案。为客户提供广泛、一体化、按需求定制的标的环保企业尽职调查服务。一体化的环保并购尽职调查具有诸多优势：结果全面、一致；报告易于使用，可无缝衔接投资评估流程；减少了并购项目管理工作难度，从而能更多关注交易风险。

2. 环保并购法务尽职调查

环保并购法务尽职调查是指在环保公司并购、证券发行等重大行为中，由律师进行的对标的环保企业或者发行人的主体合法性存续、企业资质、资产和负债、对外担保、重大合同、关联关系、纳税、环保、劳动关系等一系列法律问题的调查。环保并购法务尽职调查包括：核查标的环保企业的注册登记信息、公司章程、股东大会及董事会决议、纪要、主要合同、人事规章等资料；访谈标的环保企业的法务负责人；基于资料核查及人员访谈的结果制定并购协议，识别标的环保企业潜在的法律风险以及可能影响并购及业务交接的法律瑕疵，避免出现导致交易失败的"交易破坏者"。

3. 环保并购财务尽职调查

从财务数据的角度，还原标的环保企业最真实、最合规的历史资产负债情况、盈利情况、现金流情况，揭示风险。具体涉及查看凭证、调整账目、分析盈利能力、资产质量等。环保并购财务尽职调查的目的是分析项目的可行性，并为估值模型提供信息。能够帮助客户在交易过程中分析和评价标的环保企业当前的盈利能力、财务状况及现金流状况，以及对盈利预测进行理性的分析。提供对投资标的国家商业、法律及税务环境的介绍，以及对被投资环保企业或其母公司控股架构的审阅和分析。

4. 环保并购税务尽职调查

能够帮助客户在交易过程中分析和评价标的环保企业当前的税务状况，并对其潜在税务风险进行技术分析和数据核算。介绍被投资标的环保企业所处国家的税收制度，审阅被投资标的环保企业的纳税申报及其他涉税事项，提供有助于降低被投资企业税务风险的建议，并在可能的情况下提升其税务管理效率。

5. 环保并购知识产权尽职调查

对标的环保企业在投资、并购、许可、技术转移等重大经营活动中的知识产权状况进行事前审查，通过系统化的梳理发现知识产权潜在风险点，评估这些风险点对于标的环保企业经营活动的影响，帮助标的环保企业有效地化解知识产权风险，实现利益最大化。

从知识产权的法律风险、法律价值、技术价值和市场价值四个维度进行分析。选取权利归属、知识产权纠纷、有无质押、其他风险因素、权利有效性、权利稳定性、权利范围、技术发展趋势、核心专利解析、主要竞争对手情况、可实施性等为评价指标，在此基础上进行综合评价，给出书面意见，形成环保并购知识产权尽职调查报告，供并购方决策参考。

6. 环保并购人事劳务尽职调查

对被投资标的环保企业人力资源相关事项进行审阅，提示标的环保企业所在国相关的主要风险事项，包括现有的职工补偿金负债、养老金计划、雇员及劳动法规的合规性等，并协助并购方制定和实施人力资源保留及人员安排计划，帮助客户在交易开始前期考虑目标业务带来的协同效应，发现并评估潜在的组织和人力资源风险及影响，并为交易后整合做好充分准备。

7. 环保并购环境尽职调查

在环保并购方投资、收购、并购或新建扩建厂区时系统地确认其环境风险和责任，有助于投资者对于现在和将来企业运行环境风险的管理，从而降低投资的风险。环保并购环境尽职调查包括调查企业现有产生的污染、是否采取相应的污染控制措施并满足法律法规和标准的要求、是否对周围环境和居民产生污染、是否具备相应的控制对环境造成潜在危险的管理体系。

8. 环保并购 IT 尽职调查

环保并购 IT 尽职调查，帮助并购方在交易开始前期发现潜在的 IT 系统风险，评估对业务运营的潜在影响，并为交易后整合做好充分准备。

五、逸闻轶事——聪明猴子

在去 H 市跟进项目的路上，我与搭档 N 先生一边开着车，一边扯着闲篇。他说，今天来说说以前上大学时的八卦。N 先生上的大学是北京某个顶尖学府，20 世纪 90 年代初毕业，有很多国家部委都会招人。有一次，有个部委招人，说第二天将在其单位的公告栏里贴出招人告示（那时还没有网络），并告诉了该校相关老师，老师转告同学们如感兴趣可前去看看。第二天一早，N 先生和几个同学一起赶到那里，在公告栏里什么也没发现，甚是失望。正准备离开的时候，发现他们班绰号为"猴子"的同学坐在旁边的台阶上，招呼他走依然一动不动，并说，我等等看再走。陡然，N 先生总觉得不对劲，刚才"猴子"好像是提前来的。于是，N 先生跑过去，一把拽起"猴子"，发现公告就藏在他屁股底下。噢，原来他提前来揭了榜，想独吞。没来得及走，碰到大家，于是，急中生智，坐在地上想蒙混过关。这智商，绝对高！

后来，毕业后"猴子"如愿以偿去了这个部委。但是，由于工作中经常爱耍这样的小聪明，也并不得志。最后，下海开了一个环保咨询公司，经营得也就是一般般。N 先生说，有时候工作上有些业务也是能帮到他的，但骨子里就是不想帮。

看来，人品还是很重要啊！

第二节　环保并购尽职调查流程

一、准备阶段

为了在确定的时间内有序、高效地开展标的环保企业尽职调查，必须在进场前做好一系列的准备工作。要在环保并购尽职调查前准确把握交易目的，初步了解尽职调查的对象，对拟进行的调查内容进行系统的考虑，对环保并购尽职调查工作计划作出初步的总体安排，将需要调查对象提供的信息、材料制作成详细的尽职调查清单，并要求调查对象在尽职调查团队进场前做好相应的准备工作。由并购方和其聘请的专家顾问与标的方签署保密协议。

（1）制定完善的环保并购尽职调查方案

环保并购尽职调查方案是在准备阶段制作的工作计划与初步实施方案。环保并购尽职调查方案通常包括尽职调查的基本原则、工作程序、调查方法、工作团队、工作计划、服务保障等内容。

（2）拟定详细的尽职调查提纲

尽职调查提纲实际上是尽职调查工作所围绕的所有活动清单。尽职调查提纲中除应列明需要调查的项目详情外，还应备注相应的调查方式以及各调查事项的时间控制节点。

（3）提供环保并购尽职调查清单

向调查对象提供详尽的可操作性的环保并购尽职调查清单，以便收集相关文件。环保并购尽职调查清单不是一次性的，第一次给客户的清单都会标明初步尽职调查文件清单。在客户提供的文件基础上，随着工作的深入，还需要进一步了解情况，因而也会制作补充清单。为防止调查对象对并购方多次索要文件表示不满，在初步尽职调查文件中应明确该清单仅为初步环保并购尽职调查清单，随着工作的深入，还会根据项目要求提交补充文件清单。

二、实施阶段

取得调查对象的配合，有利于获得更全面的信息。向调查对象表明环保并购尽职调查的目的和工作方式，阐明意义，获取调查对象的理解和信任。除出于保密的考虑不宜让调查对象知情的事项外，要披露拟进行环保并购尽职调查的信息，发出清单。

环保并购尽职调查培训包括对内培训和对外培训。对内培训是在项目小组中进行的培训，培训成员如何做好环保并购尽职调查，明确范围和程序，统一标准和尺度。对外培训是指对被并购企业相关人员的培训，争取提供优质的资料和信息。

（1）收集环保并购尽职调查资料

由于标的环保企业员工不是专业人士，他们并不一定知道真正需求，仅是按照环保并购尽职调查清单提供材料，清单上的文件有可能提供不全，因此，在环保并购尽职调查清单中要多提一些具体的合理要求，从而全面、高效地收集调查资料，然后甄别、归类、整理。

（2）资料的整理和分析

对资料的整理和分析要围绕资料和信息的真实性、完整性、有效性和合法性展开，确保资料、信息整理和分析的质量。环保并购尽职调查取得的材料往往较为繁杂，可以把事项、调查对象等材料和信息进行分类，根据团队成员的业务专长进行分工，提高工作效率。在整理、分析材料和信息时，应最大限度甄别、排除虚假事实，尽可能发现被隐瞒或者被忽视的东西，展现客观事实。在整理和分析的过程中，如果发现遗漏、不清楚事项，应及时要求调查对象补充资料或者做出解释。发现材料不完整，或者真实性、有效性存疑或有误，或者在对比后发现材料之间存在矛盾，或者发现重大的需要予以核实的事实等情况，必须进行补充调查。

（3）编制工作底稿

将调查对象提供的文件，如章程、协议、裁决书等，按照一定的逻辑分门别类装订成册。环保并购尽职调查报告的编写可以与审阅尽职调查资料、编制工作底稿同时进行。

三、提交报告

环保并购尽职调查报告的内容应当具有针对性，并与尽职调查清单所涉及的范围相一致，应将调查中发现的问题逐一列明，说明问题的性质、可能造成的影响、可行的解决方案。环保并购尽职调查报告应当语言专业精炼、结构清晰、层次分明、条理清晰、体系完整，突出体现环保并购尽职调查的重点及结论，充分反映其过程和结果，包括计划、步骤、时间、内容及结论性意见。环保并购尽职调查报告应当根据示意性的并购交易流程图（图 6-1）实时优化、完善。

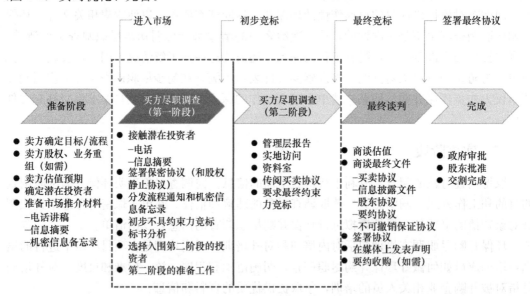

图 6-1　示意性的并购交易流程图

四、逸闻轶事——才艺展示

有一次，项目助理小张在跟进内蒙古的一个项目时，业主方要求他们派一个负责人一起来。由于领导忙，临时有事没来，情急之下，他找了个朋友老 S 冒充替代。结果，在交流时，老S尽放"黄腔"，比如，业主方有人问到自来水厂取水口问题时，老S不假思索地说，可以布置在港口码头旁啊。当时，业主方就觉得他们不专业。最后，项目也黄了。小张也被单位处分了。

不过，小张也有强项。一次在内蒙古调研吃饭时，业主方的一个李经理非常热情，用当地的烈性白酒招待他们。酒过三巡，李经理突然站起来说，我唱一首歌，小张你喝一杯酒。李经理连唱4首歌，小张连喝4杯酒。面对李经理的破锣嗓子加上烈酒，小张险些晕倒。曾经获得过大学校园十大歌手的小张，赶紧站起来说：哥，我唱几首，请你喝酒，好吗？小张借着酒劲，连唱8首，嗓音洪亮，歌声悠扬。李经理欣然喝下8大杯，喝完后，已飘飘然了。

后来，小张与李经理竟然变成了好朋友。自然，项目推进起来也就比较顺畅了。看来，一个人得储备一点才艺，关键时刻也许用得着。

第三节　环保并购尽职调查方法和策略

一、方法

1. 查阅资料

围绕并购标的环保企业的关联企业、行业、产业链、产品、技术、上下游、竞争对手等方面，尽可能搜集全面、客观的资料，找到需要了解问题的方向。多渠道展开，收集资料并验证。盯紧标的环保企业对口负责人员，尽可能完整地收集资料并进行编排整理，及时制作文件目录，开具补充清单。如遇到标的环保企业工作人员不配合或消极应付，影响到环保并购尽职调查的进度，应及时报告客户联系人和事务所合伙人，由其负责协调沟通解决。核对资料的原件，以保证资料的真实性、完整性和权威性。

2. 访谈相关人员

访谈是了解标的环保企业的直接方式，与其董事长、总经理、部门经理、业务人员、法律顾问、关键技术人员、关键岗位的人员以及普通员工进行多层面的访谈。普通员工提供的信息往往是最真实、最直接的。对不同部门、不同职位的人员单独访谈，对访谈内容进行互相对比印证。

3. 向标的环保企业的相关政府部门调查

大部分文件材料都由标的环保企业提供，存在提供虚假文件的可能性。对在政府部门（如工商、税务、土地、环保、法院）登记、备案或者生成的资料，需要到政府部门进行走访查询，保证信息的权威性。

4. 现场考察

实地调查就是与高管、核心技术人员、销售人员交流，从内部了解标的环保企业的历史、现状、战略、技术先进性与成熟度、市场竞争力等情况，形成对其未来发展正确的判断。实地考察标的环保企业，参观工艺流程、生产设备，了解库存、能源消耗，观察产品销售记录、物流运输等情况，与企业普通员工、甚至周边居民了解其生产经营状况等。对于标的环保企业的办公现场、土地、房屋、车辆等应采用现场考察的方法调查。确认实物与证照的一致性，通过对实物的查看可以了解实物的实际使用情况、成新率等证照所不能反映的情况。进行现场考察时，要注意做好查看记录，记录内容一般包括查看目的、查看时间、查看对象的具体情况等，最后由参与查看的成员签名确认。

5. 通过网络等公开渠道了解标的环保企业信息

进行专项查询，如知识产权、是否受过行政处罚等。可以到相关行业网站检索，了解标的环保企业的行业地位。可以检索社会媒体对标的环保企业的报道，了解社会对其评价。可以通过中国法院网"被执行人查询"栏目查询了解标的环保企业是否存在被人民法院执行的情况。通过查阅行业年鉴或者期刊、行业协会网站、市场调研顾问报告、财经类网站对行业的分析报告、分析师对行业的分析报告、同行业或者竞争对手上市公司招股书，或者定期报告中对行业和竞争的描述，了解标的环保企业所在地的政治、经济是否稳定，行业整体是否处于上升期或是衰退期，是否有新的竞争对手进入从而带来更加激烈的竞争，是否有区别于竞争对手的优势，其市场份额的发展趋势等。

6. 函证及非公开调查

可以就相关事项向标的环保企业发函查证，发函中需明确函证事项以及要求对方回函内容。通过行业内的朋友了解调查对象的行业地位、社会评价以及是否存在民间借贷等。在全面收集资料和信息的基础上，应对资料进行分类、鉴别、归纳、分析。根据相关的法律法规和政策，运用专业知识和技能对信息进行总结，为出具环保并购尽职调查报告做好充分的准备。

二、资料收集和提交

资料提交申请是指要求标的环保企业提供相关内部资料的行为。环保并购尽职调查实施人员，首先以通过资料提交申请获得的资料为基础，整理提问内容，然后进行管理层访谈。这是环保并购尽职调查过程中所需时间较长且极为重要的一项工作。环保并购尽职调查的资料提交申请，可分为初期资料提交申请以及在与标的环保企业开始实质性接触后的正式资料提交申请两种。初期资料提交申请多发生在环保并购尽职调查开始之前，或者项目启动会议之前。对于大部分从未涉足过并购的企业而言，在成为标的环保企业的初期会不可避免地产生各种担心和不安。特别是在环保并购尽职调查初期，由于人手不够，很难迅速完成海量资料的提交工作。本阶段仅需收集能够掌握标的环保企业基本情况的信息即可。

随着管理层访谈的开始，正式资料提交申请也在此时开始。正式资料提交申请会贯穿整个环保并购尽职调查过程，内容及范围涉及广泛。在大型的环保并购尽职调查项目中，每天可能会有高达数百项的各种资料提交申请。资料收集延误是在有限的时间内开展环保并购尽职调查需要面临的最大风险，所以要事先对所需资料进行列表整理，尽早向标的环保企业申请，以便对方能有充裕的时间收集相关信息。

明确地向标的环保企业告知所需资料的使用目的，否则可能会出现对方提交了不相关的资料的情况。环保并购是一种建立在相互信任关系上的商业行为，将并购方的兴趣所在、评价、所需资料的使用目的等信息明确告知标的环保企业，可以避免出现类似情况。环保并购尽职调查人员所需信息多样性会造成标的环保企业的工作人员极大的工作负荷，一次性集齐所有信息在现实当中是不可能的。对照进度表，注明所需信息的优先顺序，传递给标的环保企业。从标的环保企业处接收财务数据之际，为便于提高此后相关工作的效率，尽可能要求对方以电子文档的形式提交。调研人员事先制作好表格格式，之后请标的环保企业填入相关数字和信息。以电子文档格式接收财务数据将有助于提高后续分析工作的效率，特别是在分析标的环保企业的不同业务或子公司的业绩时，最好采用统一的格式。

提交资料管理表。尽职调查过程中需要获取及交换大量资料，提交资料管理表可以有效地帮助管理资料提交申请。表中包含资料名称、概要说明、优先顺序、预定接收日、提交状况等信息。诸如资料提交委托日、标的环保企业相关负责人等其他内容可按需追加。为保证标的环保企业相应负责人与调研人员之间对项目认识处在同一水平，最好制作双方之间共享的提交资料管理表，对资料的提交状况进行管理。

现实中，标的环保企业提交的资料未必都符合调研人员的要求。因此，拿到资料时，有必要当场核对。如果接收时不对资料进行复核，在使用过程中发现资料不完全时，难以有时间再对其进行补充修改。此外，如果在接收资料过后很长时间再要求对方修改资料，对此前在资料准备上已花费大量时间和精力的人员而言，会造成不好的印象，并可能影响此后的资料收集。所以，从标的环保企业接收资料之际，当场对资料进行复核的工作是极其重要的。在收集财务数据时，如果调研人员事先未能向标的环保企业提供资料格式，谁都不知道标的环保企业最后会以何种方式提交。特别是标的环保企业以任意格式提供资料的情况下，检查该资料是否符合使用目的就显得至关重要。检查时，必须确认要求的信息是否符合要求，是否符合环保并购尽职调查的分析目的。

在进行业绩分析时，标的环保企业的相关数据会因诸如组织变更、间接费用的分摊方式调整、突发事件等种种理由而导致缺失。如果找不到与分析目的完全相符的资料，标的环保企业有时会在一定的前提下，提交相近的信息。如果事先未对资料制作的前提条件进行确认而直接开始分析，此后就可能会发生严重的返工。

能完整地提交出所有资料的情况很少，得确认标的环保企业无法提供资料的理由。有时，要么根本没有调研人员要求的资料，要么依照委托重新制作资料却因进展不顺而无法在规定的期限内提交。因立场不同，在标的环保企业看来属于公司机密的部分资料在调查结束时也未能提供给并购方。在标的环保企业无法提交所需资料的情况下，必须确认其理由，根据具体情况可采取如下对策：其一，延长期限。收集资料所需时间较长时，作为调研人员就需考虑是否值得花费这么长时间去取得这些资料。如该资料不可或缺，则须对照环保并购尽职调查进度表对其提交期限作出调整，如可有可无，则可降低该资料的优先顺序，从而更有益于标的环保企业将时间花在其他要求提交的资料上。其二，获取其他替代信息。遇到难以在期限内提交所需资料的情况时，应与标的环保企业磋商该资料是否有其他可替代信息。如果没有可替代信息，则只能设定一些前提条件进行特定分析。但是，由于业绩分析必须从事实出发，所以应尽量设定符合实际的前提，避免为了得到结论而拼凑数字。其三，合理推测某些必要信息。因缺少某些资料从而放弃分析、停止思考的做法是不可取的。如果无法理解标的环保企业的收益从何而来，将来存在什么样的可以创造利益的机会，并购方就无法作出投资判断。很多业绩下滑的企业都无法提供衡量其盈利能力的完整数据。这主要表现在譬如无法提供单个产品或各渠道盈利能力的信息，或者无法区分每个客户的盈利能力等，类似这样的问题屡见不鲜。标的环保企业亦有提交资料的技巧。例如，作为被委托方的窗口可被授予相当的权限便于其利用丰富的内部资源，并配备工作效率高的员工协助其工作。

事先召开"公司内部专用语"说明会的必要性。从事环保并购尽职调查的成员们最初的困扰就是"公司内部专用语"或"省略语"。特别是标的环保企业会在一些重要场景中多次引用，比如：阐述自身优劣势时，解释业务流程时，或者说明与经费相关的利润表科目等。在环保并购尽职调查开始前，对尽职调查团队全体成员召开说明会，解释"公司内部专用语"，从而避免一些无谓的风险。

三、管理层访谈

管理层访谈是尽职调查过程中核实和挖掘标的环保企业问题的重要方法。通过管理层访谈可以获取公开披露以外的信息，了解到部门间的权力博弈对公司决策产生怎样的影响，或者体会到对人才培育产生直接影响的企业文化等。在抱有"收购"等于"强占"观点的企业中，访谈过程自始至终都是以敌意态度面对代表并购方的调研人员的管理者不在少数。访谈能够得到对方的积极配合，对方提供了大量有用的信息，在某些数据缺失的情况下对方还能帮助重新制作，从而促进了项目的顺利进行。

并购后标的环保企业当前的管理者留任与否，会影响其提交的资料及商业规划的内容。作为管理层访谈的目的之一，并购方需要直接向管理层就商业规划制定的背景等企业整体经营管理问题进行确认。通过访谈发掘优秀员工就是访谈背后所隐藏的一个目的。并购方期望寻找那些埋没于现有管理体制，能委以重任的年轻员工，给予他们足够的发展空间，使其能够充分发挥自身的主观能动性。

通过访谈最大限度地获得真实的信息，是环保并购尽职调查实施的关键。访谈的关键是如何在有限的时间里有效地得到期望获取的信息。应该选择只有通过面对面访谈才能获取信息的问题，不要把时间浪费在一些可以从资料中得到答案的问题上。依照事先设定的假设，力求访谈时讨论的话题具体化。争取通过访谈获得具体的定量信息。牵涉到某些复杂的交易时，如有必要，可以使用事先制定好的图等工具辅助访谈。作为环保并购尽职调查工作的必要环节，为了获取对方内部信息，与标的环保企业建立起良好关系，制造可以让对方轻松交流的氛围是关键所在。环保并购行为往往带着比较强烈的企业救助色彩，标的环保企业的员工常常从收购方不经意的言谈话语中感受到并购方高高在上的态度，从而产生抵触心理。并购方应该设身处地地考虑对方的感受，注意自身的言行举止。在提问方法上下一番功夫，不仅能够拓展基层人员的固定思维，打破现有限制，也为以后企业价值提升提供有益的启发。

访谈结束后，最好将被访谈方所给回答以文本形式留存，做到有证可查，避免日后的争端。通过对以前的回答内容进行确认，也可确保回答始终如一。环保并购尽职调查人员会字斟句酌地研究标的环保企业的回答内容，以期洞察其企业现状，因此无论标的环保企业有多繁忙，也需要采取慎重且严谨的态度来应对访谈，努力做到滴水不漏。

四、标的环保企业配合尽职调查

无论是环保并购商业尽职调查，还是财务、法律尽职调查，实施人员都希望能按照计划尽早开始各项工作。开始，各项环保并购尽职调查的人员纷至沓来，向标的环保企业提出访谈、提供资料等要求。能完整而有条理地向外界介绍自己企业的人很少，接受尽职调查访谈或负责整理提交资料的工作往往会集中到标的环保企业的少数几个人身上。

对于标的环保企业的人员而言，即使他们最初能够耐心诚恳地协助调查，同样的问题被重复问过多次后，也会产生厌烦情绪。随着调查的深入，标的环保企业的人员整天疲于应对来自各方的需求。

为确保标的环保企业在接受尽职调查期间不陷入混乱，有必要从硬件和软件入手，建立资料室和尽职调查联系窗口。事先确保访谈的场所，在资料室附近确保一间专门用于访谈的会议室，将有助于提高尽职调查的效率。资料室内的必备品：网络、复印机等。在此期间提供配合，满足环保并购尽职调查实施人员的各项要求。标的环保企业有必要建立一个高效的尽职调查窗口。

找出并购方的兴趣所在。通过系统化地整理和管理来自并购方的问题和要求，标的环保企业可以知道并购方觉得哪里有价值，哪里有风险。尤其是在环保并购尽职调查临近尾声时，并购方的要求会集中在某些关键方面。在知道了并购方的兴趣所在后，标的环保企业就可以研判未来谈判的焦点，提高己方的谈判能力。

确保有通晓公司情况的人参与其中。建立信息流程，防止机密信息泄露。环保并购尽职调查实施者最想了解的就是那些构成标的环保企业核心竞争力的众多机密信息。标的环保企业需要事先注意传递给并购方的信息会被用于与本来目的相违背的风险。一次回答，就让并购方接受。尽职调查实施者如果收到满意的答复，就不会对这部分提出其他问题。相反，如果尽职调查实施者不满意，就会改变角度提出相同的问题。为避免在相同的问题上浪费时间，应考虑通过提供补充资料、进行内容说明等方式，努力达到答复一次就让对方满意。如果碰到无论如何都无法应对的情况，需要将理由、可能答复的时间等告诉环保并购尽职调查实施者。有时候，当上下达成共识，标的环保企业并非总是处于弱势地位。

五、尽职调查技巧

研讨会是指包括主持人在内，由数人组成的，以发散思维的方式，就管理问题展开讨论的会议形式。在环保并购尽职调查项目里，如并购方对并购后标的环保企业的经营管理从开始就抱着深入参与的态度，研讨会这一方法也是会被经常用到的。特别是私募股权基金在执行环保并购商业尽职调查时常会举办此类研讨会。从中长期的角度来看，研讨会可以调动员工的主观能动性，提高员工的问题意识，积极参与制定行动方案，从而帮助企业实现更快的复兴和成长。举行研讨会的最大目的，就是为了促进标的环保企业员工能够主动承担责任，积极参与实施有助于提升企业价值的措施。

研讨会多会在挖掘中长期协同效应及寻找速赢策略之际实施，以期挖掘企业的增值机会。研讨会的实际推进方法，首先是确定主题，按照每个主题举行专题讨论会，再根据会议结果进行管理层报告。研讨会最好由外部顾问来主持，这样有助于打消标的环保企业对并购方的顾虑，畅所欲言，从而提高研讨会的效果。

确定主题。研讨会的主题草案应事先由调研人员确定，交由标的环保企业挑选决定。可以将协同效应分析及实施方案整理成一览表，再从并购方的角度进行优先排序，然后就这些主题与标的环保企业进行充分沟通，在并购方与标的环保企业共同认可的基础上，确定最终的主题和各主题的优先顺序。

专题讨论会。主题一旦确定，接下来就是按照每个主题，从标的环保企业挑选合适的员工组成研究小组。调研人员作为主持人，也会参与到各个小组中去。各个小组会根据事先设定的目标与完成期限，在主持人的引导下自行开展讨论。

管理层汇报。使员工积极参与到研讨会，并向管理层汇报讨论结果，能让员工认识到自己也在肩负着公司的命运。在研讨会中期乃至后期，按每个主题向新管理层进行汇报，提交具体的提案。好的提案能够被迅速采纳并付诸实施，不满意的则进行严厉批评或临阵换人，赏罚分明。

环保并购尽职调查的结束，并不意味着研讨会的结束。尽职调查结束后，即便已签署最后的并购交易合同，作为持续挖掘企业价值提升机会的有效工具，研讨会也会有一直持续下去的情况。对企业而言，实现价值最大化是其最终的使命。

调查外部信息技巧。尽管环保并购尽职调查过程中，外部信息收集不同于内部信息收集，标的环保企业公布的有价证券报告（年报、季报等）是重要的信息来源，这些报告通过网络可以轻松获得。通过互联网搜索，从标的环保企业的官方网站主页或以某些关键词进行检索亦可收集到一部分信息。

业内人士的有效利用。邀请那些熟悉市场、竞争状况、行业特有的交易习惯及技术趋势的业内人士参与调研会事半功倍。熟悉尽职调查业务的专业顾问与业内人士的强强联手，将会极大地提高环保并购尽职调查的效率。

环保并购尽职调查访谈技巧。访谈亦可将标的环保企业介绍的客户及供应商作为对象。根据内容不同，还可以采取匿名的形式。在访谈过程中务必避免在业内传出对标的环保企业不利的流言。环保并购尽职调查实施者为了能准确评估未来商业规划的可行性，会向标的环保企业提出许多问题。如果回答不尽如人意，则会换个角度询问。如果最终商业规划被评定为实现可能性低，就意味着商业规划需再次调整，因而标的环保企业也格外认真对待。

背景调查公司分享调查小技巧。其一，选择合理的联系时间。前半周是大家工作最忙的时候，后半周是个不错的选择。考虑该在什么时间点和对方联系，下午四点钟左右会好一点。其二，调查的内容要循序渐进、由浅入深。不要在最开始就触及某些敏感话题，这会使对方有抵触情绪，不愿配合调查。灵活掌握问题的顺序，一般是把最简单、无关痛痒的问题放在最前面问，循序渐进慢慢深入。其三，根据素质模型设计"结构化"问题，尽量做到问题的具体化和量化。最大限度地保证调查询问的有效性和准确性。其四，要有坚持到底的精神。进行背景调查，碰钉子、遭到拒绝在所难免，特别是遇到有竞争关系的对手公司时。如果是竞争对手公司的话，推荐寻找对方公司已离职人员进行调查，往往更愿意讲实话。

六、标的环保企业自我尽职调查提升价值

1. 标的环保企业应考虑的因素

需要调查企业的价值在哪里，能卖多少钱，有两种方法可以知道企业的价值：一是参考过去的交易事例，找到行业内经营模式类似的企业的并购案例，获取被并购企业当时的销售额、利润、资产等指标和实际并购价格，以此为参考估算自己企业的价值；二是计算企业的公允价值，公允价值是指基于自身企业的现状、过去业绩和对未来的商业规划，开展业务分析，并依此计算企业的价值。

2. 标的环保企业自身尽职调查的重要性

标的环保企业事先了解对方的谈判思路，通过尽职调查可以了解买方企业对自身企业商业规划的哪一部分比较关注，对商业规划的哪些方面觉得有风险，以及他们心中对企业价值估值的高低。

3. 谈判准备

交易价格经常会受标的环保企业最初提供的商业规划的内容和交易性质的影响。在向并购方提供商业规划时，一定要考虑到谈判可能会碰到的各种局面，在商业规划中融入己方的谈判战略。事先准备一些问题集，以应对并购方可能提出的种种疑问。

4. 标的环保企业的战术

（1）基础报价

对标的环保企业实际价值最为了解的当然就是其内部的管理层，由标的环保企业内部制定的"基础报价"基本上反映了其真实价值。

（2）速赢策略

在 3～6 个月的短暂时间内就能见效的改善措施。

（3）潜在价值

旨在改善收益的速赢策略一旦进入执行阶段，标的环保企业的价值就会得到实实在在的提高。"基础报价"和"速赢策略"加总后的结果，可以称为企业的潜在价值。

5. 中长期协同效应

包括并购方成为新股东带来的销售业绩的提升、业务整合带来的共同新业务开拓、产品的共同研发带来的研发效率的提高、设备和工厂的共同使用带来的成本削减等效果。对于中长期协同效应，一般都认为应该由并购方受益。如果标的环保企业能预测出并购方对该并购的期待、意愿及其支付能力，标的环保企业就应该可以从中长期协同效应中受益。

七、环保并购财务与法务尽职调查协同

律师与会计师的尽职调查工作在一定范围内是并行的，各自承担不同的调查任务和责任，分工和责任划分都是明确的，但在某些部分则是协作的关系。一是两者的调查范围不同。环保并购法务尽职调查的范围主要是标的环保企业的组织结构、资产和业务的法律状况和诉讼纠纷等方面的法律风险；环保并购财务尽职调查的范围主要是标的环保企业的资产、负债等财务数据上的财务风险和经营风险。二是两者对同一事实的调查角度不同。律师要做好环保并购法务尽职调查工作，必须借助会计师的专业经验，才会达到事半功倍的效果。真实、完整的会计凭证、会计账簿是企业实际发生的经济业务事项的客观反映，财务会计报告则充分揭示了企业的财务状况、经营成果及现金流量等会计信息。在环保并购法务尽职调查过程中，律师有时凭直觉会认识到标的环保企业提供的资料或告知的资讯存在这样或那样的问题，但无法获取证据，与进行环保并购财务尽职调查的会计师沟通，从会计凭证、会计账簿、财务会计报告入手，这些问题往往会迎刃而解。

与环保并购法务尽职调查协同，财务关注点包括：历史数据的真实性、可靠性；预测财务数据偏于保守还是乐观？预测的依据是什么？是否有表外负债？内控制度的健全性如何？税务问题有哪些等。

八、逸闻轶事——微积求分

F先生是某环保公司负责市场开发的副总，有一次，他在某市跟进一个项目时，尚且有点闲暇时间，漫步街头，经过火车站时，发现有个背着书包的女孩蹲在地上，前面有张纸上写着：大学生，丢了包，身无分文，希望好心人伸出援手，资助回老家的路费。

对于类似这种套路，大家都认为是再老掉牙不过的骗术了，路过的行人视如空气，连正眼都不看一下，匆匆而过。

那天，也挺奇怪，F先生竟然心血来潮，来到女孩身旁，问了问情况。然后说，既然你是大学生，有没有学过微积分，女孩说学过。F先生说，那好，我出一道简单微积分题目，你如果能做出来，回家的路费我出，如果做不出来，你还是趁早收摊子，另谋生路吧。女孩说好的。不一会儿，女孩就将F先生出的那道微积分题目做完了。

于是，F先生很爽快地资助了路费。因为，他总觉得，一个能很快把微积分题目做出来的人，怎么看也不像一个骗子。当时，那个女孩还说等回家后把钱还给他，F先生说，不用了，以后你如果有机会，帮帮别人就可以了。

第四节　环保并购财务尽职调查

一、基本方法

一是审阅：通过对标的环保企业财务报表及其他法律、财务、业务资料进行审阅，发现关键及重大财务因素。二是分析性程序：通过对标的环保企业财务资料进行分析，发现异常及重大问题，如趋势分析、结构分析等。三是访谈：与标的环保企业内部各层级、各职能人员以及中介机构进行充分沟通，了解财务状况。四是小组内部沟通：由于标的环保企业调查小组成员来自不同背景及专业，相互沟通也是达到财务调查目的的方法。

二、调查内容

1. 会计主体概况

了解标的环保企业营业执照、验资报告、章程、组织架构图；了解会计主体全称、成立时间、注册资本、股东、投入资本的形式、性质、主营业务等；了解标的环保企业历史沿革；详细了解标的环保企业本部以及所有具有控制权的公司，并对关联方作适当了解；对标的环保企业的组织、分工及管理制度进行了解，对内部控制作初步评价。

2. 财务组织

了解标的环保企业的财务组织结构；财务管理模式，包括子公司财务负责人的任免、奖惩、子公司财务报告体制；财务人员结构，包括年龄、职称、学历等；会计电算化程度、企业管理系统的应用情况。

3. 薪酬、税费及会计政策

通过了解标的环保企业薪资的计算方法，关注变动工资的计算依据和方法；缴纳"五险一金"的政策及情况；福利政策；现行会计政策及近3年的重大变化与差异及可能造成的影响；现行会计报表的合并原则及范围；接受外部审计的情况及近3年会计师事务所名单；近 3 年审计报告的披露；现行税费种类、税费率、计算基数、收缴部门；税收优惠政策、税收减免/负担；关联交易的税收政策；集团公司中管理费、资金占用费的税收政策；税收汇算清缴情况；并购后税费政策的变化情况。

4. 会计报表

（1）损益表

了解标的环保企业近 3～10 年销售收入、销售量、单位售价、单位成本、毛利率的变化趋势；近 3～10 年产品结构变化趋势；企业大客户的变化及销售收入集中度；关联交易与非关联交易的区别及对利润的影响；成本结构，发现关键成本因素，并就其对成本变化的影响作分析；对以上各因素的重大变化寻找合理的解释。

了解标的环保企业期间费用，近 5～10 年费用总额、费用水平趋势，并分析了解原因；企业主要费用，如人工成本、折旧等的变化；其他业务利润，是否存在稳定的其他业务收入来源，以及近 3～5 年数据；投资收益，近年对外投资情况及各项投资的报酬率；营业外收支，有无异常情况。

了解标的环保企业对未来损益影响因素的研判，如销售收入、销售成本、期间费用、其他业务利润、税收。对收入的核查，真实的收入需具备以下几个基本要点：要有购销合同；要有发票（增值税、营业税发票等）；要有资金回款；要有验收或运费单据；要有纳税申报表；要缴纳相应的税款。对成本的核查，真实的成本需具备以下几个基本要点：要有配比的原材料购进和消耗；购进原材料需开有增值税发票；对重要和紧俏的原材料需预付款；购销业务付款周期正常；要有仓管签字的有数量金额的入库单据。对生产能力的核查，产能真实性需具备以下几个基本要点：新建项目需按时建设完工；能正常全面生产；对生产线产能的核查；对耗能的核查（耗煤、耗水、耗电，分月）；对仓储和运输能力的核查；其他与产能应相配比的资源。

（2）资产负债表

了解标的环保企业货币资金，包括可用资金、冻结资金；应收账款，是否可能被高估，特别关注内部应收账款；账龄分析、逾期账款及坏账分析，近年变化趋势分析及原因；大客户应收账款分析，大额应收账款，可调阅销售合同。

了解标的环保企业其他应收款，账龄、坏账及费用性借款分析；大额款项的合同、协议、借款，是否有对外投资、委托理财，存货状况并查阅最近一次盘点记录；存货分类及趋势变化，关注发出商品、分期付款发出商品，存货的滞销、残损情况。

了解标的环保企业长期投资，控股的验证其投资比例及应占有的权益，参股的了解其投资资料、投资背景及可控制力；固定资产分类，在用、停用、残损、无用的固定资产情况，生产经营用和非生产经营用资产的区分，设计生产能力与实际生产能力资产比较及原因分析。

了解标的环保企业在建工程，工程项目预算和完工程度，是否存在停工工程，工程项目的用途；无形资产，无形资产的种类及取得途径，无形资产的寿命，计价依据，关注土地使用权。

了解标的环保企业借款情况，债权人、借款性质、借款条件，是否正常偿还利息，是否可以豁免或债务重组；应付账款，业务趋势与应付账款的趋势比较，了解是否具有足够的买方信用，应付账款账龄分析，预估材料款是否适当。

了解标的环保企业资本公积，形成原因；未分配利润；历年利润及分配；资产负债结构分析，资产质量分析。

（3）现金流量表

了解标的环保企业历年现金流量情况及主要因素分析，特别关注经营净现金流；经营净现金流是否能满足融资活动的利息支出净额；结合资产负债表及利润表，寻找除销售收入以外是否还存在主要的经营资金来源，对经营净现金流的贡献如何；对现金流的核查。正常的资金往来结算有如下特点：如果是收货款，客户大部分会采用票据背书结算方式；货款收款日期无规律性，金额零散；资金到账后在银行账户会有正常的停留；支付货款日期无规律性，金额零散，有付款依据；每一笔资金流转均会在银行对账单上反映。其他情况下资金舞弊：定期存单质押问题；票据背书贴现问题；踩准会计时点挪用资金问题。

5. 表外项目

了解标的环保企业对外担保；已抵押资产；贴现；合作意向；未执行完毕的合同；银行授信额度；重大诉讼。不同性质标的环保企业的财务风险，可以分为：上市公司、国有企业、合资企业、民营企业、集体企业等。标的环保企业因为其投资者或实际控制者的背景不同，财务风险的表现也会不一样。

三、调查报告

对标的环保企业财务尽职调查后应提交书面报告；负责财务尽职调查的部门必须建立质量控制程序，财务尽职调查报告完成后必须按质量控制程序进行审核，最终由部门主管批准后方可报送项目组；报告总结须经项目组讨论通过，如存在不同意见，财务尽职调查报告也应向决策者汇报。

对标的环保企业财务尽职调查目的，适当表达意见和建议；使用适当的标题；运用图表，如曲线图、比较表、图案等；用图框、下划线、斜体字、加粗以示重点；言辞简练、量化。

四、逸闻轶事——信暖人心

M环保有限公司每次在一地获得项目以后，无论多忙，其总裁都要给其中参与的重要领导写信致谢，这也确实是一个很好的习惯和方式。比如：

尊敬的某市长：

您好！

金秋送爽，丹桂飘香，9月15日，是一个值得纪念的日子，某某水务有限公司正式挂牌开业了，标志着M环保有限公司与贵市的合作终结硕果。

阁下领导的各级政府部门，求真务实，公平公正，行政效率奇高，不禁让人为之感叹。尤其值得称颂的是，9月15日那天，阁下于百忙中匆匆自外地赶来，参加某某水务有限公司开业庆典，让人感动，催人振奋。本人在此一并深表感谢！

一花迎来百花开。某某水务有限公司成功开业后，我们母公司的地产代表，考察了贵市房地产，同时，我们将探讨在污水项目的连串投资，以取得协同效应。

在此，本人诚邀阁下于方便之时，前来我们公司总部参观指导，本人将随时迎候，乐尽地主之谊。

恭颂

政安！

M 环保有限公司　某某　总裁

某年某月某日

第七章 环保并购谈判

第一节 环保并购谈判概要

一、环保并购谈判概述

环保并购谈判有广义与狭义之分。广义的谈判是指除正式场合下的谈判外,一切协商、交涉、商量、磋商等。狭义的谈判仅指正式场合下的谈判。环保并购谈判是有关方面就共同关心的问题互相磋商,交换意见,寻求解决的途径和达成协议的过程。

对于谈判,古代即有折冲于口舌之间。其中,折冲引申为进行外交谈判,口舌指争吵,即在辩论、争吵中进行外交谈判。

二、环保并购谈判分类

了解环保并购谈判的类型,有助于谈判获得成功,否则,谈判将会是盲目、无效的。不同类型的谈判,其准备工作、运作、采用的策略都不尽相同。

1. 按性质划分

按照谈判的性质可以分为一般性谈判、专门性谈判和外交性谈判等。一般性谈判是指一般人际交往中的谈判。一般性谈判是随意的、非正式的,无须作过多的准备,生活中比比皆是。专门性谈判是指各个专门领域中的谈判,包括金融信贷、教育办学、生产开发、科学技术转让和商业贸易谈判等。专门性谈判是一种有准备的正式谈判,大都具有明显的经济行为。通过谈判，就某项技术交流、经贸往来、资金融通、经济合作等达成一个有利于各方的一致性协议。外交性谈判是指国与国之间就政治、经济、军事、科技、文化等方面事项进行的谈判。外交性谈判程序严谨、影响较大、准备充分、效果明显，其结果具有很大的制约性。

2. 按主题划分

按照谈判的主题可以分为单一型谈判和统筹型谈判。单一型谈判的主题只有一个。对谈判的主题必须确定某个能共同调节的变量值。比如，买卖双方只针对价格进行谈判，这个价格应是双方均可调节的变量，否则谈判将难以进行下去。因为卖方期望这个值高，而买方则期望这个值低。其差异通过谈判，以取得双方都能接受的水平。单一型谈判具有较高的冲突性。统筹型谈判是指谈判的主题由多个议题构成，大家已不再是单一型谈判中的激烈竞争对手，他们能一起合作，并得到较多的利益。统筹型谈判是把双方所存在的两种不同的交换比率（即价格和时间）结合起来，有机会利用这个差异。为了得到某项利益，通过统筹考虑而放弃另一项利益。谈判者往往表现为在一个问题上坚持自己的利益，在另一个问题上则接受对方的意见，使双方的冲突性降低。

3. 营销层面划分

从营销层面谈判可以分为销售谈判、原合同重新谈判及索赔谈判等。在销售谈判中，卖方关心的是卖价的高低和销售量的多少，买方关心的是产品的质量和服务的各项条件以及价格上的优惠。谈判的主要内容包括总价、质量要求、特殊服务、包装、运输、结算方式、交货时间或发运时间等。由于市场瞬息万变，有时需要对原合同进行重新谈判，对有关条款适时修订。在长期合同中，一般都有一些允许买主和卖主在合同截止期前重新谈判的条款或条件。初始合同相应设定重新谈判之前必须具备的条件，避免使购销双方陷入为重新谈判而谈判的困境。索赔谈判是在合同义务不能或未能完全履行时，当事人进行的谈判。在商品交易过程中，卖方交货时因数量短缺、品质不符、延期交货、包装不符，或者买方擅自变更条件、拒收货物和延期付款等，而给对方造成损失时，都可能引起索赔。此时，建议双方心平气和地进行商谈，而不是轻易通过法律手段来裁决。

三、环保并购谈判特征

环保并购谈判的基础和前提是：一是双方各有尚未满足的需要；二是双方有共同的利益，又有分歧之处；三是双方都有解决问题和分歧的愿望；四是双方能彼此信任到某一程度，愿意采取行动达成协议；五是最后结果能使双方互利互惠。因此，谈判作为人们为满足各自的某种需要而进行的一种交往活动，具有以下特征：特征一，不断调整各自需求，最终使谈判各方相互调和，互相接近，达成一致意见。特征二，谈判是合作与冲突的对立统一。合作性表现在，通过谈判而达成的协议对双方都有利。冲突性则表现在，谈判各方希望自己在谈判中获得尽可能多的利益。特征三，谈判的结果应是互惠的，但是这种互惠又不是绝对均等的，有可能一方获利多一些，另一方获利少一些。双方的需求有差异，对利益的认识、分析、评价标准也不一致。谈判双方所拥有的实力、地位与谈判的技能也各不相同，因而不可能达到谈判利益的绝对均等。特征四，谈判是公平的，谈判双方对谈判结果均具有否决权。谈判作为一种竞技活动，在智力的较量和策略、技巧的运用上，双方是各具自由度的。

四、环保并购谈判方式

1. 直接谈判和间接谈判

按照谈判双方的接触形式可分为直接谈判和间接谈判。

直接谈判是指参加谈判的双方不需加入任何中介组织或个人而直接进行的谈判形式。直接谈判包括面对面的口头谈判和利用信函、电话、电传等通信工具进行的谈判，在商务活动中应用非常广泛。直接谈判有其突出的优点：首先，不需中间人介入，免去了很多中间手续，使谈判变得及时、快速；其次，双方当事人直接参加谈判，易于保守商业秘密；最后，节约谈判费用，不需支付中介费。直接谈判适用情况：其一，以直接谈判形式表示对对方的尊重。其二，较重大或谈判结果对一方或双方有重大影响的谈判。其三，涉及一些长期悬而未决的问题，采用其他方式无法解决时。其四，其他各种需双方直接进行交往的情况。

间接谈判是相对于直接谈判而言的，它是指参加谈判的双方或一方当事人不直接出面参与商务谈判活动，而是通过中间人（委托人、代理人）进行的谈判。这种谈判形式在谈判活动中应用较为广泛。间接谈判也有其优点：首先，中间人一般都是谈判对方当地的代理人，熟悉当地的环境，熟知谈判对方的行为方式，便于找到合理的解决问题的办法。其次，代理人身处代理的地位，利益冲突不直接，不易陷入谈判僵局。最后，代理人在其授权范围内进行谈判，不易损失被代理人的利益。间接谈判适用情况：其一，谈判一方或双方对对手情况不了解时。其二，在冲突性较大的谈判中，为了避免双方直接冲突。其三，谈判出现僵局，双方又无力解决时。

2. 横向谈判和纵向谈判

按照议题的商谈顺序可分为横向谈判和纵向谈判。

横向谈判是指在确定谈判所涉及的所有议题后，开始逐个讨论预先确定的议题，当在某一议题上出现矛盾或分歧时，暂时搁下，接着讨论其他议题，如此周而复始地讨论下去，直到所有议题都谈妥为止。优点是：其一，议程灵活，方法多样，多项议题同时讨论，有利于寻找到解决问题的变通办法。其二，有利于谈判人员创造力和想像力的发挥，便于谈判策略和技巧的使用。其三，不容易形成谈判僵局等。

纵向谈判是指在确定谈判的主要议题后，逐一讨论每一议题和条款，讨论一个议题，解决一个议题，直至所有议题得到解决。其特点在于集中解决一个议题，即只有在第一个议题解决后，才开始全面讨论第二个议题。优点是：其一，程序明确，把复杂问题简单化。其二，每次只谈一个议题，讨论详尽，解决彻底。其三，避免多头牵制、议而不决的弊端。缺点是：其一，议程过于死板，不利于双方沟通交流。其二，议题之间不能相互通融，当某一议题陷入僵局时，不利于其他议题的解决。其三，不利于谈判人员想像力、创造力的发挥，不能灵活变通地解决谈判中的问题。

五、环保并购谈判场合选择

选择谈判地点要考虑各种支持和资源，使各种驱动因素处于可控范围，尽量靠近可以及时兑现利益的地方。选择能让双方心情愉快、精神放松的地方，双方的心理状态和感觉对谈判的进展有很明显的影响。远离那些让彼此都感觉很差，没有合作意愿的地方。远离对双方很敏感的地点，以及明显对己方不利的地点。如果谈判地点的选择影响了己方的表现和效率，或者让对方觉得不开心，就要坚决更换谈判地点。

六、环保并购谈判层次

环保并购谈判一般分为三个层次，即竞争型谈判、合作型谈判和双赢谈判。

1. 竞争型谈判

大部分谈判都属于竞争型谈判。竞争型谈判的技巧旨在削弱对方评估谈判实力的信心。谈判者对谈判对手的最初方案作出明显的反应是极为重要的，即不管谈判者对对方提出的方案如何满意，都必须明确表示反对这一方案，声明它完全不合适，使谈判对手相信其方案是完全令人讨厌的、不能接受的。

2. 合作型谈判

尽管谈判中有各种各样的矛盾和冲突，但合作是主流。谈判双方为着一个共同的目标探讨相应的解决方案。如果对方的报价有利于当事人，当事人又希望同对方保持良好的业务关系或迅速结束谈判，作出合作型反应则是恰当的。合作型反应一般是赞许性的，也强调进一步谈判的必要性。

3. 双赢谈判

双赢谈判是把谈判当作一个合作的过程，能和对手像伙伴一样，共同去找到满足双方需要的方案，使费用更合理，风险更小。双赢谈判强调：不仅要找到最好的方法去满足双方的需要，而且要解决责任和任务的分配，如成本、风险和利润的分配。双赢谈判的结果是你赢了，我也没有输。现实中，双赢谈判障碍重重。

七、环保并购谈判团队

环保并购优秀的谈判团队应当具备四种素质：好的道德品格修养、必要的知识结构、充分的谈判能力和技巧、让他人感到信赖的气质性格。把握谈判主动权，洞察对方谈话内容，寻找机会，顺势而为。团队应当有人熟悉己方的业务和经营状况，并了解己方的谈判目标和底线，有权在底线之上拍板；应当有人熟悉财务并对财务问题能够及时作出判断；应当有人了解法律并能就法律问题提出建议和解决方案，最好是由做尽职调查的法律团队参加谈判。团队领导应当作好内部分工，制定谈判计划，作为主谈人员引导谈判的进程和步骤，对让步的条款幅度作出决策，做好与本方上级的请示与汇报。其他谈判人员应做好自己的分内工作，及时发现问题并告诉己方的主谈人员。

八、逸闻轶事——余温犹在

我在跟进 J 新区自来水和污水处理项目时，竞争对手来了十几家，通过几轮筛选，最后只剩下 3 家行业巨头。实力强大的 K 环保公司跃跃欲试，而且忽悠业主方，污水处理厂保底水量他们可以不作要求，以此来赶走另外 2 家竞争者。可是，K 环保公司在单独与业主方进行接触时，提出很多不合理要求，最后，业主方感觉到被耍了，一气之下赶走了他们。

后来，我们获得了该项目。我受邀来到 J 新区，管委会主任在他们食堂里请我们团队吃了一顿饭，我有幸被安排坐在省委书记前一天来坐过的位置，我笑道：余温犹在啊。

第二节　环保并购谈判过程

一、环保并购谈判开局

1. 融洽气氛

环保并购谈判气氛各不相同，与谈判内容、形式、地点相关。其一，友好、热烈、积极的谈判。双方互谅互让，通过共同努力，使双方的需要都能得到满足，签订的协议皆大欢喜，从而使谈判变得轻松愉快。其二，紧张、冷淡、对立的谈判。双方抱着尽可能签订一个使自己的利益最大化的协议的态度，寸土不让、寸利必夺，使谈判困难重重。其三，严谨、平静、严肃的谈判。其四，慢腾、松垮、持久的谈判。其五，介于上述四种气氛之间的谈判。

环保并购谈判伊始，由双方谈判人员相互介绍、寒暄，形成谈判气氛。在谈判开局阶段，谈判人员的任务之一就是要为谈判建立一个合适的气氛，为以后各阶段的谈判打下良好的基础。

2. 意见交换

环保并购谈判人员在谈判正式开始前的几分钟，通过愉快的、非业务性的话题，融洽气氛，然后自然交换本次谈判意见，随后正式开始谈判。双方能否很好地交换意见，直接影响到已经建立起来的谈判气氛，而且决定着后续谈判能否顺利进行。因此，探讨交换意见策略非常必要和重要。

3. 开场陈述

环保并购谈判开场陈述具有陈述各方立场、探测对方意图的目的。开场陈述应把握陈述的内容、方式以及对方的反应。开场陈述的内容是指双方谈判人员要明白无误地阐述己方的立场和观点，不要产生歧义。己方开场陈述内容有：本次会谈应涉及的问题；希望通过洽谈所取得的利益，阐明哪些方面对己方来说至关重要；可以采取何种方式为双方获得共同利益做出贡献；阐明双方以前合作的成果，己方在对方所享有的信誉，今后双方合作可能出现的机会和障碍等。

4. 实质性阶段

环保并购谈判的实质性阶段是指谈判双方依据所提出的交易条件进行广泛磋商的阶段。谈判双方通过对交易条件的讨价还价，从分歧、对立、差距到协调一致，开始真正地根据对方在谈判中的响应来不断调整各自的策略，信息逐渐公开，筹码不断变化，障碍逐渐清除，努力走向成交的过程。能否把握好这一阶段、对达到预期的目标、取得谈判的成功起着决定性的作用。

二、环保并购谈判识别真伪

环保并购谈判行为是一项很复杂的人类交际行为，寻求合作的前提是双方必须按一个互相均能接受的规则行事，要求谈判者应以真实身份出现在谈判行为的每一个环节中，去赢得对方的信赖，把谈判活动完成下去。但是由于谈判行为本身所具有的利己性、复杂性，谈判者很可能以假身份掩护自己、迷惑对手，取得胜利，这就使得本来就很复杂的谈判行为变得更真假相参，难以识别。

1. 真真假假

环保并购谈判行为是一个寻求互相合作的过程，双方都应该抱有诚意而来，否则谈判行为没必要也不可能实现。一些老练的谈判对手会利用你在真诚面前的脆弱心理承受能力，假意逢迎迷惑你。这种貌似对方顺从己意，实则是假意逢迎，利用对你的自尊心理的满足，滋长你的虚荣，在不给你任何实惠的口惠掩藏下，实现他的目的。在谈判中我们应提高警惕，不能被表面的虚情假意迷惑而损害自己的利益。

2. 声东击西

在环保并购谈判对策中声东击西、示假隐真也是谈判者惯用的技巧。谈判是富有竞争性的合作。虽然不是你死我活、你输我赢，但是谈判也决不是找朋友、推心置腹。谈判虽然遵循互利互惠的原则，但双方皆赢的利益结果很难对等。在这种双方赢的游戏中，允许双方施展谋略，寻获更多利益。

3. 将计就计

环保并购谈判是一种双方信息的交流，更多地掌握对方的谈判信息，就能在谈判中占据主动。获取、搜集、识别对方的信息是一项重要的谈判工作。因此，相对应地要求谈判各方重视对自己的有关谈判信息采取严加保密措施。有时，不能时时、处处、不分有无效用地死守情报，而是灵活地将计就计活用情报。适当的"泄密"就是一种巧用情报的谈判策略。对于假情报的泄露要不让对手察觉，过于轻易地被对方获得反会令其怀疑，所以有时不妨故设障碍，又及时放行，吊其胃口，诱敌深入。

三、环保并购谈判签约

当环保并购谈判到了快成交的阶段时，为了使其能圆满结束，选择结束谈判的方式至关重要。整个谈判的结束有两种可能，一种是谈判破裂，一种是达成协议而成交。当谈判成交时，双方应及时握手以结束谈判。但在握手时，主谈人应对所有达成一致的问题加以清理，以防止遗漏，为最后的签约做好准备。最后，应将所有谈判的结果形成文字，包括技术附件和合同文本，并约定好签约的时间和方式等具体操作性问题。

四、逸闻轶事——谈判以诚

周敦颐是北宋哲学家，理学奠基者。字茂叔，道州营道（今湖南道县）人，后人称其为濂溪先生。主要哲学著作有《太极图说》、《通书》等。

周敦颐继承和发展了儒家思想，依托道士陈抟的《先天图》而作《太极图说》，提出一个系统的宇宙构成论。他认为"无极而太极""太极"一动一静，产生阴阳万物，"万物生生变化无穷焉，惟人也得其秀而最灵"（《太极图说》），圣人又模仿"太极"建立"人极"。"人极"即"诚"，认为"诚"是由"太极"派生出来的阳气的体现，是"纯粹至善"的，因而以"诚"为内容的人类本然之性亦是完善的。他宣传"诚"是"五常之本，百行之源"，是道德的最高境界，进而提出"主静""无欲"的道德修养论，认为人们只要通过学习和修养，就能够"自易其恶，恢复善性"，使自己的一切言行都不违背封建的仁义礼智。他提出的太极、理、气、性、命等，成为宋明理学的基本范畴。

市场开发人员在进行环保并购时，一定得秉持诚信第一，千万不能忽悠，否则，最后项目很难搞成，而且在业界也会坏了口碑。

第三节　环保并购谈判策略

环保并购谈判的原则：客观性原则、求同存异原则、公平竞争原则、妥协互补原则、依法谈判原则。掌握谈判议程，合理分配各议题的时间；注意谈判氛围；避实就虚；尽量让对方先提意见；谈判中密切注意对方的言语、神情动态；针对对方的立论、依据，尽量利用己方所准备的资料中已有的证据反驳；谈判中不要一开始就将标底和盘托出；适时运用回避手段；要对对方表示友善，使对方熟悉和信任自己；更多地强调双方利益的一致性。

一、充分准备

环保并购谈判的目的是要达成双赢方案。谈判开局要占据有利位置或战略性位置。如果谈判桌上多留几个问题，你总能找到交换条件达成公平交易。不能得寸进尺，过于贪婪。在谈判中不要捞尽所有好处，要留点好处给对方，让其也有谈判赢了的感觉。谈判行为是一项很复杂的人类交际行为，它伴随着谈判者的言语互动、行为互动和心理互动等多方面的、多维度的错综交往。

环保并购谈判要以诚相待，谨慎沟通。以诚恳的态度参加谈判，能够很快取得对方的信任，有助于达成协议。任何谈判对手在诚恳的态度面前，其心理防卫都会或多或少地有所放松。因此，诚恳的态度又是一种心理战的武器，也是道义上的需要。

确定环保并购谈判态度。根据谈判对象与谈判结果的重要程度来决定谈判时所要采取的态度。如果谈判对象对己方很重要，比如长期合作的大客户，而此次谈判的内容与结果对己方并非很重要，那么就可以抱有让步的心态进行谈判，即在己方没有太大损失与影响的情况下满足对方，这样对于以后的合作会更加有利。如果谈判对象和谈判结果对己方都很重要，那么就要持一种友好合作的心态，尽可能达到双赢，将双方的矛盾转向第三方，比如市场区域的划分出现矛盾，可以建议双方一起或协助对方去开发新的市场，扩大区域面积，将谈判的对立竞争转化为携手合作。如果谈判对象对己方不重要，但谈判结果对己方非常重要，那么就要以积极竞争的态度参与谈判，不用考虑谈判对手，完全以最佳谈判结果为导向。

充分了解环保并购谈判对手。知己知彼，百战不殆。在商务谈判中这一点尤为重要，对对手了解得越多，越能把握谈判的主动权，了解对手时不仅要了解对方的谈判目的、心理底线等，还要了解对方公司经营情况、行业情况、谈判人员的性格、对方公司的文化、谈判对手的习惯与禁忌等。这样可以避免很多因文化、生活习惯等方面的矛盾，对谈判产生额外的障碍。同时还有一个非常重要的因素需要了解并掌握，那就是其他竞争对手的情况。

二、环保并购谈判人员组成

对参加环保并购谈判的人员要做出周密的安排和准备。通过对双方的目的分析和能否达成协议的可行性分析，决定是否举行、何时举行谈判；对谈判对手进行分析，包括对手的实力、薄弱环节和谈判的能力等，以决定己方的谈判人选，并做好应付对手的各种准备。在此基础上，修改完善谈判方案，确定一个具体方案。

三、环保并购谈判替代方案

一个绝佳的替代方案可以提升环保并购谈判地位，因为有了足够的选择余地，在一些敏感问题上面可以坚持己方的主选方案，若双方仍未能达成共识，也可以选择替代方案，这样不会对己方造成实质性的影响。在环保并购谈判中，特别有价值的信息是什么？是对方的最佳替代方案。我们的最佳替代方案可以给我们掌控力、底气，毕竟如果谈判的结果不如此方案，我们可以放弃谈判，采用此方案，对方也如此。可以说，最佳替代方案就是最后的底牌。在很多失败的环保并购谈判中，究其原因多是替代方案不利或没有备选方案，在双方争执不下的时候，没有其他的解决方案，从而使谈判进入僵局最终走向单赢。

四、了解对方心理

环保并购谈判最主要的是要了解对方的心理活动，所谓"知己知彼，百战不殆"。谈判者的心理活动内容是由谈判者的认识、水平、修养等自身素质所决定的，谈判中的心理变化也就成为谈判者态度的演变标记。因此，在环保并购谈判时就要求谈判者注意对方的心理活动过程，以调整谈判对策，及时引导谈判进程或保护谈判立场。

五、积极倾听

环保并购谈判要积极倾听的基本规则：让对方多说话；不打断对方的言语；经常点头并给出简短的评论；重复短语和使用镜像模仿技巧等。倾听是一个好办法，无论是社交还是谈生意，我们应该尽量避免提及自己最喜欢的话题，这样就不会说太多话。多问问题，人们乐于谈论他们自己，如果你谈论他们，对方就会认为你是个健谈的人。

六、竞争局面

在环保并购谈判过程中，将对手置于竞争局面下，让对手知道还有其他竞争对手接洽，使其感受到心理压力，顾忌竞争对手，甚至要向己方让步，使其谈判实力相应地下降。高明的谈判者经常会在谈判场上利用这一招。实际上，让对方感觉到压力的竞争局面并不一定是真的，也有可能是谈判者故意制造出来的假象，但这却是有效的谈判策略。

七、有限授权

环保并购谈判有限授权就是在谈判中留后路。比如谈判谈到最后说，今天达成了这个协议，但在真正生效之前，我们还要经过审核批准，否则会被对方揪住尾巴，造成己方的被动局面。

八、有条件让步

环保并购谈判中不能白白让步，你做出的每一步退让都要换来对方相应的妥协。最有价值的，也最容易达成的妥协往往达成于对双方价值不相等的资源上。这个资源对己方非常重要，但对对方而言可能无足轻重。

九、心理应对

在进行环保并购谈判时应控制自身的情绪和态度，不为对方偏激的情绪及语言左右。让对方的情绪保持冷静，消除双方之间的不信任和敌意感。多与对方寻找共同点，致力于解决双方共同面临的问题。在谈判过程中，让对方保住面子。让对方理解相互协调、相互合作是成功的最善之策。

环保并购谈判策略总结见表 7-1。

环保并购谈判策略   表 7-1

序号	策略类别	内容	点评
1	红白脸	红白脸策略也被称为"好坏警察策略"，因为警察在审讯时最常使用这种心理战术："如果你把真实的信息告诉我，我可以向你保证我同事会放过你，放弃他原来想要起诉你的计划"。 从上面可以看出，这一策略中，谈判中的某一方通常有两个人，一个比较和善、好说话，而另外一个则表现得咄咄逼人、寸土不让，一段谈判之后，表现强硬的人会愤然离席，剩下和善的人就会说："如果您能够同意这一点，那么我有把握说服搭档接受您的条件"。 也有很多家庭在教育孩子方面采用这种策略，为了使孩子"好好吃饭""认真学习""刻苦锻炼"等，父母双方以分别扮演"红脸""白脸"的方式，达到教育的目的	能推断出对方真正愿意给到的条件，并得到关于对方谈判定位的真实信息
2	高权威	"我很愿意答应您，但我们的委员会不肯在这项协议上签字，除非您向我们做出其他方面的补偿。"或者："我无法说服我的领导层接受这项要求。" 这便是"高权威策略"，通常来讲，该策略中所谓的高权威往往指一组决策制定者，比如董事会、委员会、主席团等。可能很多人会觉得这样做会显得自己没有能力当场做出一个合适的决定，在必要的情况下，他们必须拥有更多的智囊团可供使用，扮演坏人的一方永远都是公司的委员会或者董事会，是具有最高权力的人。在使用高权威策略时，不要使用公司中具体某个人的姓名，因为这可能会给对方提示，他们要直接跟公司这位说了算的人谈。 "高权威策略"与"红白脸策略"常结合使用，以便得到对方的谈判让步。以自然流畅的方式表达："我真的很愿意为您争取，但领导层不允许，您能否帮个忙，做出一些让步，好让我能说服他们，通过严格的审查程序？"	利用类似董事会等作为挡箭牌，增加了己方的回旋余地
3	大智若愚	该策略也被称作"神探科伦坡策略"，简言之就是装作听不懂策略，目的是为了让对方再次解释自己提出的问题。适用于你认为对方没有将全部实情告诉你，或者你想要对事实真相查根问底的情况	故作不懂，进一步试探
4	沉默是金	沉默是金策略非常常见和重要。与对方分享根本目标或建议选项后，大家可能变得沉默无声，场面尴尬不安。试着微笑，保持眼神接触，等待。对方正在消化或考虑响应。应该鼓励他们尽快说出想法，此时可能会泄露重要信息	艺术的最高境界是留白

续表

序号	策略类别	内容	点评
5	观察员	在谈判时随行携带观察员，观察对方肢体语言、表情等，观察局势发展以及整体情况。并在休会暂停时告诉你他认为对方下一步可能会采取的行动，并给出针对性的建议或意见。 谈判桌上，我们想要在讨论、交易、争论的同时，做到观察对方的肢体语言是非常难的，观察员的作用便非常重要了。这种策略多用在重大商务、政治等谈判场中	专业的人做专业的事
6	软化	政府部门经常采用软化策略，他们往往会提前泄露一些信息，用以观察公众对此做出的反应，并决定下一步如何更好地实行计划。 当有一些坏消息（如提高定价、更改合同条款、关闭某项设施等）要告诉对方时，明智的做法是告诉大家，由于某种原因，有一些不好的事情即将发生，你不确定即将发生的坏事是什么，但你正在观察局势，并将在某一特定日期前告知人们。这样一来，对方就会提前做好心理准备应对坏消息所造成的不确定性，并想要在尽可能短的时间内知道真相。 这样做的好处是，当后面真的发生不好的事情时，对方便不会觉得太过惊讶，有趣的是他们往往还会惊讶地发觉，这情况没有心理预期中的更不好。 在心理学上，这样做的效果就是为了避免惊讶元素，不至于引起对方的过度反应	放风试探，让人心理有备
7	搁置争议	要想做成事情或达成协议，是需要一定的势头的。如果谈判陷入对某一问题的争执而不能继续进行，谈判节奏势必会被拖慢，势头消失。这时高明的做法是先去解决那些双方能够达成一致的问题，存在分歧的问题先搁置一边，稍后再来讨论。 如果谈判到最后十个问题里有八个达成了一致，只剩下两个问题存有分歧，谈判就是非常高效了。这时候你可以说："如果我们在这个问题上让步，您能在另一个问题上让步吗？"	事缓则圆
8	三种选择	使用"3"这个数字的力量，让对方在你所提供的三个选项中作出最优选择。 你可以将这三个选项比作黄金、白银、青铜。一般来说，人们发现最好的选项排列方式是把最具有吸引力的放在第二位，最昂贵的放在第一位。这样可以将对方印象中的定价在一开始直接锚定在较高位置，看到第二个选项时，对比原则就会发挥效用，第三个选项虽然更加便宜，但没有附加条款和额外赠送服务，也少了很多的选择空间，因此对方可能并不会想要选第三项	喜欢选择题乃人性使然
9	时间	人们在时间紧迫时，往往更容易妥协。一般情况下，谈判中 80% 的让步与妥协都是在最后 20% 的时间内产生的。所以谈判中一定要确保对时间的掌控，这样才能够不因时间限制而受到压制。 当想要考虑对方提出的条件或感到谈判陷入停滞时，不要害怕提出休息一下的要求。这种休息通常被叫作谈判暂停、休会或"包间密谈"。 谈判期间暂停休会一共有三重好处：一是赢得思考时间。当面临各种压力的时候，人们往往难以或不能够理智且有创造性地思考。二是跳出当局者迷的情绪状态。暂停休会能让谈判双方冷静下来，重新把思路拉回到共同达成目标上来。换句话说，就是把人（情绪）和事（解决办法）分离开来。三是可以集思广益。休息时间可以与同事讨论，分析当前局势，给出不同的角度与观点，达成更优的合作	关键时刻，善打时间差

十、逸闻轶事——炉火纯青

谈判因情境而为。

据《史记》记载，约在晋武公十九年（公元前 697 年），重耳出生，他是晋献公和狐姬之子。狐偃是他舅父，品德高尚，才华出众。多灾多难中，狐偃等人追随重耳一起流亡到翟国，翟国也是狐偃的祖国。然后，又流浪到齐国，齐桓公厚礼招待重耳，并把同家族的一个少女齐姜嫁给了他，陪送二十辆驷马车，重耳在此感到很满足，在齐国过上了安逸的生活。

晋惠公八年（公元前 643 年），齐桓公去世，竖刁等人发起内乱，而后齐孝公即位，诸侯的军队多次来侵犯，齐国内忧外患霸权不再。重耳在齐国住了五年，爱恋在齐国娶的妻子，慢慢忘记了自己的鸿鹄大志，也没有离开齐国的意思。有一天赵衰、狐偃在一棵桑树下商量如何离开齐国之事，齐姜的侍女在桑树上听到他们的密谈，回屋偷偷告诉了齐姜。齐姜竟把此侍女杀死，劝告重耳赶快离开齐国。重耳说："人生来就是为了寻求安逸享乐的，管其他的事干嘛，我不走，死也要死在齐国。"齐姜说："您是一国的公子，走投无路才来到这里，您的这些随从把您当作他们的生命。您不赶快回国，报答劳苦的臣子，却贪恋女色，我为你感到羞耻。况且，现在你再不去追求，何时才能成功呢?"她就和赵衰等人用计灌醉了重耳，用车载着他离开了齐国。走了很长的一段路重耳才醒来，一弄清事情的真相，重耳大怒，拿起戈来要杀舅舅狐偃。狐偃说："如果杀了我就能成就你，我情愿去死。"重耳说："事情要是不能成功，我就吃你的肉。"狐偃笑说："事情不能成功，我的肉又腥又臊，怎么值得你吃!"于是重耳平息了怒气，继续前行。

晋惠公十四年（公元前 637 年）九月，晋惠公薨逝，太子圉继位，是为晋怀公。晋怀公即位后害怕秦国讨伐，就下令跟随重耳逃亡的人都必须按期归晋，逾期者杀死整个家族，因为舅舅狐偃与狐毛都跟随着重耳没有回国，晋怀公杀死了重耳的外公狐突。十一月，晋安葬了晋惠公。

晋文公元年（公元前 636 年）春天，秦国护送重耳到达黄河岸边。面对重耳即将登上大位，狐偃说："我跟随您周游天下，有太多的过错，我自己都知道，我请求现在离去吧。"重耳说："如果我回到晋后，有不与您同心的，请河伯作证!"于是，重耳就把璧玉扔到黄河中，与狐偃明誓。后来，晋文公回国即位，推举贤良，封狐偃为相。狐偃也不负所望，做出了更大的成绩。

对于风云变幻中的环保并购人士来说，狐偃的行为给我们的启示还是非常多的。他能在关键时刻适时表达自己的想法，让晋文公表态，以解决自己的后顾之忧。这也正是谈判高手运用谈判技巧的炉火纯青之处。

第八章　环保并购中特许经营权

第 一 节　特 许 经 营 权

一、什么是特许经营权

1. 由来

特许经营是指一方授予另一方一项（或多项）特许权，由被许可方按照双方达成的特许经营协议开展经营活动，从而实现特许方和被许可方各自或共同目的之活动。特许经营根据主体的不同，可分为商业特许经营和政府特许经营两类，前者为私法领域中平等主体之间的商业行为，是营销商品和服务的方式，主要为实现经济利益；后者是指政府授权特定主体实施特定的经营活动，以实现政府行政管理、福利社会和特许经营者获利多重目标。我国的特许经营主要应用于基础设施和公用事业领域，通常由政府通过公开竞争等法定程序将对公众服务和福利社会的事项授权特定主体经营管理并受益。特许经营权是我国经济法和知识产权法中的概念，是由无形资产而延伸出来的一项权利，第三人因有当事人的授权享有当事人对无形资产的使用、收益、处分的民事权利。

2. 定义

住房和城乡建设部对市政公用事业特许经营的定义：市政公用事业特许经营，是指政府按照有关法律、法规规定，通过市场竞争机制选择市政公用事业投资者或经营者，明确其在一定期限和范围内经营某项市政公用事业产品或提供某项服务的制度。包括：电力供应、高速公路经营权、交通及城市公交线路经营权、自来水和民航经营权等。属于政府机构许可的特许经营权。我国《基础设施和公用事业特许经营管理办法》（2015 年六部委 25 号令）第三条对特许经营的定义是"政府采用竞争方式依法授权中华人民共和国境内外的法人或者其他组织，通过协议明确权利义务和风险分担，约定其在一定期限和范围内投资建设运营基础设施和公用事业并获得收益，提供公共产品或者公共服务"。

商务部对商业特许经营的定义：商业特许经营是指通过签订合同，特许人将有权授予他人使用的商标、商号、经营模式等经营资源，授予被特许人使用；被特许人按照合同约定在统一经营体系下从事经营活动，并向特许人支付特许经营费。特许经营的合同期限一般不少于三年，其包括：麦当劳、肯德基、家乐福等。属于企业契约关系的特许权（目前典型形式）。

国际特许经营协会对特许经营的定义：特许经营是特许人和受许人之间的契约关系，对受许人经营领域、经营诀窍和培训，特许人有义务提供或保持持续的兴趣；受许人的经营是在由特许人所有的控制下的一个共同标记、经营模式和（或）过程之下进行的，并且受许人从自己的资源中对其业务进行投资。

3. 本质

特许经营是以特许经营权的转让为核心的一种经营方式，包含三个方面：特许经营是利用自己的专有技术与他人的资本相结合，来扩张经营规模的一种商业发展模式。它是技术和品牌的价值的扩张，而不是资本的扩张。是以经营管理权控制所有权的一种组织方式，被特许者投资特许加盟店而对店铺拥有所有权，但该店铺的最终管理权由特许者掌握。

4. 分类

按特许权要素的不同组合可以将特许经营划分为生产特许、产品－商标特许和经营模式特许三大类型。

生产特许是指受许人投资建厂或通过 OEM（贴牌生产）的方式，使用特许人的商标/标志、专利技术、设计和生产标准来加工或制造取得特许权的产品，然后向经销商或零售商出售，受许人不与产品的最终客户（消费者）直接交易的特许经营类型。典型的案例包括可口可乐灌装厂、耐克运动服装的生产等。生产特许的基本特征：授权的内容以商标/标志、专利技术、特种工艺等知识产权为主，同时加上产品的分销权及特许人许可的其他专属权利。特许人一般都是产品专利或强势品牌的拥有者，对受许人产品的生产组织、工艺流程以及产品的分销价格拥有较高的统一要求。同时，特许人有权过问受许人对产品的广告宣传及推销方法。受许人有义务维护特许人的商标/标志、专利等不受侵犯。受许人获利主要依赖单件产品的生产利润和分销利润。

产品-商标特许是指受许人使用特许人的商标/标志和销售方法来批发或零售特许人产品的特许经营类型。此类特许经营在汽车、电子产品、快速消费品、石油产品等商品流通领域中被普遍采用，如大众汽车、商务通、中国石油加油站等。产品-商标特许的主要特征：授权的主要内容以产品商标/标志、产品销售方法和服务方法等知识产权为主，同时加上产品的分销权及特许人许可的其他专属权利。此类特许经营中维系特许人与受许人关系的重要纽带是产品供应和产品价格。受许人获利的主要来源是单件产品的进销差价。特许人一般都是将成品或半成品销售给受许人的产品制造商，对受许人产品的分销价格以及内部经营管理一般没有严格要求。受许人在其运作过程中仍保持其原有的商号，单一的或在销售其他商品的同时销售特许人生产并取得商标/标志所有权的产品。受许人在销售产品的同时，还负责向客户提供售前和售后服务，并有义务维护特许人的商标/标志等不受侵犯。

经营模式特许是指受许人完全按照特许人设计好的全套经营模式来开展经营活动的特许经营类型。典型案例包括麦当劳、肯德基和假日酒店等企业的特许经营。经营模式特许的主要特征：授权的主要内容是特许人设计好的一整套经营模式和产品的分销权以及特许人许可的其他专属权利。受许人获利虽与单件产品的进销差价有关，但更加依赖于特许人设计并提供的经营模式。特许人通常是那些拥有比较全面自主知识产权的企业，对受许人的内部运营管理、市场营销等方面实行统一管理，具有高度的控制力。受许人经营一家或多家门店，完全以特许人的形象在公众中出现，并直接向消费者提供有形商品的零售服务或提供其他无形服务。受许人不仅有义务维护特许人的商标/标志等知识产权不受侵犯，还有义务服从特许人的统一管理。

特许权按来源分为法定特许权（专营权、生产许可证、进出口许可证、资源性资产开采特许权）、约定特许权（独占许可、独家许可、普通许可）和政府特许权。特许经营按授予方式不同分为一般特许经营、委托特许经营、发展特许经营和复合特许经营。

二、特许经营活动的特点

1. 法律关系的复合性

特许经营的主体一方为政府，一方为社会资本。一方面，特许经营活动中的立项、审批、管理、绩效评价等具有典型的行政法律关系的特征；另一方面，其竞争性的采购选择、协议的可磋商性、经营的市场性特点，亦令特许经营活动具有另样的民商性。

2. 内容的特定性

特许经营的核心内容是特许人将特许经营权许可受许人使用，即授权潜在的受许人在一定期限内从事特定经营活动的权利，受许人须接受特许人的监督和必要的管控。

3. 社会公益性和公开性

特许经营的终极目的是实现最合理配置的社会价值和公共利益价值。

4. 合理收益性

特许人向受许人收取特许权使用费，特许人开展特许经营活动并享有法定和约定的收益权。

三、特许经营制度模式的价值

1. 市场化

特许经营针对的是禁止一般公众参与的基础设施和公用事业领域，改变由政府提供该类公共产品和服务的状况，通过引导社会资本参与基础设施和公用事业的建设运营，能够推动基础设施和公用事业领域的市场化，从而实现资源的优化配置，同时推动基础设施和公用事业领域项目运作的公平、公开。

2. 提高政府治理能力

政府在特许经营项目中主要肩负着对项目的监管和考核职责，以保障项目的公益性，但是对项目实施过程中的具体事务原则上应尽量减少参与，而是交由社会资本负责设计、建设、投资、融资、运营和维护等工作，这样有助于推动政府职能的转变，促进国家治理体系和治理能力的现代化。

3. 保障特许经营者收益

特许经营制度鼓励社会资本积极参与基础设施和公用事业领域，在发挥社会资本的专业技术和先进管理优势保障公共产品和服务质量的同时，能使其获得合理回报，从而实现互惠互利，有助于社会资本自身的进一步发展。

4. 提高公共产品和服务质量

特许经营项目由政府通过招标、竞争性谈判等竞争方式选择特许经营者，能够从潜在受许人中择优选出其最满意的特许经营者，从而保障公共产品和服务的最优价格和质量。

四、特许经营协议的内容

1. 一般内容

特许经营协议是特许人与受许人签订的确定彼此权利义务的合同，是特许经营活动开展的依据，一般会对如下事项进行约定：特许经营项目的名称、内容；特许经营方式、区域、范围和期限；是否需要设立项目公司，项目公司的设立事项；对所提供的产品或者服务的要求；项目资产归属及维护运营；特许人的监管和评估；项目收益取得及分配方式，定价调价机制；履约担保；风险分担机制；特许经营协议的变更、提前终止；特许经营期限届满后的处理；违约责任；争议解决方式等。

2. 公法的内容

特许经营协议中涉及行政权力运用的事项为公法即我国行政法上的内容，主要包括下列事项：对项目实施机构的授权；特许经营的许可（特许权的授予）和收回；项目立项审批；特许经营方式、区域、范围和期限的确定等。特许经营协议的履行阶段，公法的内容表现为：政府对项目的监督管理；提供产品或者服务的质量和标准的确定；政府承诺和保障；定价机制和收费标准的确定方法以及调整；强制性提前终止合作。

3. 私法的内容

在特许经营协议的磋商、订立和履行过程中，政府和社会资本可以通过平等协商共同确定私法上的内容，该类事项一般包括：项目名称、内容；项目公司的经营范围、注册资本及股东出资、股权转让等；设施权属，以及相应的维护和更新改造；项目投融资期限、方式、收益取得及分配方式；特许经营期内的风险分担；履约担保；违约责任；合同约定解除等；特许经营相关协议的争议解决，仲裁条款的约定等。特许经营协议终止后的补偿办法和程序为双方在合同中进行约定的事项，也属于私法上的内容。

五、特许经营协议的特点

从特许经营协议的订立过程、协议内容、目的和争议解决方式四个方面看，特许经营协议具有协商性、谈判性、经营性、获利性和仲裁性五个特点。

1. 协商性

从特许经营协议形成的过程和特许经营协议的内容看，特许经营协议具有可协商性。特许经营的基本原则之一是强化政府与社会资本协商合作，政府与社会资本通过平等协商就特许经营活动实施中的权利义务、风险、收益分配达成一致后，遵循诚实信用和等价有偿原则订立契约并履行。在特许经营协议中，除了选定社会资本进入关系公众利益特定领域时需要获取的行政授权之外，其他大部分事项，如项目融资、项目建设、风险分配、收益分配、违约责任、争议解决方式、协议的变更终止补偿等均是特许人和受许人可平等协商的事项。

2. 谈判性

特许经营项目是政府与社会资本旨在实现合作共赢的活动，对于政府凭借自身力量难以提供的公共产品或服务，特别授权社会资本进行特许经营以实现优质公共产品和服务，能够提高政府行政绩效和社会福利水平。社会资本参与到特许经营活动凭借的是自身的专业技术和先进的管理能力，政府对特许经营活动的开展提供必要的行政支持如授予排他性经营权，因此特许经营协议具有可谈判性，政府和社会资本凭借各自的优势，通过谈判逐步商定彼此满意的合作条件，从而建立合作共享、风险共担的合作关系。

3. 经营性

特许经营是特许经营协议的关键内容，无论特许经营项目采用何种运作方式，项目的可经营性是政府发起特许经营项目的前提，项目的运营收入是项目收益来源之一；政府授予的关键权利即是社会资本对项目的运营权和收益权。特许经营项目的运营期应当结合行业特点、所提供公共产品或服务需求、项目生命周期、投资回收期等因素综合确定，在我国最长不超过 30 年，但是对于投资规模大、回报周期长的部分项目可以根据项目实际情况，约定超过 30 年的特许经营期限。特许经营权的内容、特许经营履约担保、经营收费制度、调价制度、经营资产归属、经营排他性授权等与项目经营相关的内容需要由特许人和受许人在特许经营协议中具体约定。

4. 获利性

特许经营项目的参与方政府和特许经营者均可从项目获利，二者合作以实现各自追求的目标。特许经营项目具有经营内容，特许经营者可以通过项目运营获取一定的回报，如果项目运营收入不足以覆盖特许经营者的投资成本及合理回报，可由政府提供可行性缺口补助，或授予特许经营项目其他相关开发经营权益予以补足。

政府实施特许经营项目实为履行其行政管理职能，为公众提供良好的公共产品和服务，实现公共利益最大化和政府绩效水平的提升。

5. 仲裁性

公民之间、法人之间、其他组织之间以及他们相互之间因财产关系和人身关系可提起民事诉讼解决争议。合作方可在特许经营协议中约定仲裁方式解决争议：特许经营相关合同的民事效力争议；项目标的争议；项目公司股东出资方式、出资比例、股权转让等股东之间合作争议；设施建设、维护和更新改造争议；项目投融资期限和方式争议；收益分配争议；投标担保、履约担保等担保争议；风险分担争议；特许经营终止、解除、补偿争议；违约责任等其他不涉及行政权力运用的事项。

六、特许经营权的形式

在我国，特许经营又叫特许经营权，通常有两种形式：其一，由政府机构授权，准许特定企业使用公共财产，或在一定地区享有经营某种特许业务的权利，如准许航空公司在政府规定的航线上，利用国有的机场设施，经营客货运业务。其二，一家企业有期限地或永久地授予另一家企业使用其商标、商号、专利权、专有技术等专有权利，按照合同规定，在特许人统一的业务模式下从事经营活动，并向特许人支付相应费用。

特许权是一组权利，特许权组合的不同，就构成了不同类型的特许经营。特许权的价值测度对特许经营的实践具有重大指导意义，因为任何特许人都必须回答加盟金和权益金是如何计算出来的。特许权组合具有极高的知识构成，特许权的价值测度问题是特许经营行业的重大理论研究课题。对特许权组合的研究必将引导我们把特许经营行业与当今最前沿的知识经济、知识管理等学科建立起最紧密的联系。依据知识经济的理论，任何企业在为消费者提供产品和服务的同时，也在创造知识。从这个意义上讲，特许权的开发过程就是一个知识商品的生产过程，特许经营企业就是一个从事知识商品的生产、销售和使用的企业。

七、特许经营的优劣势

1. 优势

特许经营已有一百多年的发展历史，它所取得的成功已为世人瞩目。近几年，特许经营在我国也有巨大发展。这一分销方式之所以长盛不衰，有其经营优势。

特许经营受权者利用特许经营实行大规模的低成本扩张。对于特许经营受权者来说，借助特许经营的形式，可以获得如下优势：能够在实行集中控制的同时保持较小的规模，既可赚取合理利润，又不涉及高资本风险，更不必兼顾加盟商的日常琐事。由于加盟店对所属地区有较深入的了解，往往更容易发掘出企业尚没有涉及的业务范围。由于特许经营受权者不需要参与加盟者的员工管理工作，因而本身所必需处理的员工问题相对较少。特许经营受权者不拥有加盟商的资产，保障资产安全的责任完全落在资产所有人的身上，被特许经营者不必承担相关责任。从事制造业或批发业的可以借助特许经营建立分销网络，确保产品的市场开拓。

加盟商借助特许经营"扩印底版"。有人形象地把加盟特许经营比喻成"扩印底版"，即借助被特许经营受权者的商标、特殊技能、经营模式来反复利用，并借此扩大规模。可以享受现成的商誉和品牌。加盟商由于承袭了被特许经营受权者的商誉，在开业、创业阶段就拥有了良好的形象，使许多工作得以顺利开展。否则，借助于强大的广告攻势来树立形象是一大笔开支。避免市场风险。对于缺乏市场经营的投资者来说，面对激烈的市场竞争环境，往往处于劣势。投资一家业绩良好且有实力的被特许经营受权者，借助其品牌形象、管理模式以及其他支持系统，其风险大大降低。分享规模效益。这些规模效益包括：采购规模效益、广告规模效益、经营规模效益、技术开发规模效益等。获取多方面支持。加盟商可从被特许经营受权者处获得多方面的支持，如培训、选择地址、资金融通、市场分析、统一广告、技术转让等。

特许经营因其管理优势而受到消费者欢迎。特许经营成功发展的另一个原因就是准确定位。由于能准确定位，使企业目标市场选择准确，能围绕目标市场进行营销策略组合，并能及时了解目标市场的变化，使企业的产品和服务走在时代前列。

2. 劣势

正是由于特许本身，使得加盟商得到了一套完善的、严谨的经营体系。可是，正因如此，加盟商很难改变这种经营模式来适应市场的、政策的各种变化。另外，由于各个地区消费者的需求不同，特许经营很难在任何地方都能保持持续的优势。对消费者来说，加盟商频繁变更给他们带来的是疑惑，造成了特许经营受权者、现任加盟商和以往加盟商之间的责任不清，相互推脱责任。特许经营只能专注于某一个领域，而不可能在各个市场都取得战略性的胜利。

八、逸闻轶事——大海方向

在历史长河中，闪耀着无数的政治明星，其中，甘罗十二岁拜相，姜子牙七十多岁出山，如果把姜子牙比作前浪，那么，甘罗这个后浪实在是太厉害了！

不管前浪还是后浪，有抱负的，都会义无反顾，飞越高山，指向大海的方向。

下面是《史记》中关于甘罗的故事。

甘罗是甘茂的孙子。甘茂死去的时候，甘罗才十二岁，侍奉秦国丞相文信侯吕不韦。

秦始皇派刚成君蔡泽到燕国，三年后燕国国君喜派太子丹到秦国作人质。秦国准备派张唐去辅助燕国，打算跟燕国一起进攻赵国来扩张河间一带的领地。张唐对文信侯说："我曾经为昭王进攻过赵国，因此赵国怨恨我，曾称言说：'能够逮住张唐的人，就赏给他方圆百里的土地。'现在去燕国必定要经过赵国，我不能前往。"文信侯听了怏怏不乐，可是没有什么办法勉强他去。

甘罗说："君侯您为什么闷闷不乐？"文信侯说："我让刚成君蔡泽奉事燕国三年，燕太子丹已经来秦国作人质了，我亲自告诉张卿去燕国任相，可是他不愿意去。"甘罗说："请允许我说服他去燕国。"文信侯呵斥说："快走开！我亲自请他去，他都不愿意，你怎么能让他去？"甘罗说："项橐七岁就作了孔子的老师。如今，我已经满十二岁了，您还是让我试一试。何必这么急着呵斥我呢？"于是文信侯就同意了。

甘罗去拜见张卿说："您的功劳与武安君白起相比，谁的功劳大？"张卿说："武安君在南面挫败强大的楚国，在北面施威震慑燕、赵两国，战而能胜，攻而必克，夺城取邑，不计其数，我的功劳可比不上他。"甘罗又说："应侯范雎在秦国任丞相时与现在的文信侯相比，谁的权力大？"张卿说："应侯不如文信侯的权力大。"甘罗进而说："您确实明了应侯不如文信侯的权力大吗?"张卿说:"确实明了这一点。"甘罗接着说:"应侯打算攻打赵国,武安君故意让他为难,结果武安君刚离开咸阳七里地就死在杜邮。如今文信侯亲自请您去燕国任相而您执意不肯,我不知您要死在什么地方了。"张唐说:"那就依着你这个童子的意见前往燕国吧。"于是让人整治行装,准备上路。行期已经确定,甘罗便对文信侯说:"借给我五辆马车,请允许我为张唐赴燕先到赵国打个招呼。"

文信侯就进宫把甘罗的请求报告给秦始皇说:"过去的甘茂有个孙子甘罗,年纪很轻,然而是著名门第的子孙,所以诸侯们都有所闻。最近,张唐想要推托有病不愿意去燕国,甘罗说服了他,使他毅然前往。现在甘罗愿意先到赵国把张唐的事通报一声,请答应派他去。"

秦始皇召见了甘罗,就派他去赵国。

赵襄王到郊外远迎甘罗。甘罗劝说赵王,问道:"大王听说燕太子丹到秦国作人质了吗?"赵王回答说:"听说这件事了。"甘罗又问道:"听说张唐要到燕国任相了吗?"赵王回答说:"听说了。"甘罗接着说:"燕太子丹到秦国来,说明燕国不欺骗秦国。张唐到燕国任相,表明秦国不欺骗燕国。燕、秦两国互不相欺,没有别的缘故,就是要攻打赵国来扩大自己在河间一带的领地。大王不如先送给我五座城邑来扩大秦国在河间的领地,我请求秦王送回燕太子,再帮助强大的赵国攻打弱小的燕国。"

赵王立即亲自划出五座城邑来扩大秦国在河间的领地。秦国送回燕太子,赵国有恃无恐便进攻燕国,结果得到上谷三十座城邑,让秦国占有其中的十一座。

甘罗回来后把情况报告了秦王,秦王于是封赏甘罗让他做了上卿,又把原来甘茂的田地房宅赐给了甘罗。

太史公说:甘罗年纪很轻,然而献出一条妙计,名垂后世。虽然他算不上品行忠厚的君子,但也是战国时代名副其实的谋士。须知,当秦国强盛起来的时候,天下特别时兴权变谋诈之术呢!

第二节 特许经营权管理

一、目的依据

为充分运用市场竞争机制配置公共资源,营造公开、公平、公正的市场环境,保障社会公共利益、公共安全和特许经营者的合法权益,根据《中华人民共和国行政许可法》等法律法规,结合各地实际,制定相应管理办法。管理办法中所称政府特许经营权,简称特许经营权,是指经特定程序而获得的对有限自然资源开发利用、公共资源配置以及直接关系公共利益的特定行业的市场准入权。

二、适用范围和事权划分

适用于属地市行政区域内特许经营权的出让、经营和管理。直接关系公共利益、涉及公共资源配置和有限自然资源开发利用的项目,可以实施特许经营:城市供水、供气、供热;污水处理、垃圾处理;城市轨道交通和其他公共交通;法律、法规、规章规定的其他项目。

市行政区域内特许经营权实行全市统筹和市与区（市）县两级人民政府分级管理的原则。特许经营权的授予主体是市或区（市）县人民政府。

三、决策管理机构

市人民政府设立特许经营权管理委员会（简称市特许委），负责特许经营权出让的决策和管理，代表市人民政府审批行业主管部门上报的特许经营权出让方案（简称出让方案）和《特许经营权出让合同》（简称《特许经营合同》）。

市特许委办公室（简称市特许办）设在市发展改革委，主要职责是：拟订全市特许经营权的政策，编制全市特许经营权年度出让计划；组织对涉及全市经济社会发展全局和重大民生事项的特许经营权出让项目进行听证；组织相关部门和专家对行业主管部门提交的出让方案进行评审；指导和协调全市特许经营权出让的实施工作，依法监督出让程序、检查《特许经营合同》签订和履行情况；处理市特许委的日常工作，向市人民政府提交年度特许经营监督检查报告。

四、执行机构

市建设、交通、能源、水务、环保、城管、旅游、民政、公安、林业和园林等有关行业主管部门（简称行业主管部门）依据市人民政府的授权，负责事权范围内特许经营权的具体管理工作，主要职责是：编制事权范围内特许经营项目的年度出让计划；依照程序组织实施事权范围内的特许经营权出让工作，并保存特许经营项目档案；建立特许经营项目评估制度，制定公共产品和服务质量评价标准；监督特许经营者履行法定义务和《特许经营合同》约定的义务；监督特许经营者的经营计划实施情况、公共产品和服务的质量以及安全生产情况；建立公众参与机制，受理公众对特许经营者的投诉，依法及时查处违法行为；制定临时接管应急预案，在危及或者可能危及公共利益、公共安全等紧急状态下，临时接管特许经营项目；协助相关部门核算特许经营者的成本，提出价格调整意见；保守特许经营权管理工作中知悉的商业秘密和技术秘密。

市国资、财政、价格、工商、审计、监察等有关行政主管部门按照各自的职责，对特许经营活动进行监督管理。

五、经营形式和期限

特许经营可以采取下列形式：在一定期限内，将项目的投资建设和经营权授予法人或者其他组织，期满后无偿移交给授予其特许经营权的人民政府，经营期限最长不超过 30 年；在一定期限内，将已建成项目的经营权授予法人或者其他组织，期满后无偿移交给授予其特许经营权的人民政府，经营期限最长不超过 30 年；在一定期限内，委托公民、法人或者其他组织提供公共产品和服务，经营期限最长不超过 8 年。

六、期满后的处理

特许经营期限届满，除法律、法规、规章另有规定外，行业主管部门应当按照相关办法规定的程序组织招标、拍卖或网络竞价，重新确定特许经营者。特许经营者的重新确定应当于特许经营期限届满 6 个月前完成。原特许经营者在特许经营期内提供了符合《特许经营合同》约定或者法律法规、国家标准、行业标准规定的公共产品和服务的，在同等条件下享有优先受让权。

七、出让程序

1. 编制年度出让计划

行业主管部门根据市委、市政府有关发展战略和行业发展规划，提出行业年度特许经营权出让建议计划，经市发展改革委汇总平衡后编制全市年度特许经营权出让计划，纳入全市年度经济和社会发展计划。

2. 编制和报审出让方案

行业主管部门按照年度特许经营权出让计划编制出让方案和说明，并将出让方案正式上报市特许办，由市特许办组织相关部门和专家对方案进行论证，经行业主管部门修改完善后报市特许委审批。

3. 组织听证

对依法需要进行听证的特许经营权出让项目，关系全市经济社会发展全局和重大民生的事项，涉及申请人或者他人重大利益、申请人或者利害关系人申请听证的事项以及市特许办认为应当进行听证的特许经营权出让项目，由市特许办组织听证，同时将听证结果报市特许委，作为审定方案的参考。

4. 审定和实施出让方案

市特许委通过召开会议、征求意见、会签等方式审定出让方案；行业主管部门根据批准的出让方案和授权，按照相关办法组织出让工作。

5. 选择经营主体

行业主管部门依法通过招标、拍卖、网络竞价等方式，公开、公平、公正地选择特许经营权授予对象，并将选择结果向社会公示，接受社会监督。

6. 签订合同和备案

公示期满无异议，由行业主管部门与特许经营权授予对象签订《特许经营合同》；行业主管部门应当在《特许经营合同》签订后 30 日内，将合同文本报市特许办备案。

八、出让方式

特许经营权出让应当遵守法律、法规、规章的相关规定，通过招标、拍卖、网络竞价等公开竞价方式进行。对市场化条件尚不成熟或者因客观条件限制难以通过招标、拍卖、网络竞价等公开竞价方式进行出让的特许经营项目，行业主管部门应当在出让方案中充分说明理由，经市特许委批准后，可以采用挂牌、邀请发价、直接磋商等竞争性谈判方式出让。行业主管部门应当组织相关部门和专家组成评审委员会，负责资格审查并提出评审意见。招标项目的标底、拍卖项目的保留价、网络竞价项目的底价以及其他出让方式的底价，由行业主管部门会同价格主管部门确定。

九、出让方案内容

特许经营权出让方案应当包括但不限于下列内容：特许经营项目的名称、具体内容、期限和范围；特许经营权出让方案的具体组织实施机构；特许经营权的经营形式、出让方式以及投标人或者竞买人的资格要求和选择方式；特许经营项目的基本经济技术指标以及公共产品和服务的数量、质量和标准；特许经营合同（需要通过招标、拍卖等方式在出让过程中才能确定的内容除外）；特许经营权是否允许转让以及特许经营期限的延长或者终止；特许经营价格的控制、调整和享受的优惠政策；政府的监督职责；临时接管应急预案；其他应当明确的事项。

十、公布信息

行业主管部门应当自出让方案被批准之日起 20 日内，将特许经营权出让信息向社会公开发布。项目应当依法取得特许经营权。符合特许经营权出让方案规定条件的公民、法人或者其他组织，均可按出让方案规定的程序申请特许经营权。现有国有企业或者国有控股企业经营的项目，属于特许经营权管理范围的，由国有资产监督管理部门组织具备资质的评估机构，依法进行国有资产评估和登记后，按照相关办法规定的程序申请特许经营权。以前已合法取得特许经营权而未完善相关手续的项目，由行业主管部门报市特许委批准后完善相关手续。

行业主管部门应当将招标、拍卖、网络竞价等公开竞价的情况和特许经营权授予对象向社会公示，公示期不得少于 20 日。公示期满，对特许经营权授予对象没有异议的，经市特许委批准，由行业主管部门向特许经营权授予对象颁发行政许可证件。

十一、合同签订及内容

行业主管部门应当自公示期满之日起 30 日内与特许经营权授予对象签订《特许经营合同》。根据招标文件、拍卖公告等需要成立项目公司的，中标人或者买受人应当在规定的期限内注册成立项目公司，并由行业主管部门与项目公司签订《特许经营合同》。

《特许经营合同》应当与出让方案的主要内容一致，包括但不限于下列具体内容：特许经营项目的名称和内容；特许经营权的经营形式、区域、范围和期限；出让金数额、解缴方式和解缴时限；是否成立项目公司以及项目公司的经营范围、注册资本、股东出资方式、出资比例、股权转让及其限制条件等；公共产品和服务的数量、质量和标准；投融资期限、方式，投资回报方式及其确定、调价机制；特许经营者的权利义务和履约担保；特许经营设施的维护与更新改造；中止或者终止特许经营的条件及补偿方案；特许经营项目的安全管理、应急预案以及移交或者临时接管的标准、方式和程序；违约责任和争议解决方式；政府监管和社会监督的内容；未尽事宜的处理以及合同约定的其他事项。《特许经营合同》内容中不得承诺商业风险分担、固定投资回报率以及法律、法规、规章禁止的其他事项。

通过招标、拍卖、网络竞价等公开竞价方式出让特许经营权的，《特许经营合同》由行业主管部门与特许经营权授予对象签订后即生效。通过其他方式出让特许经营权的，《特许经营合同》经市特许委批准后生效。特许经营者应当按照《特许经营合同》的约定按时足额支付特许经营权出让金。特许经营权出让金属于政府非税收入，纳入同级财政预算，实行收支两条线管理，并接受审计监督。

十二、特许经营者权利和义务

特许经营者在特许经营期内享有的权利：独立经营管理特许经营权，国家机关、社会团体和其他组织不得非法干预其正常经营活动；根据《特许经营合同》的约定，通过提供公共产品和服务而获得合理收益，并承担相应风险；请求市或区（市）县人民政府及其有关部门制止和排除侵害其特许经营权的行为；对发展规划和价格等的调整提出合理建议；平等享受有关优惠政策；法律、法规、规章规定或《特许经营合同》约定的其他权利。

特许经营者在特许经营期内应当履行的义务：全面履行《特许经营合同》，为社会提供足量的、符合法律法规、国家标准、行业标准规定的公共产品和服务；不得擅自以出租、转让、承包、挂靠等方式处置特许经营权；不得利用自身优势地位妨碍其他特许经营者的合法经营活动，不得强制、限定、阻碍用户购买某种产品或者有其他侵害消费者合法权益的行为；按照国家安全生产法规和行业安全生产标准，对特许经营项目进行安全管理；加强对设施、设备的运行维护和更新改造，确保设施完好，不得擅自改变设施、设备的功能和用途；接受行业主管部门对公共产品和服务质量的监督检查，提供咨询服务，向公众公示公共产品和服务的标准、价格等；在规定时间内将中长期发展规划、年度经营计划、年度报告、董事会决议等报行业主管部门备案；完善信息化管理系统，对特许经营项目的相关资料进行收集、归类、整理和归档；法律、法规、规章规定或《特许经营合同》约定的其他义务。

市政公用设施特许经营者的特别义务：特许经营者经营市政公用设施的，在保证公共安全和保障特许经营者合法权益的情况下，应当允许其他经营者和用户按照规划要求连接其市政公用设施，收费标准按照省政府价格主管部门的规定执行。特许经营者因建设和维护市政公用设施需要进入某一区域或者建（构）筑物的，应当事先与权利人协商，征得其同意后方可进入。

十三、行政补偿

以下三种情形，特许经营者应当配合，由此造成的直接损失和必要费用支出，特许经营者有权获得相应行政补偿：已获特许经营权的市政公用设施因公共利益需要而依法被征用；承担政府公益性指令任务；法律、法规、规章规定的其他情形。特许经营者对行政补偿有争议的，可依法申请行政复议或提起行政诉讼。

十四、合同解除和终止

在《特许经营合同》有效期内，因法律、法规、规章发生变化或者所依据的客观情况发生重大变化，为了公共利益的需要，行业主管部门应当与特许经营者协商解除合同。因解除合同导致特许经营者财产损失的，应当依法予以补偿。特许经营者在《特许经营合同》有效期内单方提出解除合同的，应当提前 4 个月提出书面申请，行业主管部门应当自收到申请之日起 3 个月内作出答复。在行业主管部门同意解除合同前，特许经营者必须保证正常的经营与服务。

特许经营者在特许经营期内有下列情形之一的，除法律、法规、规章另有规定外，行业主管部门应当在报请市特许委批准后终止《特许经营合同》，撤销其特许经营权，按照《特许经营合同》的约定提取履约担保，并实施临时接管：以欺诈、贿赂等不正当手段获得特许经营权的；擅自出租、转让特许经营权或者采取承包、挂靠等方式变相转让特许经营权的；擅自将市政公用设施和所经营的公共财产进行抵押、质押、出租、转让、挪用的；因转让企业股权或者财产使企业不再符合特许经营条件的；提供的公共产品和服务不符合《特许经营合同》约定或者法律法规、国家标准、行业标准规定的要求，严重影响公众利益的；因经营管理不善，造成重大质量安全责任事故或者环境污染事故，严重影响公众利益的；因经营管理原因，财务状况严重恶化，无法继续履行《特许经营合同》，严重影响公众利益的；擅自停业、歇业，未履行《特许经营合同》规定的义务和责任，严重影响公众利益和公共安全的；法律、法规、规章规定或《特许经营合同》约定的其他情形。被撤销特许经营权的公民、法人或者其他组织，3年内不得参与竞争本市特许经营项目。

在作出撤销特许经营权决定之前，行业主管部门应当书面通知特许经营者。特许经营者可以自收到书面通知之日起5日内，提出书面申辩或者要求举行听证会。特许经营者要求举行听证会的，行业主管部门应当自收到书面申请之日起20日内组织听证。在作出撤销特许经营权决定之后，特许经营者对决定不服的，可以依法申请行政复议或者提起行政诉讼。

十五、临时接管和公众监督

出现下列情形之一的，行业主管部门应当成立临时接管委员会，依法对被接管的特许经营项目实施临时接管，并对特许经营者的资产状况进行审查监督，责令其限期移交全部特许经营资产和档案：按照相关办法规定，行业主管部门同意特许经营者单方解除合同后，新的特许经营者尚未产生的；按照相关办法规定，特许经营权被撤销后，新的特许经营者尚未产生的；需要实施临时接管的其他情形。

实施临时接管后，临时接管委员会应当采取有效措施保证被接管的特许经营项目的连续性和稳定性，并自临时接管之日起3个月内，按照相关办法规定的出让程序重新确定新的特许经营者。

特许经营权的出让和管理应当保证国家和公众利益不受侵害，公众对出让的特许经营权享有知情权，对侵害公众利益的行为有权进行投诉、举报。行业主管部门和特许经营者应当建立公众参与机制，提供咨询服务，保障公众能对特许经营情况进行监督。

实行特许经营的公共产品和服务的价格应当保持相对稳定。价格主管部门应当在合理配置资源和保证社会公共利益的前提下，根据国家政策规定、行业平均成本，兼顾特许经营者的合理利益，依法组织听证，确定或者调整特许经营项目的价格，并进行监管。

十六、提取履约担保

经营市政公用设施的特许经营者有下列情形之一的，由行业主管部门责令改正，并按照《特许经营合同》的约定提取履约担保：超出《特许经营合同》约定的经营范围经营的；擅自改变市政公用设施及土地用途，或者擅自将项目土地及设施用于项目之外的；不对市政公用设施的状况及性能进行定期检修保养，或者在项目中止时未按约定履行看守职责的；不对各项市政公用设施的相关资料进行收集、归类、整理和归档，没有完善信息化管理系统的；不按照规划要求或者《特许经营合同》的约定建设和更新市政公用设施的；不按照《特许经营合同》的约定将相关信息报送行业主管部门备案或者不向社会公示相关信息的；不允许其他特许经营者和用户按照规划要求连接其特许经营的市政公用设施的；不配合行业主管部门依据相关法律、法规、规章的规定或者《特许经营合同》的约定进行指导、监管的；特许经营权被临时接管时，未在规定时间内将全部特许经营资产和档案移交临时接管委员会指定的单位的；《特许经营合同》约定的其他情形。

十七、逸闻轶事——天下三危

汉代刘安编写的《淮南子》卷十八"人间训"中讲到，天下有三种危险：缺少德行而尊崇却多，这是第一种危险；才能低下而地位尊贵，这是第二种危险；没有大的功劳却有丰厚的俸禄，这是第三种危险。所以事物有时候是损减它，结果却是补益它，有时候是补益它，结果却是损减它。怎么知道是这样呢？以前楚庄王在河雍之间的邲地战胜了晋国，后楚庄王要封赏孙叔敖，孙叔敖辞谢而不接受。后来当孙叔敖患痛疽快要死时，他对儿子说："我如果死了，楚庄王一定会封赏你的，一定要推辞肥沃富饶的地方，只接受沙石之地。在楚、荆之间有个叫寝丘的地方，那儿土地贫瘠，所以地名也难听，没人喜欢那里。"不久，孙叔敖去世了，楚庄王果然将肥沃富饶的领地封赏给孙叔敖的儿子，孙叔敖儿子谢绝了，而要求赏封寝丘之地。按楚国的法规，功臣的封禄传到第二代就要收回，唯独孙叔敖一家保存了下来，这就是我们说的损减它，结果却是补益它。那么，什么叫补益它，结果却是损减它？从前晋厉公南伐楚国、东伐齐国、西伐秦国、北伐燕国，部队纵横天下，威震四方，没有阻碍也没有挫折。于是晋厉公在嘉陵会合诸侯，气横志骄、淫侈无度、残害百姓。国内无辅佐规谏的大臣，国外没有诸侯的援助。同时又杀戮忠臣，亲近小人。在会合诸侯的第二年，晋厉公出游宠臣匠骊氏的领地时，被栾书、中行偃劫持，囚禁起来；这时诸侯中没有一个来搭救他，百姓中也没有一个同情他，囚禁三个月后就一命呜呼了。每战必胜，每攻必克，然后扩展土地，提高威望，这是天下每个人都希望得到的利益。但晋厉公却因为这些而落得个身死国亡。这就是我们说的补益它，结果却是损减它。孙叔敖叮嘱儿子要求封赏寝丘之地，因为寝丘之地贫瘠，所以能代代相传；晋厉公在嘉陵会合诸侯想称霸天下，结果死在匠骊氏的领地。

其实，在做环保并购时，反思以前有些纵横捭阖、疯狂溢价的水务巨头们，虽然逞一时之快，高溢价拿下了一些一、二线城市的很大的水务项目，但是，在后期合资公司的运营当中，由于财务回报要求压力大，步履维艰，甚至于被政府收回特许经营权，解散了合资公司。

第三节　特许经营项目中期评估

一、中期评估要求和制度

随着公用事业市场化改革的不断推进，加强特许经营项目的政府监管，成为维持公用事业稳定运行、维护公众利益的必要保证。针对公用事业特许经营项目的中期评估工作，成为政府监管的重要手段，也是响应国家和省市关于规范市场化改革的必然途径。2004年住房和城乡建设部发布《市政公用事业特许经营管理办法》，阐明了市政公用事业特许经营的市场准入、监管和退出原则，规范了市场化改革措施。其中第二十一条第一款明确规定："在项目运营的过程中，主管部门应当组织专家对获得特许经营权的企业经营情况进行中期评估。"江苏省也率先出台了《江苏省城市市政公用事业特许经营中期评估制度》，进一步明确了中期评估工作的具体原则、内容和方法，为中期评估提供了方向性的指导。

为规范市政公用事业特许经营项目的正常运行，切实加强政府的监管，进一步健全和完善市政公用事业监管体系，按照《市政公用事业特许经营管理办法》对获得特许经营权的企业经营情况应建立中期评估制度的规定，制定制度，市属行政区域内已实施市政公用事业市场化和已实施市政公用事业特许经营管理的城市供水、污水处理等行业适用。

省建设行政主管部门负责全省行政区域内城市市政公用事业特许经营中期评估的指导和监督工作。市、县人民政府市政公用事业主管部门受本级人民政府授权具体负责实施本行政区域内城市市政公用事业特许经营中期评估工作。

中期评估由市政公用事业主管部门组织实施，可以聘请中介机构开展中期评估，也可以组织相关的专家、人员开展中期评估，并形成中期评估报告。

中期评估应包括以下主要内容：市政公用设施的建设与改造是否依据规定的基本建设程序和规划要求执行；行业发展和投资是否满足城市功能的需求；提供的产品和服务是否满足各类标准和规范的要求；行业服务质量和用户投诉处理情况；应急预案的制定、执行情况；成本、价格的控制和执行情况；行业规划和年度计划的制定、执行情况；重要设备、设施的完好情况；安全生产和管理情况；社会公益性义务的执行情况；特许经营授权人认为需要评估的其他事项。

中期评估的周期一般不得低于2年，特殊情况下可以实施年度评估。特许经营协议应明确中期评估方案。开展中期评估应当按照以下程序执行：负责中期评估的市政公用事业主管部门在每一个中期评估前1个月向特许经营企业发出中期评估通知；特许经营企业在收到通知后的1个月内负责准备和报送涉及中期评估内容的相关资料，包括中期评估周期内的年度经营计划及执行情况、各类财务报表、生产运行过程中的各类报表、服务及投诉处理的各类报表、建设和投资情况说明、保障正常运行的情况说明、普遍服务和公益性义务的执行情况以及服务对象满意度调查情况等；市政公用事业主管部门应在发出中期评估通知后的3个月内组织专门人员完成中期评估工作，并向特许经营企业出具中期评估报告；对中期评估报告中的部分内容，市政公用事业主管部门有权以适当的方式予以公示。

对中期评估过程中发现属于企业经营过程中的问题，市政公用事业主管部门应责令特许经营企业逐一予以整改。

下面以H市建设局与H市水司签署的《特许经营协议》为例，介绍特许经营协议的评估和特许经营企业的评估。

二、特许经营协议的评估

城市供水特许经营项目中期评估的目的在于：考察企业在特许经营协议的约束下，履行公共供水服务职能的情况。主要包括两个方面的内容，即分别针对特许经营协议和特许经营企业的评估。

公用事业的特许经营协议具有约定时间长、行政合同属性、签约双方地位易于倾斜等特点，可能会导致静态的合同约定与长期合同执行的矛盾；一个签约主体与合同约定中涉及的多个主体之间的矛盾；合同管理机制与传统行政管理体制之间的矛盾等。自××年H市建设局与H市水司签署《特许经营协议》，已有三年，从合同管理的角度来看，有必要对特许经营协议进行深入的分析和评估，找出协议存在的漏洞并给出合理化建议，为主管部门行使合同监管提供参考。

1. 协议的合规性分析

协议的合规性分析主要考查特许经营协议中条款的约定是否符合特许经营相关法律、法规和政策的要求。由于我国尚未对公用事业特许经营进行立法，对协议合规性的分析，主要参照《市政公用事业特许经营管理办法》《江苏省城市市政公用事业特许经营中期评估制度》《江苏省城市市政公用事业公益董事或监督员制度》等部门规章和地方主管部门的规定。

2. 责权分配与风险管理

《特许经营协议》实质上是签约双方对彼此权利义务分配和风险分担平等协商下达成的一致约定。对于特许经营协议中双方责权分配和风险管理的识别和分析，能够衡量出协议的稳定性。利用风险管理的工具，通过风险识别、估测和控制等方式，详细分析特许经营协议所存在的诸多风险（如政策风险、环境风险、市场风险、运营风险和移交风险等），厘清各种风险的来源、分担原则和管理方式。同时，对照现有特许经营协议的相关条款，分析协议在风险控制方面存在的优势或不足，并给出可能对协议进行改进的建议。

3. 协议的动态适应性分析

自××年 H 市建设局与 H 市水司签署《特许经营协议》以来，国家供水行业的政策法规、H 市的供水现状以及供水企业自身都与协议签订时有一定程度的不同。那么，在维持原有协议法律效力的基础上，依照当前实际情况，分别从与政府投资规划的适应性、特许经营范围的变动、供水设施的建设投资等方面进行分析，并对原有协议的现时适应性提出一些建议。

三、特许经营企业的评估

1. 评估内容

依据《江苏省城市市政公用事业特许经营中期评估制度》第五条及《H 市自来水有限公司股权转让项目特许经营协议》第十八条的规定，此次 H 市城市供水特许经营项目中期评估的内容涉及以下八个方面：一是产品质量：水质和水压是否满足标准和规范要求，供水保障是否满足。二是服务质量：提供的服务是否满足各类标准和规范要求；用户投诉情况及处理效果；服务信息公开情况；社会公益性义务执行情况等。三是建设与改造：供水设施建设的年度投资计划是否满足社会用水总需求及对城市规划、供水专项规划和城市建设计划的响应。四是运营管理：企业年度经营计划及执行情况；供水设施运行、维修养护及完好情况等。五是财务状况：成本、价格的控制和执行情况；调价申请情况；财务会计制度是否健全，提供财务报表、成本分析和经营情况报告的及时、准确、完整情况等。六是安全保障与应急机制：安全生产和管理情况；重大事故的处理；应急预案的制定执行情况等。七是公司治理与文化：制度建设；人力资源；信息化建设；企业文化等。八是其他评估事项：人员安置；辅业及三产；企业外部性等。

2. 评估方法

城市供水特许经营项目涉及产品质量、服务质量、运营管理等多方面的内容，因此中期评估首先应设计一个合理的评估体系，以反映企业在特许经营执行层面的综合表现。鉴于此，本次中期评估的总体思路是：建立基于关键绩效指标的多维立体评估体系，通过多种调研方法获取客观公正的评估依据，最后利用多种评估方法对特许经营企业进行全方位的综合评估并给出合理化建议。

（1）调研方法

为保证评估的客观公正，真实地反映企业特许经营现状，可通过市场调查、实地调研和客户访谈等渠道获取资料数据。

（2）评估体系构建方法

中期评估所涉及的产品质量、服务质量、规划执行等八项内容，采用自上而下的层次分析方法，逐级构建指标体系。在一级指标的基础上逐步细化，分别建立二级和三级指标。此外，采用关键绩效指标方法确定若干具有代表性的指标为评估对象，并利用德尔菲法确定指标权重。

（3）综合评估方法

评估方法分为三类：定性评估法、定量评估法和综合评估法。定性评估法主要用于评价服务质量、企业文化、制度建设等指标；定量评估法主要用于评价产品质量、财务状况和生产运行管理等指标；综合评估法用于评价规划执行情况、安全保障及应急机制等指标。

3. 评估标准

在确定评估指标体系的基础上，对于衡量企业经营绩效好坏的标准界定也非常重要。在此，给出三种评估标准：

（1）国家和省市的相应规范和标准

国家和省市从水质标准、服务质量、服务公开和工程建设等诸多方面，都对城市供水有明确的界定，以此作为指标评估最基本的标准，可以客观公正地反映自来水公司的运营水准。如衡量水质的标准有《城市供水水质标准》、《生活饮用水卫生标准》等，衡量服务质量的标准有《江苏省城市供水服务质量标准》等。

（2）省内同类城市的横向比较

横向对比省内同类城市供水企业生产经营的平均水平，来反映企业运营绩效的好坏，如运营管理、服务质量、成本与价格等。

（3）企业特许经营前后的纵向对比

通过对比企业特许经营前后的实际情况，来反映企业市场化改革的优劣得失。如制度建设、创新发展、安全保障和新建管网投资等方面，可通过特许经营前后时间上的纵向对比来衡量。

4. 分值说明

在建立评估体系的基础上，通过实地调研与考察，从 H 市水司、政府主管部门和社会公众获取相关资料信息，依据评分细则对各项指标进行打分。依据各项一级指标得分，得出此次中期评估的综合评价得分，以下为综合评价得分的确定公式：

$$B = \sum_{i=1}^{n} X_i F_i$$

式中：B 为中期评估综合评价得分；n 为一级指标项目数，本次评估中 $n=8$；X_i 为一级指标的权重；F_i 为一级指标的得分值。

根据上述评估标准和原则，综合评价得分 B 在不同的分值区间内代表企业的特许经营项目处于不同的等级范围，具体说明见表 8-1。

特许经营项目分值区间及等级范围 表 8-1

分值	等级	说明
$B \geq 95$	优秀	履行特许经营协议约定，经营管理表现突出，属业内优秀企业
$90 \leq B < 95$	良好	履行绝大部分协议约定，提供高质量服务，属业内高水平企业
$80 \leq B < 90$	较好	较好地履行协议约定，部分经营环节需要改善，属业内良好企业
$70 \leq B < 80$	一般	基本履行协议约定，经营管理有较多部分需要改进
$60 \leq B < 70$	合格	较多部分未履行协议约定，政府应敦促企业进行全面整改
$B < 60$	不合格	基本未履行协议约定和未执行公共服务职能，建议政府收回特许权

5. 评估结果

依据该次中期评估的多种评估方法，结合对于特许经营企业现状的深入调研，对产品质量、服务质量、建设与改造、财务状况、运营管理、安全保障与应急机制、公司治理与文化和其他评估事项八项内容进行了深入的评价和分析，指标得分见表 8-2。

特许经营企业评估内容评价 表 8-2

编号	一级指标	一级指标独立得分	权重	总评分
1	产品质量	92	25%	23.0
2	服务质量	88	25%	22.0
3	建设与改造	90	8%	7.2
4	财务状况	80	5%	4.0
5	运营管理	85	12%	10.2
6	安全保障与应急机制	84	15%	12.6
7	公司治理与文化	92	5%	4.6
8	其他评估事项	84	5%	4.2
合计			100%	87.8

由表 8-2 可知，H 市城市供水特许经营项目执行情况的综合评价得分为 87.8 分，属于"较好"级别，满足了法律法规和现实需求对于特许经营企业的基本要求，处于城市供水行业内中等偏上的水平。企业大部分已达到或超过标准的要求，如产品质量、服务质量和公司治理与文化等方面；个别环节需要进一步改善，如反映企业供水运营能力和效率的运营管理以及与公众安全休戚相关的安全保障与应急机制等，应该积极克服管网老化、水压不足等问题。H 市水司应该发掘企业自身潜力，在运营管理上有所作为，降低供水成本，在安全保障上尽职尽责，切实保障供水安全。

中期评估是完善政府监管的必要手段。通过中期评估工作，政府主管部门可以全面了解到特许经营企业的运营、管理、财务等真实状况，了解到公众对特许经营企业的看法、态度和期望，为下一步监管工作指明了方向，明确对特许经营企业的监管方式、监管范围、监管力度等，更好地促进和规范市政公用事业特许经营的发展。

中期评估是激励企业发展的有效动力。中期评估基本涵盖了企业运营的各个方面，企业可以借助第三方了解城市供水的客观情况，发现自身运营和管理中的优势与不足，同时，根据中期评估报告提出调整和修改意见，及时进行整改，提升特许经营企业的运营和管理水平。

中期评估是维护公众利益的重要保障。城市供水涉及广大市民的切身利益，中期评估可以检查社会公众对城市供水服务质量的满意状况以及企业在公众咨询、投诉和处理机制、公众监督方面的工作成效，真正了解自来水公司是否给公众提供了优质的服务。同时，通过中期评估，建立健全特许经营项目的公示制度，完善公众咨询、投诉和处理机制，鼓励公众参与监督，保持公用事业特许经营的透明度，可进一步加强公众的外在监督。

6. 评估的重点与难点

通过项目组调研访谈、资料收集与分析情况显示，本次评估的重点与难点主要有以下四个方面：一是 H 市水司继承本市原有自来水厂全部资产，原有自来水厂及管网建设较早，设施设备使用年限较久、功能落后，H 市水司接手后，更新改造是一项重要的责任，因此，本特许经营项目的投资发展、规划建设是一项重要评估内容；二是设施设备使用年限较久、功能落后，造成 H 市水司运营成本较高，因此，对于企业成本水平的评价和成本控制措施的评价是一项难点；三是 H 市水司与其下属的市政建设子公司以及与其母公司之间均存在较多的关联交易，因此，关联交易分析是一项评估重点与难点；四是 H 市水司后续还取得了 H 市一处水源地水厂的特许经营权和一处新区的特许经营权，分别又签订了两个特许经营协议，因此，特许经营协议之间的合理性、协调性是一项评估重点。

解决措施：梳理 H 市水司评估期内的建设、更新改造计划，评估计划执行情况，总结推进缓慢的原因，提出措施建议协调各方共同推进；根据资产、运营成本等相关材料正确评判企业成本情况以及成本控制措施成效；梳理关联交易清单，指出风险点与控制措施，建议政府方每年对敏感项目抽检核查，另外对企业关联交易材料的存档提出严格要求，保障政府抽检核查工作可行性；对三份特许经营协议中相互矛盾或者不相协调的条款提出完善建议，明确各方权责利。

总结与分析：特许经营项目评估重点会受交易方式、投融资方式、项目已运营期限、项目公司运营能力、政府监管能力等多方面因素影响，对特许经营项目的评估，不仅要关注运营期内的生产运营管理、产品与服务质量，同时也要关注企业投资建设是否符合政府要求、社会发展需求，合同内容是否完善、合理，企业对运营成本的控制措施是否到位等。对特许经营项目进行全方位评估，正确识别评估重点和难点，提出措施建议，才能体现中期评估工作的意义与作用。

四、逸闻轶事——终南捷径

终南山又名太乙山，位于陕西省境内秦岭山脉中段，东起盛产美玉的西安市蓝田县最东端的杨家堡，西至周至县最西界的秦岭主峰太白山南梁梁脊，东西长约 230km，最宽处 55km，最窄处 15km，总面积约 4851km²。主峰位于长安区境内，海拔 2604m。地形险阻、道路崎岖，大谷有五，小谷过百，连绵数百里。横跨蓝田县、长安区、鄠邑区、周至县等县区，绵延 200 余里，雄峙在古城长安（西安）之南，成为长安城高大坚实的依托、雄伟壮丽的屏障。素有"仙都""洞天之冠"和"天下第一福地"的美称。

唐代王维的《山居秋暝》诗云：空山新雨后，天气晚来秋。明月松间照，清泉石上流。竹喧归浣女，莲动下渔舟。随意春芳歇，王孙自可留。

唐代刘肃的《大唐新语》中有个典故：卢藏用始隐于终南山中，中宗朝累居要职。有道士司马承祯者，睿宗迎至京，将还。藏用指终南山谓之曰："此中大有佳处，何必在远！"承祯徐答曰："以仆所观，乃仕宦捷径耳。"藏用有惭色。意思是，唐代卢藏用曾在终南山隐居，后出来做官，道士司马承祯讽刺他，说：终南山是做官的捷径。后以此典故指借隐逸而求仕宦的行为。

要想致仕，首先得故弄玄虚，似有仙气，得靠近权力机关；然后还得让掌权者发现并羡慕其仙气；最后半推半就致仕。在环保并购中，有时候越是想拿下哪个项目，往往越是容易失败，那么，仔细思考一下"终南捷径"的道理，往往会豁然开朗。

第四节　供水特许经营权请示批复示例

一、请示示例

南充市水务局关于授予南充康源水务（集团）有限责任公司市辖三区城区供水特许经营权的请示

市人民政府：

南充市第四水厂建设项目，已被市政府列入××年重点工程项目，该项目建设规模30万t/d（其中一期15万t/d），建成后主要保障顺庆、高坪、嘉陵城区用水。该项目前期工作由南充康源水务（集团）有限责任公司实施。按照省发展改革委批复该项目核准的要求，需市政府对此项目的经营权进行特许。鉴于目前市辖三区城区用水由南充康源水务（集团）有限责任公司供给的现状，恳请市政府授予南充康源水务（集团）有限责任公司市辖三区城区供水特许经营权，明确下列内容：

1. 特许经营期限

从正式运营之日算起，25年（中华人民共和国建设部令第126号《市政公用事业特许经营管理办法》规定，特许经营期限最长不得超过30年）。特许经营期限内，若国家有关法律法规调整，本特许经营期限则依据调整后的法律法规重新确定。

2. 特许经营范围

南充市市辖三区城区。

3. 特许经营内容

自来水生产与销售。

4. 特许经营期间政府职能

对原水水质进行保护，使之符合国家原水水质规范。执行国家、四川省对供水企业管理的法律法规。依法保护供水企业的合法权益。

5. 特许经营期间供水企业的义务

（1）向特许经营区域内用户提供符合标准的充足供水。

（2）在收取自来水水费时向特许经营区域内用户收取（代收）污水处理费、水资源费或其他规费。

（3）严格执行国家、四川省有关法律法规。

6. 特许经营期间供水价格

严格执行国家、四川省有关供水成本核算的规定。水价调整由供水企业提出调价申请，履行听证程序后，由市政府批准执行。

7. 其他事项

（1）特许经营期满后，供水企业可报请市政府延长特许经营期限，如总体服务质量和价格明显优于其他同类企业，市政府给予优先考虑。

（2）市政府授予供水企业的特许经营权，不得以任何形式自行进行处置和质押。

（3）特许经营期内，非因市政府的原因，供水企业内部发生的或供水企业与第三方发生的任何法律诉讼、纠纷，均不影响市政府对特许经营权所享有的权利，以及供水企业所应履行的义务。

（4）特许经营期内，如发生供水企业违反国家和四川省的有关法律、法规及上述有关条款之规定的行为，以及由于自身原因或与第三方发生法律纠纷导致供水企业无法继续正常履行特许经营义务，市政府有权收回授予的特许经营权。

附件：

1. 中华人民共和国建设部令第 126 号《市政公用事业特许经营管理办法》

2. 南充康源水务（集团）有限责任公司《关于请求授予顺庆、高坪、嘉陵城区供水经营许可的报告》

南充市水务局

××年××月××日

二、公示示例

关于拟授予青岛市海润自来水集团有限公司城市供水特许经营权的公示

依据《青岛市城市供水条例》《青岛市市政公用设施特许经营管理暂行规定》，经审核，我局拟授予青岛市海润自来水集团有限公司城市供水特许经营权。现将有关事宜公示如下：

被授权单位：青岛市海润自来水集团有限公司

授权区域：青岛市市南区、市北区、李沧区全部区域；崂山区、城阳区、高新区部分区域；胶州市、即墨市部分区域（具体范围见附件）

授权经营范围：城市供水

授权期限：5 年

公示时间为 7 天，自××年××月××日至××月××日。如对以上公示内容有异议，请在××月××日 24 时前向我局反映。

联系人：市供水处×××　联系电话：×××

邮箱：×××地址：青岛市太平路××号××楼。

市城市管理局×××　联系电话：×××

邮箱：×××地址：青岛市沂水路××号。

附件：青岛市海润自来水集团有限公司拟申请特许经营供水范围

青岛市海润自来水集团有限公司拟申请供水特许经营范围为：青岛市市南区、市北区、李沧区全部区域；崂山区、城阳区、高新区部分区域；胶州市、即墨市部分区域。具体范围如下：

1. 市南区、市北区、李沧区全部区域。

2. 崂山区：东海东路以北（东海东路两侧），松岭路以西（路西侧科大路口以北、路东侧海德堡以北为崂山供水办辖区），辽阳东路松岭路口以西（路北高炮师加油站以东、路南深圳路口以东为崂山供水办辖区），崂山路（山水名园一期以西），株洲路科苑经四路口以西（株洲路海尔路口南侧以东为崂山供水办辖区），深圳路（合肥路口以北为崂山供水办辖区），银川东路（深圳路口以东为崂山供水办辖区），仙霞岭路（深圳路口以东为崂山供水办辖区），秦岭路（仙霞岭路以北为崂山供水办辖区）。

3. 城阳区：王沙路崂山水库以南，环湾大道以东，火炬路白沙河大桥以东，重庆北路宝安路口以南，银河路以南区域，包括洼里、东西流亭、夏家庄、森林国际小区、城市阳光小区、华地仟佰墅小区、流亭商业街。

4. 高新区：高新区火炬路两侧、城阳区西部（赵家堰村、港水村、院后庄村、棘洪滩村、下崖村、小胡埠村）、青岛高新区水电处。

5. 胶州市：胶州市李哥庄镇和胶州经济技术开发区。

李哥庄镇区域：北至周臣屯村，南至毛家庄村，西至铁路线、大沽河，东至桃源河，面积约 26km²。

胶州经济技术开发区区域：北至环胶州湾高速公路，南至洋河，西至尚德大道、胶黄铁路线，东至大沽河入海口沿线，面积约 44.7km²。

三、批复示例

关于授予城市供水特许经营权的批复
泸县府函〔××〕××号

县住房和城乡规划建设局：

你局《关于转报"泸州市兴泸水务（集团）股份有限公司关于请求授予城市供水特许经营权"的请示》收悉。根据泸州市人民政府××年××月××日及××年××月××日两次关于北郊水厂至泸县供水工作的会议纪要精神，泸州市兴泸水务（集团）股份有限公司（原泸州市自来水总公司）自××年起就负责泸县县城及供水管网沿线乡镇的供水工作。截至目前，泸州市兴泸水务（集团）股份有限公司是泸县规划区域内唯一的专业供水公司。经研究，现批复如下：

1. 根据建设部令第 126 号《市政公用事业特许经营管理办法》和四川省人民政府《关于加快市政公用行业改革和发展的意见》（川府发〔××〕××号）的精神，同意授予泸州市兴泸水务（集团）股份有限公司"城市供水特许经营权"。

2. 由县住房和城乡规划建设局代表县政府与企业签订特许经营协议，特许经营期

30年。

3. 泸州市兴泸水务（集团）股份有限公司获得经营权后，应严格按照协议履行义务，依法经营，提高服务水平，确保城市发展对供水的需要。

泸县人民政府

××年××月××日

四、逸闻轶事——悟时自度

六祖惠能有个观点就是，迷的时候要请师傅教导，这样才能觉悟；开悟了，则自己度自己；自性本觉，迷了不知道，觉悟了才晓得。听法有悟处，一听就晓得，但事后得慢慢参究，才能真正受益；领悟到佛法是积小悟为大悟，积大悟为彻悟的一个过程；修行也是一样，先把大的烦恼放下，再放小的细枝末节，看起来是顿中渐；证果是有次第的，先证阿罗汉再证菩萨最后是佛，是渐中顿。

人非圣贤，孰能无过。在环保并购中，即使千谨慎、万小心，有时候也难免会有瑕疵。这就要求我们，每做完一个环保并购项目，不管成功与否，都得静下心来仔细反思，总结得失，为下面的项目做得更好打下基础。

第九章 环保并购运营示例

环保人读史

君子战虽有陈，而勇为本焉；丧虽有礼，而哀为本焉；士虽有学，而行为本焉。是故置本不安者，无务丰末；近者不亲，无务求远；亲戚不附，无务外交；事无终始，无务多业；举物而暗，无务博闻。是故先王之治天下也，必察迩来远，君子察迩，修身也。修身，见毁而反之身者也，此以怨省而行修矣。

谮慝之言，无入之耳；批扞之声，无出之口；杀伤人之孩，无存之心，虽有诋讦之民，无所依矣。是故君子力事日强，愿欲日逾，设壮日盛。

君子之道也：贫则见廉，富则见义，生则见爱，死则见哀；四行者不可虚假反之身者也。藏于心者，无以竭爱，动于身者，无以竭恭，出于口者，无以竭驯。畅之四支，接之肌肤，华发隳颠，而犹弗舍者，其唯圣人乎！

志不强者智不达；言不信者行不果。据财不能以分人者，不足与友；守道不笃，遍物不博，辨是非不察者，不足与游。本不固者，末必几。雄而不修者，其后必惰。原浊者，流不清；行不信者，名必耗。名不徒生，而誉不自长。功成名遂，名誉不可虚假反之身者也。务言而缓行，虽辩必不听。多力而伐功，虽劳必不图。慧者心辩而不繁说，多力而不伐功，此以名誉扬天下。言无务多而务为智，无务为文而务为察。故彼智与察在身，而情反其路者也。善无主于心者不留，行莫辩于身者不立；名不可简而成也，誉不可巧而立也，君子以身戴行者也。思利寻焉，忘名忽焉，可以为士于天下者，未尝有也。

——《墨子·02章 修身》

意思是，君子作战虽用阵势，但必以勇敢为本；办丧事虽讲礼仪，但必以哀痛为本；做官虽讲才识，但必以德行为本。所以立本不牢的，就不必讲究枝节的繁盛；身边的人不能亲近，就不必讲究招徕远方之民；亲戚不能使之归附，就不必讲究结纳外人；做一件事情有始无终，就不必谈起从事多种事业；举一件事物尚且弄不明白，就不必追求广见博闻。

所以先王治理天下，必定要明察左右而招徕远人。君子能明察左右，左右之人也就能修养自己的品行了。君子不能修养自己的品行而受人诋毁，那就应当自我反省，因而怨少而品德日修。谗害诽谤之言不入于耳，攻击他人之语不出于口，伤害人的念头不存于心，这样，即使遇有好诋毁、攻击的人，也就无从施展了。

所以君子本身的力量一天比一天加强，志向一天比一天远大，庄敬的品行一天比一天完善。君子之道（应包括如下方面）：贫穷时表现出廉洁，富足时表现出恩义，对生者表示出慈爱，对死者表示出哀痛。这四种品行不是可以装出来的，而是必须自身具备的。凡是存在于内心的，是无穷的慈爱；举止于身体的，是无比的谦恭；谈说于嘴上的，是无比的雅驯。（让上述四种品行）畅达于四肢和肌肤，直到白发秃顶之时仍不肯舍弃，大概只有圣人吧！

意志不坚强的，智慧一定不高；说话不讲信用的，行动一定不果敢；拥有财富而不肯分给人的，不值得和他交友；守道不坚定，阅历事物不广博，辨别是非不清楚的，不值得和他交游。根本不牢的，枝节必危。光勇敢而不注重品行修养的，后必懒惰。源头浊的流不清，行为无信的人名声必受损害，声誉不会无故产生和自己增长。功成了必然名就，名誉不可虚假，必须反求诸己。专说而行动迟缓，虽然会说，但没人听信。出力多而自夸功劳，虽劳苦而不可取。聪明人心里明白而不多说，努力做事而不夸说自己的功劳，因此名誉扬于天下。说话不图繁多而讲究富有智慧，不图文采而讲究明白。所以既无智慧又不能审察，加上自身又懒惰，则必背离正道而行了。善不从本心生出就不能保留，行不由本身审辨就不能树立，名望不会由苟简而成，声誉不会因诈伪而立，君子是言行合一的。以图利为重，忽视立名，（这样）而可以成为天下贤士的人，还不曾有过。

第一节 环 保 运 营

一、环保行业

短期看资本，中期看管理，长期看技术，未来如何提升管理、加强技术研发，高质量发展将是环保企业胜出的关键。无论管理提升还是技术研发，数字化都是必选选项，尤其是在目前管理提升存在瓶颈的前提下，数字化新技术将是环保企业提升运营效率的核心手段。

环保产业发展到现在需要有两个回归，一个是由投资和建设向技术和运营回归，另一个是由治理向可持续发展、能源资源的再生循环回归。因为环境产业的核心是服务业，污染核心治理和资源化设施能不能常态、高效、可持续地运营，尤为关键。因此，产业无论如何发展，最终都要回归价值。从治理角度来看，环保企业的发展空间会受到一定的制约。别人看到的是废物，而我们看到的是资源。比如，废水可以制备再生水回用，甚至回用于高品质高要求的专业制造领域，废水中的热能、磷、氮等都可以利用。在固废领域，生物柴油、沼气利用和焚烧发电等都可以带来很多资源能源回收，这样的发展会更加持续。

面对我国经济社会发展过程中逐渐凸显的环境矛盾，切实解决突出的环境问题，努力改善环境质量，积极探索代价小、效益好、排放低、可持续的环境保护新道路，已经成为我国环境产业发展的主要目标。

环保行业是以防止环境污染、改善生态环境、保护自然资源为目的所进行的技术开发、产品生产、商业流通、资源利用、信息服务、工程承包、自然保护开发等活动的总称。按污染物种类不同，通常将环保行业划分为大气治理、污水处理、固废处理及其他领域。其中，固废处理、大气治理和污水处理三个子领域在整个环保行业中占主导，由于环保行业细分领域较多，主要从以上三个子领域对其运行模式和风险进行探讨。

环保企业主流的经营运作模式。环保项目可分为经营类项目和非经营类项目，非经营类项目如环境治理和修复、湿地保护等，项目无收益或收益较低，主要付费方为政府部门；经营类项目如污水处理、垃圾处理等，虽然有用户付费，但公益性质较强，收费标准往往较低，投资回收周期较长。

环保行业国企与民企的合作多数可以分为两类，一是被动合作，即民企遇到了融资瓶颈，如果不跟国企合作，处境将会非常困难；二是主动合作，主要考虑的是共同发展。民企在创新上更有活力，在这样的条件下，国企和民企合作能够实现能力上的互补，增强竞争力，携手发展。

二、环保设施运营

推行的"物业化"环保管理，主要内容是环保设备的设计、制造、安装和投运后的运行管理均由设备制造方承担。

现行的环保设施运营模式有两种：一是排污企业建设的污染防治设施由该企业负责运行管理；二是公共性的污染防治设施如城市生活废水和生活垃圾处理设施由公益性的事业单位进行管理。这两种模式都存在着不利于污染防治设施正常运行的种种弊端：其一，企业建设的污染防治设施的运行费用由企业负担，公共性的污染防治设施的运行费用由政府负担，无论对企业还是对政府这都是一个沉重的包袱。其二，污染防治设施的运行没有引入企业化运行模式，对污染防治设施运行管理的单位或个人来说，不进行成本效益核算，没有明显的经济效益，因此，难以有积极性来保障污染防治设施的正常运行。其三，对污染防治设施运行管理的个人或单位，没有进行资质方面的认可管理，相当一部分的单位和个人业务素质很差，不具备污染防治设施运行管理的能力，不可能保障污染防治设施的正常运行。

大气环保主要集中在尾气净化方面，涵盖了尾气净化试剂的制造、尾气净化设备的制造和尾气净化设备的安装。水处理环保可以分为污水处理和黑臭水体治理。其中污水处理涵盖了净水膜的制造、污水处理设备的制造、污水处理设备安装工程的施工和污水处理厂的运营；黑臭水体治理涵盖了净水植物栽培、净水试剂的制造和黑臭水体治理工程的施工。土壤环保覆盖了土壤修复和固废处理。其中土壤修复涵盖了土壤修复试剂的制造和土壤修复工程的施工；固废处理涵盖了固废处理试剂的制造、固废处理设备的制造、垃圾处理厂的建设施工以及垃圾处理厂的运营。

我国投入运行的污染防治设施中，有一些不能正常运行。原因为：技术方面，这些污染防治设施采用的工艺不合理、产品质量低劣或工程质量差；非技术方面，环保设施运营模式不合理，非技术原因是现阶段导致污染防治设施不能正常运行的主要原因之一。

三、环保自动监测

量程设置过高，会导致自动监控数据不准确，测不出企业污染物的实际排放浓度，也就没有办法判断企业是否达标排放。自动监控设施故障频率较高，第三方运营公司未按协议规定履责，未按时巡检，其运行维护记录与厂内自动监控设施故障记录时间不一致，自动监控设施数据未按规定保存一年以上。

自动监控数据是环境执法的一个重要依据，为充分发挥自动监控设施应有的作用，亟需解决第三方运营中存在的突出问题。

第三方运营公司运营维护不到位，一些问题不及时解决，直接为企业超标排放提供了便利。根源是环保设施的属性问题。由于资产属于排污企业，由其出资聘请第三方运营，第三方运营公司自然会尽量满足排污企业的需求。

四、环保设施监管

健全市场体系，用市场办法解决环保设施监管难题。为让第三方不再受限于排污企业，将探索由财政出资负责环保设施的运营。将政府聘请第三方的范围扩大。为减少费用，易损零件更换的费用由排污企业负担，第三方提供技术指导。积极推进环保设施属性的改变，如果自动监控设施为政府所有，就意味着由财政出资招标第三方，第三方与排污企业没有利益关系，帮助其偷排的现象就会大大减少。

五、逸闻轶事——狼狗故事

很多年前，L水务公司有一个水库，三面环山，南面朝向大海，是一个天然优质的水源地。L水务公司只派了一名员工朱四住在那里，常年值守。为保护水库水源安全，朱四养了2条凶猛的狼狗，其中一条体格格外硕大。L水务公司领导还特批了2条狼狗的伙食费。平时，如果朱四下山有事不在，生人一般不敢进入水源地。

有一天，上级有个领导张总没打招呼前来察看，狼狗趴着圈栏拼命狂吠，这个圈栏位于朱四屋前近10m高的地方。张总甚烦狗吠，便拿起一根棍子做欲击状，引逗狼狗。哪知道那条体格硕大的狼狗根本不买账，愈加愤怒，竟然挣脱绳子，从10m高的圈栏一跃而下，吓得张总赶紧往外跑，正好碰到朱四，朱四立即喝退狼狗。这时，张总仍然躲在朱四身后，惊魂未定。

有一天夜里，朱四隐约听到山上有人啼哭，他便牵上那条体格硕大的狼狗前去搜寻。一路上，深一脚浅一脚，朱四浑身上下被荆棘划破，狼狗也多处受伤。好不容易到了那里，发现原来是2个女孩，白天爬山迷路，被困在山上。为此，朱四还被公司表彰并获得了一点奖金，朱四一拿到奖金，就立马跑到市场买回10斤鸡架，犒劳狼狗。

朱四有个哥哥朱三，也住在一个加压泵站值守。有段时间，公司施工队在加压泵站附近施工，就把一台小型发电机存放在加压泵站一个房间里，有一天晚上，发电机险遭小偷偷走。第二天，上级一名领导前来察看，判断小偷仍未死心，有可能晚上还会杀回马枪。为避免闪失，朱三就把朱四那只大狼狗临时借来。当天，夜黑风高，半夜时分果然有2个毛贼又悄悄翻墙而入，朱三见状，放开狼狗，直扑过去。吓得那2个毛贼魂飞魄散，抱头鼠窜。飞速爬上墙头，后面爬得慢的那位，连裤子和鞋子都被狼狗撕拽下来。估计这两位以后再也不敢做那偷鸡摸狗的勾当了。

后来，L水务公司被并购了，这些岗位上再也不准养狗。

第二节　环　保　装　备

一、环保装备分类及应用

环保装备是环境污染防治专用设备、环境监测专用仪器、防治污染的专用材料和资源综合利用设备的总称。环保装备是指用于控制环境污染、改善环境质量而由生产单位或建筑安装单位制造和建造出来的机械产品、构筑物及系统。环保装备包括治理环境污染的机械加工产品，如除尘器、焊烟净化器、单体水处理设备、噪声控制器等；输送含污染物流体物质的动力设备，如水泵、风机、输送机等；保证污染防治设施正常运行的监测控制仪仪器仪表，如检测仪器、压力表、流量监测装置等；成套设备，如空气净化机、污水处理设备、臭氧发生器、工业制氧机等。

环保装备分类：公共环卫设施过滤除尘设备、污水处理设备、空气净化设备、固废处理设备、噪声防治设备、环境监测设备、消毒防腐设备、节能降耗设备、环卫清洁设备、环保材料及药剂、环保仪器仪表。

环保装备在以下领域获得应用：生活垃圾分选和预处理、城镇生活污水脱氮除磷、城镇生活垃圾炉排炉焚烧、渗滤液处理、烟气脱硫和脱硝、有机废水处理、污染物燃烧过程中二噁英和呋喃类污染控制、城镇污水处理、矿井水和一般性工业废水处理及中水回用、城镇垃圾循环流化床焚烧等。

二、问题和现状

整体还是"小、散、乱"的格局。我国环保装备企业大量以机会性项目为导向，竞争无序，且缺乏核心技术和核心工艺。环保装备制造业发展呈现明显的不均衡态势，主要表现在细分装备领域发展程度存在较大差异和技术水平的不均衡。如大气污染防治设备领域发展相对成熟，部分装备水平已达到国际领先水平，而土壤修复等技术水平还存在较大的发展空间。自主创新及技术研发还有待提高，研发条件差、经验欠缺、队伍不强、部分关键设备和核心零部件受制于人，是制约环保装备行业发展的关键因素。

环保装备制造业是节能环保产业的重要组成部分，是保护环境的重要技术基础，是实现绿色发展的重要保障。近年来，环保装备制造业规模迅速扩大，发展模式不断创新，服务领域不断拓宽，技术水平大幅提升，部分装备已达到国际领先水平。随着绿色发展理念深入人心，工业绿色转型步伐进一步加快，为环保装备制造业发展带来了巨大的市场空间、提出了新的更高要求。

从行业自身发展来看，当前环保装备制造业正在从高速增长向持续稳定增长的新阶段过渡，传统领域市场趋于饱和，新兴领域市场逐步拓展。但目前环保装备制造业创新能力不强、产品低端同质化竞争严重、先进技术装备应用推广困难等问题依然突出，与当前绿色发展的要求仍有较大差距。全面推进绿色制造，紧密围绕绿色发展的目标和任务，加快推进环保装备制造业持续健康发展，对全面深化供给侧结构性改革、实现先进环保装备的有效供给、促进绿色发展具有重要意义。

三、相关措施

强化技术研发协同化创新发展，以突破关键共性技术为目标，以行业关键共性技术为依托，以产业链为纽带，培育创建技术创新中心、产业技术创新联盟，引导企业沿产业链协同创新，推动形成协同创新共同体，实现精准研发，提高产品研发效率，攻克一批污染治理关键核心技术装备及材料药剂。装备化是环保技术工艺实现最佳效果、达到最优化运行和实现节能减排的必然选择。促使国内环保装备在设计开发过程中重视工艺与核心装备的融合，改善常规产品相对过剩、关键核心装备及高端装备供给明显不足的现象。推进生产智能化绿色化转型发展，探索推进非标产品模块化设计、标准化制造，推广物联网、机器人、自动化装备和信息化管理软件在生产过程中的应用，提高环保装备制造业智能制造和信息化管理水平，实现生产过程精益化管理。加大绿色设计、绿色工艺、绿色供应链在环保装备制造领域的应用。

推动产品多元化、品牌化提升发展，要求加强环保装备产品品牌建设，建立品牌培育管理体系，推动社会化质量检测服务，提高产品质量档次，提升自主品牌市场认可度，培育一批具有国际知名度的自主品牌，提高品牌附加值和国际竞争力。加强对产品品牌化的提升发展，督促环保装备制造业加强管理、控制成本、保护知识产权、打造强势品牌，实现环保装备制造业的转型与升级。

引导行业差异化集聚化融合发展，鼓励环保装备龙头企业向系统设计、设备制造、工程施工、调试维护、运营管理一体化的综合服务商发展，中小型企业向产品专一化、研发精深化、服务特色化、业态新型化的"专精特新"方向发展，形成一批由龙头企业引领、中小型企业配套、产业链协同发展的聚集区。同时引导环保装备制造业与互联网、服务业、金融业融合发展，积极探索新模式、新业态，加快提升制造型企业服务能力和投融资能力。工艺装备化过程中需要实现技术工艺与核心装备的高效结合，这就需要更优秀的人才将互联网、制造、应用、销售统筹兼顾，这方面的跨界人才将是未来行业的中坚力量，是环保产业新一代产品经理，行业中仍然大量匮乏，亟需培养和引进一批这样的人才。

四、逸闻轶事——比肩怪兽

《淮南子》中有个故事：北方有一种怪兽，叫做蹶（jue），前腿短如老鼠，后腿长过大象，鉴于这种先天缺陷，这家伙只能慢慢蠕动，步子稍微一快就得栽跟头。还有一种怪兽叫做蛩蛩駏（ju）驱（xu），特征和蹶正好相反，前腿超长，后腿奇短，这种体型最大的问题是没法低头吃草。（原文：北方有兽，其名曰蹶，鼠前而兔后，趋则顿，走则颠，常为蛩蛩駏驱取甘草以与之，蹶有患害，蛩蛩駏驱必负而走。此以其能，托其所不能。故老子曰："夫代大匠斫者，希不伤其手。"）

好在怪兽之间也存在着感人的协同精神，蹶经常拔些甘草来喂给蛩蛩駏驱吃，而当遇到危险的时候，这两只怪兽前后一搭，相负而行，跑起来风驰电掣一般，《尔雅》把它们叫做"比肩兽"。

当今，在市场瞬息万变的情况下，做环保并购的人，从中应该能感悟出一些道理来。

第三节　污水处理设计及工艺

一、市政污水处理厂设计

1. 合理确定建设规模

合理确定设计的污水量和污水水质，直接涉及工程的投资、运行费用和费用效益。按规划计算的污水量与可能有的污水量、实际可能收集到的污水量及可能进行处理的污水量是不同的，设计的污水量在很大程度上取决于污水管网普及率和实际可能收集到的近、远期污水量，并分期建设污水处理厂。对设计的污水水质，应该对现有实测的水质资料进行分析（包括工业废水正在限期达标排放的水质水量变化和管渠内地下水的渗入量），对雨污合流和老城区排水系统需科学地确定污水管道的截流倍数（干管和支管可采用不同的截流倍数）。现在设计的需处理污水水质偏高的问题是普遍存在的，设计的污水量和污水水质要通盘考虑，若留余地过大，既增加投资亦会使设备闲置或低效运行。

2. 三级处理

一般城市污水处理厂的工艺分为三步：一级处理（物理处理），二级处理（主体工艺），三级处理（深度处理）。

一级处理（物理处理）：主要去除大粒径物质如树叶、水中的塑料袋、沙粒，也去除部分有机物，一般使用格栅间、沉砂池、沉淀池。污水进入厂区先通过截流井（让污水处理厂能处理的污水进入厂区进行处理），然后进入粗格栅（打捞较大的渣滓），而后通过污水泵（提升污水的高度）进入细格栅（打捞较小的渣滓）。一级处理是以去除水中呈悬浮状态的固体污染物质为主的处理过程，该过程主要是对大于 5mm 的固体颗粒进行筛选和剔除，作为二级处理的预处理步骤，简单容易，可以通过物理法来实现，但在水质净化方面并没有太大的作用，达不到回用的要求。

二级处理（主体工艺）：去除有机物的主体工艺，使用的工艺比较多，比如传统活性污泥法、氧化沟法、生物滤池法、生物转盘法等，后面要接上二沉池处理。主要去除污水中呈胶体和溶解状态的有机污染物，去除率可达 90％以上，可以形象地比喻成微生物吃掉了污水中的有机物。二级处理是对有机物的去除，主要运用生物方法来实现，利用细菌或者相应的蛋白酶对胶体有机物进行分解，然后对污水进行进一步的过滤，过滤之后污水基本已经达到部分领域的回用标准，可在适当的条件下进行回用。二级处理可分为一般处理和强化处理两类。一般处理是指以去除悬浮态和溶解态有机污染物为主要目的的生物处理技术，主要采用普通活性污泥法、生物膜法，适用于对营养盐去除要求不高的城镇污水再生处理。强化处理是指以强化氮、磷或同时强化氮磷去除为主要目的的生物处理工艺，处理方法包括厌氧-缺氧-好氧法（A^{2}O）、氧化沟法、序批式活性污泥法（SBR）等，适用于对营养盐去除要求较高的城镇污水再生处理，经过处理，污水的净化程度可达 80％左右。

三级处理（深度处理）：有些主体工艺去除氮磷的效果不是很好，排放水中氨氮浓度在 15mg/L 左右，磷浓度在 3mg/L 左右。新的排放标准要求氨氮、磷的指标更严格，因此需要再串联其他工艺，可以在处理工艺末端投加除磷剂或者氨氮去除剂，利用强氧化、化学沉淀法确保各类指标合格。三级处理是指进一步去除二级处理未能完全去除的有机污染物、SS、色度、嗅味和矿化物等，主要方法包括混凝沉淀、介质过滤（含生物过滤）、膜处理及氧化等，对污水进行深度净化，达到回用的高标准，进而提升水质。该步骤在第二级处理的基础上进行进一步深度处理，对污水中无法被生物方法处理的氮磷等营养物质和溶解性盐类进行降解和去除。经过该步骤处理后，污水中的污染物质得到了最大程度的灭除，水质可达安全级别。该步骤是污水处理技术的充分体现。

3. 设计原则

贯彻执行国家关于环境保护的政策，符合国家的有关法规、规范及标准。从城市的实际情况出发，在城市总体规划的指导下，使工程建设与城市发展相协调，既保护环境，又最大限度地发挥工程效益。比如，根据设计进水水质和出厂水质要求，所选污水处理工艺力求技术先进、成熟、处理效果好、运行稳妥可靠、高效节能、经济合理、确保污水处理效果，减少工程投资及日常运行费用。妥善处理和处置污水处理过程中产生的栅渣、沉砂和污泥，避免造成二次污染。为确保工程的可靠性及有效性，提高自动化水平，降低运行费用，减少日常维护检修工作量，改善工人操作条件，关键设备可从国外引进。其他设备和器材则可采用合资企业或国内名牌产品。采用现代化技术手段，实现自动化控制和管理，做到技术可靠、经济合理。为保证污水处理系统正常运转，供电系统需有较高的可靠性，采用双回路电源，且污水处理厂运行设备有足够的备用率。在污水处理厂征地范围内，厂区总平面布置力求在便于施工、便于安装和便于维修的前提下，使各处理构筑物尽量集中，节约用地，扩大绿化面积，并留有发展余地。使厂区环境和周围环境协调一致。竖向设计力求减少厂区挖、填土方量和节省污水提升费用。厂区建筑风格力求统一，简洁明快，美观大方，并与厂区周围景观相协调。积极创造一个良好的生产和生活环境，把污水处理厂设计成为现代化的园林式工厂。

基础数据可靠。比如，认真研究基础资料、基本数据，全面分析各项影响因素，充分掌握水质特点和地域特性，合理选择好设计参数，为工程设计提供可靠的依据。针对水质特点选择技术先进、运行稳定、投资和处理成本合理的处理工艺，积极慎重地采用经过实践证明行之有效的新技术、新工艺、新材料和新设备，使处理工艺先进，运行可靠，处理后水质稳定地达标排放。尽量避免或减少对环境的负面影响，妥善处置处理工程中产生的栅渣、污泥、臭气等，避免对环境造成二次污染。运行管理方便，建（构）筑物布置合理，处理过程中的自动控制力求安全可靠、经济适用，以利提高管理水平、降低劳动强度和运行费用。严格执行国家环境保护有关规定，使处理后的水能够达标排放。

在工艺设计方面的改进，比如采用侧流强化多级 AO 工艺，这个侧流并非水解，而是利用生态学原理，通过侧流强化提高反硝化菌群的生长繁殖，提高其种群密度，并利用好氧、缺氧交替的环境，以及好氧段的低氧和内源呼吸抑制技术，促进反硝化酶系统的合成，提高反硝化速率。反硝化速率的提高一方面提高了缺氧段的反应效率，另一方面提高了好氧区发生同步硝化反硝化的比例。该有的缺氧区还要有，这一工艺碳源利用率高，同时总氮放弃率低，在不外加碳源的情况下，一般 TN 去除率可以达到 95%。

二、污水处理工艺

当前流行的污水处理工艺有：AB 工艺、SBR 工艺、氧化沟工艺、普通曝气工艺、膜分离技术工艺等，各有其自身的特点。

1. AB 工艺

该工艺对曝气池按高、低负荷分为二级供氧。A 级负荷高，曝气时间短，产生污泥量大，污泥负荷在 $2.5kgBOD/(kgMLSS \cdot d)$ 以上，池容积负荷在 $6kgBOD/(m^3 \cdot d)$ 以上；B 级负荷低，污泥龄较长。A 级和 B 级亦可分期建设，A 级与 B 级间设中间沉淀池。两级池子的 F/M（污染物量与微生物量之比）不同，形成不同的微生物群体。AB 工艺尽管有节能的优点，但不适合低浓度水质。

2. SBR 工艺

此法进水、曝气、沉淀、出水在同一座池子中完成，常由 3～4 个池子构成一组，轮流运转，一池一池地间歇运行，故称序批式活性污泥法。这种一体化工艺的特点是工艺简单，由于只有一个反应池，不需二沉池、回流污泥及相关的设备，一般情况下不设调节池，多数情况下可省去初沉池，故节省了占地和投资，耐冲击负荷且运行方式灵活，可以从时间上安排曝气、缺氧和厌氧的不同状态，实现脱氮除磷的目的。

3. 普通曝气工艺

普通曝气法出现得最早，其实际处理效果好，可处理较大的污水量，对于大的污水处理厂可集中建设污泥消化池，所产生的沼气可作能源利用。传统普通曝气法的不足之处是只能作为常规二级处理，不具备脱氮除磷功能。近几年，在工程实践中，通过降低普通曝气池的容积负荷，可以达到脱氮的目的；在普通曝气池前设置厌氧区，可以除磷，亦可用化学法除磷。采用普通曝气法去除 BOD，在池型上有多种形式，如氧化沟，工程上称为普通曝气法的变型工艺，亦可统称为普通曝气法。

4. 氧化沟工艺

该工艺于 20 世纪 50 年代初期发展形成，因其构造简单、易于管理，很快得到了推广应用，且不断创新。目前，氧化沟在应用中发展出了多种形式，比较有代表性的有：一是帕式，简称单沟式，表面曝气采用转刷曝气，水深一般在 2.5～3.5m。二是奥式，简称同心圆式，实际应用的多为椭圆形的三环道式，3 个环道采用不同的 DO，如外环为 0、中环为 1、内环为 2，这有利于脱氮除磷。采用转碟曝气，水深一般在 4.0～4.5m。三是卡式，简称循环折流式，采用倒伞形叶轮曝气，水深一般在 3.0m 左右，但污泥易于沉积。四是三沟式（T 型氧化沟），该工艺由 3 个池子组成，中间作曝气池，左右 2 个池子兼作沉淀池和曝气池。其特点是采用转刷曝气、水浅、占地面积大、不设厌氧池、不具备除磷功能。

5. 膜分离技术工艺

用膜分离代替沉淀进行泥水分离，可带来活性污泥工艺的以下变化：其一，不再存在污泥膨胀问题。在调控活性污泥系统时，不必再考虑污泥的沉降性能，从而使工艺控制大大简化。其二，曝气池的污泥浓度将大大提高，MLSS 可以达到 20g/L 以上，从而使系统可在超大泥龄、超低负荷状态下运行，充分满足去除各种污染物质的需要。其三，在同样的处理要求下，可使曝气池容积大大减小，节省了污水处理厂的占地面积。其四，污泥浓度的提高，要求较高的曝气速率，因而纯氧曝气将随着膜分离技术的应用而被大量采用。

三、部分污水处理工艺比较

污水处理厂的工艺选择应根据原水水质、出水要求、污水处理厂规模、污泥处置方法及当地温度、工程地质、征地费用、电价等因素综合考虑。污水处理的每项工艺技术都有其优点、特点、适用条件和不足之处，不可能以一种工艺代替其他一切工艺，也不宜离开当地的具体条件和我国国情。

1. 常规活性污泥法和氧化沟、SBR 工艺的比较

（1）常规活性污泥法适用于中等负荷的大型污水处理厂。

（2）氧化沟、SBR 工艺的基建费用低，运行费用较高。若处理规模为 10 万 t/d，折旧以 20 年计，氧化沟、SBR 工艺与常规活性污泥法的总处理费用大体相当（处理费＝运行费＋折旧＋固定资产投资贷款利息）。规模越小，氧化沟、SBR 工艺的总处理费用越低。因此，对于中小型污水处理厂而言，氧化沟、SBR 工艺在经济上有益。

（3）氧化沟、SBR 工艺一般不设初沉池和污泥消化池，处理单元比常规活性污泥法减少 50％以上，操作管理简化，且设备国产化程度高，价格低。

2. 氧化沟、SBR 工艺的比较

（1）基建费用：SBR 是合建式。地价高，有利于 SBR，其土建费用较低，但设备费用较氧化沟高。

（2）就进水 BOD 浓度而言，浓度高，有利于氧化沟；浓度低，有利于 SBR。一般以 BOD＝150mg/L 为界，高于此值，氧化沟建设费用低于 SBR；低于此值，则相反。

（3）运行费用：就曝气方式来看，氧化沟通常采用机械式，SBR 通常采用鼓风式，后者比前者省电；SBR 工艺是变水位运行，增大了扬程，因而电耗要比氧化沟小，运行费用也低。

（4）SBR 工艺的自控要求较高。从出水水质来看，氧化沟是动态沉淀，SBR 是静态沉淀，后者沉淀效率更高，出水水质更好。

四、逸闻轶事——好奇胖胖

老李在做环保并购时，有个感悟：到一个环保、水务公司，如果总经理很忙，电话不断，每天走廊上部下排队汇报工作，则该公司管理比较糟糕。相反，如果在与总经理交谈时，很少有人来打扰，感觉其相对清闲，则该公司管理会比较好。

有一天，老李来到 Y 市水务公司，找其总经理交流项目情况，总经理办公室里有一张很小的会议桌，老李一边与总经理交谈，一边在一本厚厚的笔记本上记录着。该公司一个胖胖的办公室主任紧挨着老李坐在桌角。交谈期间，老李起身要到旁边椅子上自己电脑包里找个材料，一转身时，发现那位胖胖的办公室主任正在憨憨地扒拉他的笔记本，偷看上面写的内容。发现这个情况后，老李就果断放弃了这个项目。

后来，这个项目被一家香港公司并购，但是，因为双方合作不愉快，没有运营几年就散伙了。

第四节　污水处理运营及技术

一、水处理产业链

广义的水处理产业链包括三个组成部分——水务设备制造、水务工程建设和水务设施运营，最终到达目标客户。其中，水务设施运营具体覆盖自然水体、原水生产与供应、自来水生产、管网供应、用户使用、管网排水和中水回用，以及污水处理厂进行污水处理的全流程。

从广义的水处理产业链来看，污水处理位于链条末端，对于水产业的循环利用起到至关重要的作用，只有污水处理阶段保持良好的运作，才能确保产业链有序持续循环。从价值链角度来看，污水处理的设备制造、工程施工和服务运营三个环节中，毛利率呈现"倒金字塔"结构，即自上而下逐渐升高，与轻资产的属性特征密切相关。污水处理服务领域主要包括生活污水处理和工业废水治理两类。生活污水处理覆盖新建污水处理设施、升级改造污水处理设施、新建污水再生利用设施等；工业废水治理覆盖电力能源废水处理、石化废水处理、冶金废水处理、其他工业废水处理等。

二、污水处理技术

现阶段，污水处理厂的管理水平相对于高端的污水处理技术、先进的管理思路和模式来说，还存在着较大程度的差别，这也是不断向更多污水处理厂普及基础的污水处理技术、全面的管理思路、精细化的运行模式的初衷。

污水处理技术按照原理可分为物理处理法、化学处理法、生物化学处理法。物理处理法是指通过物理方法来去除污水中的固态污染物、不溶解性污染物以及寄生虫卵等，主要方法包括筛滤法、沉淀法、过滤法、气浮法以及反渗透法等。化学处理法是指利用化学反应的作用，分离回收污水中处于各种形态的污染物质，主要方法有中和、混凝、电解、氧化还原、萃取、吸附以及离子交换等，主要用于处理生产污水。生物化学处理法是指利用微生物的代谢作用，使污水中处于溶解、胶体状态的有机污染物转化为稳定的无害物质，主要包括利用好氧微生物的好氧法和利用厌氧微生物的厌氧法，前者用于处理城市污水以及有机性生产污水，代表方法为活性污泥法和生物膜法，后者多用于处理高浓度有机污水与污泥，现在也用于处理城市污水以及低浓度有机污水。

外加碳源量要满足两个需求：一是部分污水处理厂进水碳源不足，客观上需要补充碳源；二是用于消氧，消耗掉大量通过内回流带入缺氧区的溶解氧，以满足反硝化要求。许多污水处理厂进水碳源并不缺乏，投加碳源只是用于消耗缺氧区过量的溶解氧。绝大部分污水处理厂缺氧区太短、反硝化时间不足，加上污泥中活性比例太低、反硝化菌群数量不足，综合导致反硝化效果很差，而大量投加优质碳源可提高反硝化效率，弥补反硝化时间和反硝化菌群数量的不足。由于以上原因，大量投加碳源就成为提高反硝化能力的一条捷径。另外，监管普遍采用瞬时取样方法，大大提高了脱氮要求，进一步增大了碳源投加量。

过量投加化学除磷药剂的主要原因是生物除磷机制的失败。当脱氮效果不佳时，外回流带回厌氧区的硝酸盐既与聚磷菌争夺本就不足的优质碳源，也使ORP难以降低到释磷的要求。另外，生物除磷需要通过排泥实现，而超高污泥浓度运行工况排泥量不足，无法获得较好的生物除磷效果。当没有生物除磷效果，全部采用化学除磷时，除磷药剂投加量将会很大，同时会产生大量化学污泥。一部分污水处理厂没有生物除磷而又采用同步化学除磷时，污泥活性将进一步降低，形成恶性循环。

1. 生物膜法

生物膜法是在充分供氧条件下，用生物膜稳定和澄清废水的污水处理方法。生物膜是由高度密集的好氧菌、厌氧菌、兼性菌、真菌、原生动物以及藻类等组成的生态系统，其附着的固体介质称为滤料或载体，生物膜自滤料向外可分为厌氧层、好氧层、附着水层、运动水层。

在污水处理构筑物内设置微生物生长聚集的载体填料，在充氧条件下，微生物在填料表面聚集附着形成生物膜，经过充氧的污水以一定流速流过填料时，生物膜中的微生物吸收分解水中的有机物，使污水得到净化，同时微生物也得到增殖，生物膜随之增厚，当生物膜增长到一定厚度时，向生物膜内部扩散的氧受到限制，其表面仍然呈好氧状态，而内层则会呈现缺氧甚至厌氧状态，最终导致生物膜脱落，随后，填料表面还会继续生长新的生物膜，周而复始，使污水得到持续净化。

生物膜法在污水治理过程中有着非常高的地位，其中主要的就是利用生物来对污水中的主要成分进行一定的筛选，之后再通过降解、吸附等方式对污水进行净化处理，对污水所造成的冲击力以及负荷的持久性都比较强，而且操作起来较为简单，对场地的要求比较低。由于生物膜法具备以上明显优势，在污水处理过程中已经成为主要的应用方法之一。

2. 活性污泥法

活性污泥法是以活性污泥为主体的废水生物处理方法，该方法是在人工充氧条件下，对污水和各种微生物群体进行连续混合培养，形成活性污泥。利用活性污泥的生物凝聚、吸附和氧化作用，以分解去除污水中的有机污染物，然后使污泥和水分离，大部分污泥再回流至曝气池，多余部分则排出活性污泥系统。

具体步骤为：第一阶段，污水中的有机污染物被活性污泥颗粒吸附在菌胶团的表面上，同时一些大分子有机物在细菌胞外酶作用下分解为小分子有机物；第二阶段，微生物在氧气充足的条件下，吸收这些有机物并氧化分解，形成二氧化碳和水，一部分供给自身的增殖繁衍，活性污泥反应的结果为，污水中有机污染物得到降解而去除，活性污泥本身得以繁衍增长，污水实现净化处理。经过活性污泥净化作用后的混合液进入二沉池，混合液中悬浮的活性污泥和其他固体物质在这里沉淀下来与水分离，澄清后的污水作为处理水排出系统，经过沉淀浓缩的污泥从沉淀池底部排出，称为剩余污泥，实际上，污染物很大程度上从污水中转移到剩余污泥之中。

活性污泥法对污水进行处理的过程中更多的生物学分支利用氧化的方法对污染物进行处理，之后再通过气浮和沉降实现污泥成分的分离，从而流出清水，此种处理方法的应用范围非常广，可以更好地保证水质，有效降低污水有毒物质含量。日本的污水处理厂在进行污水治理的过程中更多地使用这种方法进行操作，基本步骤为：先利用活性污泥对其中的恶臭气体进行处理，之后进行常温干燥，再将干燥的污泥重新浸入水中来获得固定化的污泥，污泥和恶臭气体进行集合之后就会形成一种固定的物质，从而对恶臭气体进行消除。但是此方法所需要的成本较高，使用中存在一定的限制。

3. 臭氧氧化处理法

臭氧氧化处理法是用臭氧作氧化剂对废水进行净化和消毒的处理方法，主要用于水的消毒、去除水中酚和氰等污染物质、水的脱色、去除水中铁和锰等金属离子、去除水中异味等。臭氧氧化处理法在进行污水处理过程中可以对污水中含有的有机物进行一定的分解，利用臭氧进行处理的方法更多的是对污水进行杀菌处理，该方法较为简单、成本较低、处理效果也较为理想，但是臭氧氧化处理法的适用范围比较小，更多需要和其他污水处理法结合使用，更适用于中小规模的污水处理。

4. 污水处理物联网技术

污水处理更多地与物联网技术进行连接，在其处理的不同位置安装智能传感器，是近年来所出现的污水处理创新方法，主要将城市污水处理厂和水泵站控制系统设备等进行联合，共同组建物联网感知层，利用先进的无线网络、无线数据，构建通信传输系统，更好地实现污水处理系统数据的实时收集、传输、储存及处理。这些智能传感器收集水质、温度变化、压力变化、水和化学物质泄漏等数据，并将这些数据发送回应用程序，该应用程序将这些数据信息综合成可操作的指令，也可追踪污水质量、可饮用性、压力和温度，包括动态传感器集群和强大平台驱动分析在内的解决方案，可以让操作员测量液体流量、跟踪整个污水处理厂流量，工程师可对这些数据进行解读；同时，物联网还可以在泄漏监测中发挥作用。它可以向远程管理系统发送即时警报，使工程师能够更快地作出响应，通过预测性维护，可以在问题发生之前采取措施；在污水处理中使用物联网的另一个好处是可以检测初步处理后的残留化学物。早期检测衡量有助于优化该设施的处理流程，并确保化学品的排放保持在法定限度内。

该技术可以更好地实现对于污水处理全流程的控制，从污染源、管网、污水处理厂到向最后的水体排放实现全覆盖，并建立相应的应急联动与预警预报系统，污水处理效果较为理想且覆盖的范围广，可适用于较大规模的污水处理。

三、成本-收入模式分析

1. 运营成本分析

污水处理项目的运营成本一般由能源费用（电力、蒸汽等）、药剂费、污泥处置费、人工费、固定资产（无形资产）折旧费、维修费、财务费以及其他费用等构成。

人工费：包括污水处理厂职工的工资福利和津贴补助等，每月基本不变。

动力费：主要是污水处理厂实际运行所产生的电力费用，根据电力部门及项目所在地具体收费标准，按用户电压等级和性质具体计算，冬季需供暖的地区还应考虑供暖费用。运输费主要是运输污泥产生的费用。

维修费：包括日常设备维修保养费、设备大修和管道维护费。

药剂费：主要是在污水处理的过程中投放的各种药剂费用之和，药剂主要包括化学试剂、絮凝剂、消毒剂等。

折旧费：污水处理厂通用仪器设备、输送管道及泵等电气设备都在预计净残值的4%，折旧年限由国家统一的时间范围进行计提。

尾水、尾气、污泥处置费：污水处理厂尾水与沼气的排放和污泥处置等所产生的费用，按相关部门的具体规定计算。

其他管理费：包括管理和部门办公费、差旅费等不属于以上项目的支出。

其中，能源费用是主要费用，污水处理运营管理企业需要关注和研究生产各环节能源使用情况，通过流程改进或技术改造回收利用能源，充分利用国家降低能源成本相关政策，比如售电改革、合同能源管理等，调整具体业务模式，降低运营成本。利用富余产能，开展协同业务，在项目规划和建设时，应合理评估负荷，可采取土建和公共配套设施一次到位、设备分期实施的方式，在项目建成后，如果产能有富余，在符合生产规范和排放标准、不降低服务质量的前提下，协同处理其他类似废物，比如餐厨垃圾协同有机污泥进行厌氧处理，生活垃圾协同干化后污泥进行焚烧等，协同处理可以共享处理系统（焚烧、厌氧等）、臭气处理系统等，利用热值或有机质，不仅能提高生产效率，也能增加营收。

2. 运营收益分析

目前，我国污水处理厂的污水处理费基本由政府部门向有关企业或者个人收取，再由政府部门统一向污水处理厂支付，所以污水处理企业的收益模式主要取决于收费模式。目前，我国污水处理企业的收费模式主要包含以下四种类型：

（1）保底水量法

保底水量法是指在计算污水处理服务费时会提前制定保底水量，污水处理企业的污水处理量如果没有达到规定的保底水量，也一并按照保底水量计算其污水处理服务费，但超过保底水量的部分，污水处理服务费价格会相对偏低。在该种模式下，污水处理厂没有太大的生产压力，不管污水处理量有没有达到规定的保底水量，企业都会收到固定的污水处理服务费。该模式的难点在于保底水量的制定，如果保底水量制定过低，企业的盈利不能保证，如果保底水量制定过高，不能激发企业的生产积极性。

（2）简单计算法

本方法是指根据污水处理厂的实际处理水量，制定较为合理的污水处理服务费，在计算企业水价时将实际处理水量与污水处理服务单价简单相乘。该方法的缺点在于企业的最低盈利无法得到保障，处理的水量决定最后收益，企业收益存在较大不稳定性。

（3）简单计算＋违约金法

该方法是在简单计算法的基础之上，如果污水处理厂的处理水量没有达到规定的最低标准，就对污水处理厂进行一定程度的违约处罚。本方法会较大程度激发污水处理厂的积极性，但同时也会给企业带来较大的运营压力。

（4）平均值分段计价法

平均值分段计价法是指通过计算污水处理厂的月均污水处理量，根据平均值将污水处理服务费支付标准分为两段，低于月均污水处理量的部分，水价定价偏低，高于月均污水处理量的部分，水价定价偏高。

3. 完善污水处理价格机制

2018年，国家发展改革委印发《关于创新和完善促进绿色发展价格机制的意见》（简称《意见》），包括污水处理在内的绿色发展的价格机制、政策体系将在未来三年内初具雏形，取消此前的"一刀切"价格，取而代之的为建立企业污水排放差别化收费机制。《意见》要求，按照补偿污水处理和污泥处置设施运营成本并合理盈利的原则，分类分档制定差别化收费标准，促进企业污水预处理和污染物减排，并以污水处理和污泥处置成本、污水总量、污染物去除量、经营期限为主要参数，鼓励地方根据企业排放污水中主要污染物种类、浓度、环保信用评级等，促进企业污水预处理和污染物减排，并明确提出工业园区要率先推行。进一步鼓励各地建立企业污水排放差别化收费机制，以促进企业污水预处理和污染物减排，支持污水处理排放标准提高至《城镇污水处理厂污染物排放标准》一级 A 标准或更严格标准的城镇和工业园区，相应提高污水处理服务费标准，并强调长江经济带相关省份要率先实施。城镇区域将全面推行城镇非居民用水超定额累进加价制度，逐步将居民用水价格调整至不低于成本水平，将非居民用水价格调整至补偿成本并合理盈利水平；农村区域将在已建成污水集中处理设施的地区，综合考虑村集体经济状况、农户承受能力、污水处理成本等因素，探索建立农户付费制度。

四、污水处理项目运作模式

目前，我国污水处理企业的主要项目运作模式有 EP、EPC、BOT、ROT、TOT、BOO、TOO、O&M、PPP 等。

1. EP 模式

EP 模式，即设计加采购总承包模式，总体原则是以项目总体计划为指导，以总承包合同为依据，以设计为根本，以控制质量成本、工期为目标，以信息管理为手段。政府或其授权方将工业或市政的大型整体配套水处理项目进行工程总承包招标或邀标，具有相应资质的工程总承包商中标后，拟订方案、设计系统，就工程施工、设备集成、系统调试等环节分包招标或邀标，然后通过系统组装集成的方式组成一个能完成特定功能的系统，交付给项目业主。EP 模式不涉及土建安装工程。

2. EPC 模式

EPC 模式是 EP 模式的延伸，在 EP 模式的基础上增加土建安装工程。一般是指项目工程的总承包方与项目业主签订工程总承包合同后，项目工程的总承包方对整个项目的各大环节进行负责，以项目设计为主，采购、施工相配合，认真完成各大环节之间的衔接与管理工作，做到合理紧密配合，认真完成项目工程的质量、成本、安全等各大环节管理工作。相对于建筑行业，污水处理工程的建设和运行具有延续性、长期性等特点，对于建筑行业的工程总承包商，工程建设项目的完工意味着项目建设程序的终结，但是对于污水处理工程项目，总承包商的建设过程充分体现了污水处理工艺设计的要求。在调试完成移交业主后，如果业主不了解污水处理行业的技术特点，或者对总承包商的设计思想不理解，就会导致污水处理工程的运行管理不善，影响整个工程的运行效果。EPC 模式明确规定了工程调试移交阶段总承包商应在移交建设工程的同时，完成对运行操作人员的技术培训，以充分发挥总承包商在技术领域的专长，为业主提供后续的运行管理指导。

3. BOT 模式

BOT 模式即建造-运营-移交模式，目的是为了解决地方基础设施发展的需要与地方财政困难的矛盾，这种方式最大的特点就是将基础设施的经营权有限期限的抵押，以获得项目融资。这种模式下，首先由项目发起人通过投标从委托人手中获取对某个项目的特许权，随后组成项目公司并负责进行项目融资，组织项目建设，管理项目运营，在特许期内通过对项目的开发运营以及当地政府给予的其他优惠来回收资金以还贷，并取得合理利润。特许期结束后，应将项目无偿移交给当地政府。BOT 模式下，投资者一般要求政府保证其最低收益率，一旦特许期内无法达到该标准，政府应给予特别补偿。这种模式一般适用于改建或扩建的污水处理厂。由此可见，企业承担污水处理系统的筹资、建设、运营与维护，在合同期内拥有、运营和维护污水处理系统，并通过收取使用费或服务费，回收投资并取得合理利润，合同期满后，污水处理系统的所有权无偿移交给政府或其授权方。BOT 模式相较 EPC 模式，是在后者的基础上，增加了对项目的投资及项目运营期的运营管理过程。

对政府而言，政府付出的不再是一次性的巨额财政资金，而是实实在在的"特许经营权"，政府可用将来按政策征收的污水处理服务费发挥现实的环境效益，将以前的一次集中支付调整为分期支付，可进一步减轻财政压力。而且有利于投资主体和投资结构的多元化。环保基础设施的建设在我国历来是由政府投资，投资结构单一，在立项、选项和建设过程中管理漏洞多，难度大，而且限于政府财力，积压项较多。采用 BOT 模式可以从国际、国内乃至民间多渠道融资，投资基础设施建设的资本在短时间内能够迅速放大，而且通过引入市场竞争机制，项目管理水平、技术水平都会有较明显的提高。

4. ROT 模式

ROT 模式即投资改造-运营-移交模式。企业按照签订的提标改造及运营管理合同、技术改造特许经营协议等，对客户已有设施进行升级改造，之后在商业运营期内提供专业化运营。委托方根据合同约定支付运营服务费。特许经营期结束后，项目公司向客户无偿移交项目设施及相关的运营记录等。ROT 模式适用于需要改扩建的水务设施，解决了政府缺乏扩建工程资金的问题，同时又将原有设施的运营管理结合起来，若设计得好，可以是一种非常贴近实际情况的投融资模式。

5. TOT 模式

TOT 模式是指由政府部门或其授权方将建好的污水处理设施在一定期限内的特许经营权有偿转让给企业进行运营管理，企业向政府收取污水处理服务费，以此来支付运营成本并获取投资收益，特许经营期结束后，企业将污水处理设施整体无偿移交给政府部门或其授权方。

TOT 模式适用于有收费补偿机制的存量设施，政府部门希望通过经营权转让套现。在国内实践中有两种交易方式，一是移交给民营机构的仅为经营权，二是移交给民营机构的不仅有经营权还包含资产所有权，前一种交易方式类似于政府一次性回收几十年设施租金，因此也称为 POT（Purchase-Operate-Transfer）。从本质上看，TOT 模式是一种租赁行为，政府作为资产拥有者，将公共设施一段时间的经营权交给投资者，作为一种等价交换，投资者要向政府支付一定的费用（租金）。另外，TOT 模式不涉及相关建设期的风险，这是 TOT 模式区别于以资信为基础的传统融资方式的最大不同。

6. BOO 模式

由企业建设和拥有污水处理设施，政府部门或其授权方授权企业在委托运营期内负责污水处理项目相关设施的运营及维护，企业在特许经营期届满后将设施保留，不将此项基础产业项目移交给公共部门。BOO 模式适用于收益不高，需要给投资人提供更多财务激励的新建项目，与此同时，要求政府对这些设施的运营服务质量进行监管，该模式在国内固废类项目使用较多，如常熟垃圾焚烧项目 BOO，但国内的水务项目极少采取该种模式。

7. TOO 模式

企业收购已建成设施的特许经营权及相关资产所有权,地方政府授权企业经营污水处理设施,企业在特许经营期内收取污水处理服务费,并在特许经营期满后将设施保留,不将此项基础产业项目移交给公共部门。

8.(O&M)模式

委托运营(O&M)模式是指拥有水务设施所有权的政府部门通过签订委托运营合同,将设施的运营和维护工作交给相关专业机构完成,相关专业机构对设施的日常运营负责,但不承担资本性投资和风险,通常政府部门向相关专业机构支付服务成本和委托管理报酬。委托运营模式适用于物理外围或责任边界比较容易划分,同时其运营管理需要专业化队伍和经验的水务设施,该模式下,政府并不急于套现设施投资,而是着眼于提高设施运营管理和服务的质量,或者没有足够专业化的队伍进行运营时。

9. PPP 模式

广义的 PPP 模式是指公私合作投融资模式,以授予私人部门特许经营权为特征,包括 BOT、TOT、ROT 等多种模式。狭义的 PPP 模式即政府和社会资本合作模式,政府为增强公共产品和服务供给能力、提高供给效率,通过特许经营、购买服务、股权合作等方式,与社会资本建立的利益共享、风险共担的长期合作关系。项目发起人向社会招标,企业中标之后,政府或委托方参股中标企业设立的项目公司,由项目公司与地方政府签订 PPP 协议,并获得项目的特许经营权,项目公司负责项目的投资、建设和运营,在特许经营期内,项目公司的收入包括建设期的建造收入和运营期的运营收入。

五、污水处理厂提标改造

污水脱氮的主流技术是生物脱氮,采用传统 A^2O 工艺,提标改造工艺主要是高效沉淀池＋反硝化深床滤池。有些城市污水处理厂进水中含有较多的工业废水,提标改造工艺采用了 A^2O＋膜处理＋催化氧化。

设计时,要考虑进水浓度低、跌水充氧造成消耗碳源以及无效损耗等问题。污水处理厂提标运行后,后端加深度处理的污水处理厂采用二级提升或三级提升,能耗较高。滤池跌水高度较高。尽量在前面工艺把氮、磷去除掉,进一步挖掘生物脱氮除磷的潜能,可降低很多成本。同时,也需要做好进水来源的管控。

污水处理厂进水有机物含量较低,进水 COD 通常低于 200mg/L,有的污水处理厂进水 COD 仅为 100mg/L 以下,生物脱氮除磷碳源不足。以原有的工艺为基础,采用多点进水的方式充分利用污水碳源,提升脱氮的效果。实在无法解决时,再考虑在工艺后端加反硝化滤池等技术工艺及设施。污水处理厂一般使用的碳源为乙酸钠、葡萄糖,运行成本大约为 0.2～0.3 元/m^3,甲醇最经济,用量是乙酸钠的 2/3,但易爆、有毒,考虑安全性,一般仅在规模较小的污水处理厂部分使用。

六、农村污水处理站运营管理

农村污水处理站运营管理存在的问题:一是工作人员水平偏低。为确保农村污水处理站运营顺利、便于管理,一般管理人员多从当地聘用,但其专业知识、运营经验、处理问题能力等方面不适应运营管理的实际要求。同时,由于农村生活污水处理在乡镇处于起步阶段，其管理队伍总体水平不高，影响了污水处理站的运营管理。二是运营费用难以落实。农村污水处理站运营费用主要由国家财政拨款和受益群众出资构成，在具体的费用落实上，国家财政拨款程序多、手续复杂，落实需要时间；在受益群众出资上，具体的计算标准、收取方式和途径存在一些问题，还有部分群众认为自家产生的大部分污水收集后用于还田了，没有必要对污水进行处理，拒绝缴纳相关费用。由于运营费用落实不到位，最终影响了污水处理设施正常运行，有的甚至出现闲置。三是一些已建污水处理站环境问题突出。受工作人员管理能力及责任意识缺乏而不能及时维护保养、运营资金不到位、设计标准过低、收水量较少等因素影响，部分乡镇村已建污水处理站作用发挥不到位，有的甚至已停运，导致未经处理的污水流入外环境，对周边地表水环境造成了一定影响。

农村污水处理站运营管理问题对策：一是对拟建污水处理站做好准备工作，提高项目建设质量。农村的经济社会发展水平、区域特点、自然地理条件和环境目标不尽相同，要因地制宜确定各乡镇村生活污水处理的技术路线，使生活污水处理实现无害化和资源化。高效强化的微动力生态处理集成技术与设备具有很大的技术经济优越性。这些集成技术与设备因低成本、高效率、无动力或微动力等显著特点，具有在集中供水条件下处理农村生活污水的潜在优势。二是严格把关，提高污水处理设备采购质量。目前小型污水处理装置的市场竞争非常激烈，一些地方甚至存在恶性竞争现象，而且设计不规范，缺乏统一的技术要求和设计标准，为将来的运营管理带来了很大的风险和隐患。相关部门应密切配合，坚持公开、公正、公平、科学的原则，充分论证并提出针对分散性污水处理的技术标准、设计规则与操作规范，使工程设计标准化和运营管理规范化。在工程建设过程中，相关部门应协助处理好配套设施修建、用地选址矛盾纠纷化解等工作，加快工程进度。三是协助运营管理，提升管理效能。地方政府应采取措施协助农村污水处理站做好人员培训、资费标准设定、费用收取等方面的工作，确保农村污水处理站运营顺利，实现效能最大化。四是强化监督检查，确保达标排放。地方生态环境部门要主动履行职责，通过定期检查、接受群众举报等途径，协助当地政府做好农村污水处理站日常管理工作的监督检查，确保其运行规范、达标排放，让农村环保工程真正发挥作用。

七、污水处理厂的运营周期

小型污水处理厂在建设完工的初期，往往缺水甚至无水运行，同时雨污合流严重的小型污水处理厂还存在着进水浓度远低于设计标准的情况，这些情况容易造成污水处理厂的大马拉小车，污水在厂内的停留时间远大于设计停留时间，此时的处理难度相对较低，较长的停留时间和过量的曝气等因素，可以大幅度消减污水污染物，达到较好的处理效果，同时由于设施设备投用不久，故障率较低，造成厂内的工作人员巡视和检修维护量较少。此时污水处理厂的管理人员往往形成污水处理的管理相对简单、没有特别的技术含量的想法。在日常管理中，疏忽掉日常技术管理的积累和经验的总结，同时运营成本较低，利润较大，初期污水处理厂的运营情况都较好，运营方可获得较大的收益。

在污水处理厂运营中期，由于外管网的建设进一步完善以及城镇居民人口的自然增加，处理水量逐步接近或达到设计能力，污水处理厂达到了满负荷或者超负荷运行。此时的设施设备都已经过多年的运行，由于污水处理厂内设备与污水直接接触，使得国产设备在5～6年、进口设备在8～10年后基本就处于一个需要维护重置的阶段。这两个因素对小型污水处理厂的运营管理迅速造成压力。特别是在运营初期缺乏相应的技术储备，缺少实际技术人员的培养，到了运营中期，造成污水处理厂内不具备相关的技术力量来应对满负荷甚至超负荷运转这样一个情况，而原有设备的不断老化损毁，也加剧了厂内维护费用的支出，运营成本上升，厂内工作人员的工作量也急剧增加，运营管理难度大幅度增加，运营利润开始下降。

到了污水处理厂运营后期，往往根据新的环境标准进行提标改造，或者对原有的设计缺陷进行弥补性改造，开始进入污水处理厂的更新改造阶段。大修及改造项目实施后，在厂内施工与原有的污水处理相互重叠的现象较多，污水处理厂的运营管理难度也大大增加，同时由于检修等原因，进水量降低，运营计费减少，运营企业的厂内资金开始紧张，使后期的更新改造费用投入不足，造成后期的改造工程虎头蛇尾，导致改造效果不尽理想，从而形成新一轮的小型污水处理厂的运行周期循环。

从小型污水处理厂的运行情况可以看到，县级的小型污水处理厂运行周期大约为10年，在10年内出现初期良好运行、中期压力运行、后期改造运行等几个阶段。在实际调查的县级污水处理厂中都不同程度存在着这样的情况。

县级的小型污水处理厂的设计和运营在不同程度上存在着脱节，设计采信的数据在实际运行当中往往出现偏差，原有的设计计算和设计理念在实际运行中已经不能达到实际的处理效果。而污水处理厂的运营人员在实际运行中无法理解设计初衷，不能完全体会设计意图和思路，使得设计的一些设施设备没有发挥出实际的功效，造成资金的浪费，而且达不到理想的处理效果。

污水处理厂的成本可划分为直接成本和间接成本两部分，直接成本主要来源于污水处理厂的电耗、药耗、设备的维护等可见性的必需支出费用；间接成本主要来源于污水处理厂的运营管理所产生的不可见性的费用。直接成本作为污水处理厂正常运转的保障，是污水处理厂的重要支出性成本，如何有效降低这部分成本，是在间接成本中得到的体现。污水处理厂通过有效地管理，在技术层面能够挖掘到污水处理厂内的技术潜力，在人员方面能够激发出厂内人员的工作积极性，避免不必要的成本支出，简化管理手段和管理层面，降低管理费用。

对污水处理厂的运营利润进行合理分配，通过运营先例建立多年财务模型，判断利润高峰低谷点，合理支配利润，使污水处理厂全生命周期的运行收支平衡，对大修改造项目要进行预先判断，并作出合理规划，做好中长期的运营管理计划，保证污水处理厂的长期稳定收益。

污水处理厂要制定合理的目标，并严格执行和管理。积极建立面向市场的技术创新信息系统，以市场为导向，推进创新。更新企业制度，包括企业产权制度、经营制度、管理制度等，建立一个有效的企业创新机制，保证创新顺利进行。增加技术创新投入，提高企业整体技术水平。加强和科研机构的联系，实行企业与科研院所和大专院校的联合。

污水处理厂要实行班组成本考核，完成日常成本核算。建立健全各项规章制度、事故应急方案并组织全员学习，全面提升公司的企业文化。

污水处理厂要做好准确的日报表，将真实情况反映在报表上，要求内容准确、完善，包括数据、时间等；数据要具有及时性。根据日报表分析实际运营情况，重点分析成本组成的电、药剂成本，对不正常的数据做分析，及时调整运营方法。根据供电的高、低峰进行运行时间调整，并采取变频装置，有效节省电力成本；通过尝试不同药剂，在效果不降低的情况下采用更低廉的药剂，有效降低成本。

八、污水处理厂智能运营系统

1. 概述

污水处理厂以微生物处理工艺为主，其生化处理过程复杂，针对不断变化的污水水质，处理水质也具有极大的不确定性，而常规的监控手段还是以人工经验为主，结合手动或远控方式进行操作，在运行中出现问题也往往是按照"出现问题-反馈问题-解决问题"的过程执行。造成污水处理中普遍存在现场控制回路简单、信息滞后、数据管理凌乱、节能降耗意识和手段缺失、水质预测困难等问题。

2. 数据加工和检测

数据加工：采样过程中，由于会出现测定误差、信号丢失、传感器失灵等各种问题，造成记录信息中混有各种虚假信号。同时，污水处理厂日常工作中普遍存在对外报出数据填报量大的问题。一般会出现延误填报、数据不统一的问题。

数据检测：根据规则和统计分析方法，对异常数据进行检测和修正。主要过程是定义基准-监控比较-偏差大时触发检测-考虑其他相关变量（多变量分析）-确定数据准确性。数据检测作为专家系统的一个分支，提供对化验、在线仪表数据可靠性的智能化分析。

3. 数据分析

绩效评估模型：以行业要求为基础，将绩效评估模型数字化。加工后的数据作为水质调整决策的重要依据，与专家系统和 BP 神经网络共享数据。利用大数据分析方法，开发专家系统，结合给出优化控制方案，根据经验和水处理模型理论实现工艺调整大方向上的决策，实现对现场工艺、能耗、设备管理的智能化控制。按照控制层级（现场级、中控级、公司级）、工艺区域分步实施智能化算法的开发。

专家系统：开发一个适用于本厂的智能化程序，结合理论参数对汇总的数据进行统计、加工和学习，通过辨别问题，提出预报和警报，并自动归类，从而建立适用于本厂的知识库。专家系统用到的基础数据如下：定量数据包括各类流量、温度、DO、pH、ORP；化学和物理指标包括进、出水及中间过程和污泥处理的所有相关指标数据；通过计算得到的数据包括 SRT、HRT、SVI、F/M、不同物质的去除率、氨氮负荷、硝化速率、反硝化速率等；定性数据包括污泥絮体结构、丝状菌数量、污泥镜检微生物各类数量、污泥沉降性、二沉池泥层高度、二沉池出水清澈度、污泥沉降上清液观测、污泥是否有气泡和上浮；设备数据包括资产名称、资产编号、设备序号、使用单位、原值、数量、单位、放置位置、规格型号、操作（设备卡片）、运行台时、故障台时、配件信息、维护保养计划、养护智能提醒、养护执行情况等。

专家系统的用途主要有：通过现场智能优化控制参数传递，实现了污水流量智能优化控制；生物处理中硝化反应过程、反硝化反应过程、高负荷下的工艺调整、低负荷下的工艺调整、污泥膨胀的检测控制、污泥中毒的检测控制、污泥物料平衡控制；设备、仪表故障缺陷自动诊断分析；单路停电自动恢复。应用方式针对各类控制策略建立分级、分区域的专家子系统。通过参数传递实现分级控制，通过分区域的智能化控制建立综合控制程序。

BP 神经网络控制：在基础数据的基础上，引入 BP 神经网络可以实现对控制参数的精确调控。BP 神经网络适用于难以用一般数学模型描述的高度非线性过程。利用其自适应性，通过专家系统输入-输出数据的导入训练，使其具备预测功能。实现了最优成本下的水质保证。主要是在现有运营基础上，将水量、电耗、药剂等运行成本进行综合分析，建立动态成本评测和控制模型。

4. 现场智能优化控制

水力控制：水力干扰是污水处理中影响出水水质的重要因素。较小的进水流量变化，可以降低对污水处理系统的冲击，减少大幅调整的发生次数。

厂内回流影响控制：污水处理厂采用智能化控制后，单元的操作考虑了其他单元对其的影响。例如以下几个影响因素：污泥外回流滞后的缓慢自动调整，稳定了二沉池 SS 浓度增加；综合考虑了回流量变化对缺氧区 DO 的影响，提前进行精确曝气系统的调整；消化池上清液的排放尽量避免与进水高峰重合；匹配处理泥量、泥质，防止污泥排放对污泥处理单元产生冲击；自动进行水量核算并对水量异常单元进行预警，防止进出水量差距过大。

提高污水处理厂的工艺稳定性，提高节能降耗水平；实现综合优化管理，有效提高运行管理水平；以水处理工艺和大数据智能化分析为方法，提升现有自控方式，实现污水处理厂复杂工艺过程的智能化处理，达到处理过程的低能耗、高稳定性、低产量的目标，这些都是污水处理厂智能化发展的必然趋势。

九、污水处理厂运营管理

1. 加强自控系统应用

自控系统可实时显示各关键设备的状态和关键参数的准确数据；实现节能降耗以及设备轮换运行；及时应对水质、水量的变化，确保出水达标；进行数据的统计、打印和传输等。

自控系统能够解决精确曝气和精确投药。精确曝气能够为污水处理厂节省大量的电能，同时保证出水水质达标。因为出水水质的后馈控制延时较长，除磷和反硝化药剂投加量的精确自动控制很难实现，一般污水处理厂中除磷药剂都是过量投加，因为其仅影响污水处理厂的药剂成本，而反硝化碳源按其投加位置的不同，要求比较精确的投加量。对于投药控制，一方面至少应实现投加量能够跟随投加环节的处理水量变动，另一方面应体现出自控系统的人机互动，可通过一定频率输入人工检测控制工艺环节的关键水质指标，依据此水质指标计算，并参考具有较好历史经验的数据，确定相应投加量的变化。如采用深度处理的后沉淀加药时，应检测二沉池出水的总磷数据，了解生化除磷效率，确定化学除磷的加药量，因生化系统的效果具有一定的耐冲击性，该数据能够在一定时间内比较精确地控制加药量。投药控制必备的第三个关键功能是根据出水指标的反馈及时自动调节药剂投加量，但仍需人工设置好相应指标的基准数据以及调节的幅度，因此自控系统的有效应用必须保持足够的人机互动，自控系统确定的投药量应得到运行人员的管理。

2. 合理调整运行模式

自控系统一般只能在设定好的运行模式下对污水处理厂运行进行有限的调节，合理地调整工艺运行模式是更加重要的措施，对于市政污水处理厂，因化粪池的设置以及雨污水管道分流尚不完善等原因，进水 BOD 浓度普遍不高，而总氮却可能较高，碳氮比基本达不到 3∶1 的生物脱氮要求，工艺运行调度的目的主要是合理调整生化池缺氧、好氧空间的分配，充分利用进水的碳源，尽量在不需外加碳源的情况下实现出水总氮达标。

3. 根据运行数据优化

管理细致的污水处理厂应包括生产日报、化验室水质日报、值班巡查记录、交接班记录、设备维保记录、污泥转运联单记录等。这些文件的作用不仅是记录污水处理厂的运行情况，供管理者和监管者了解、检查以及监督，更重要的是应该能够指导相应的运行人员如何开展工作，在发现问题（如电耗或药耗增加）时能够查找出原因，并为管理者主动进行的分析、评价以及改进优化等提供依据。

4. 关注周边水环境

污水处理厂的运行虽然只是厂区围墙内的工作，但其所接纳的污水来自厂外、处理后的出水排到厂外、受污水处理厂运行影响以及对污水处理厂运行施加影响的相关方（周边居民、污水排水户和政府监管方）都在厂外，因此污水处理厂的运行管理应随时关注周边水环境状况，了解、预测进水水量、水质可能的变化情况，了解出水受纳水体的水质变化和用途定位情况，定期向周边居民、政府部门进行满意度调查，主动协助政府部门开展区域水环境质量提升规划、中水回用规划和污水处理厂建设运行经验交流等，可以更加主动地控制和提高污水处理厂的运行质量，同时提升公司品牌和污水处理厂的经营效益。

5. 防范污水处理厂运营风险

在出水水质提标及环保从严监管下，污水处理厂自身运营能力不满足当前高质量运营的标准。原先污水处理厂排放标准过低不利于污染治理；我国工农业各领域污染排放远超环境容量。因进水水质超标、管网不完善、污泥处置不畅等问题致使污水处理厂运营效率衰减、出水水质超标，导致其承担法律责任和高额经济损失（包括影响退税）。进水水质超标导致企业被罚；管网短缺及不匹配导致污水处理厂效率下降；污泥处置迫在眉睫，污水处理厂成本大增。

开展 ISO9001 质量管理体系的建设和认证，通过对外部环境及时的监视和评审，管理者牵头进行合理的运行策划，完善相应的人员、硬件和软件支持，进行充分的内部和外部沟通，在受控的情况下运行，及时充分地记录、评价和改进整个运行过程，实现污水处理厂经营的安全、保质和提效。

十、逸闻轶事——水厂禁烟

多年前，老王在 M 水厂当厂长，那时候，老王正值年轻气盛时，他号召大家，争创国家绿化先进单位。尽管 M 水厂环境优美，但是，要想获得国家绿化先进单位荣誉，也不是一句话的事。于是，他召开了全厂大会，作了动员，并对照要求，逐条分解下去。

M 水厂有几个老烟民，有的还很不自觉，不仅吸烟，还乱扔烟头，老王对此甚为反感。于是，他制定厂规，吸一根烟罚款 100 元，乱扔一个烟头罚款 50 元。此规定一出，烟民们立即转入地下活动。

有一次，老烟民运行班员工老陆在巡检时，发现水厂的水塔很高，从里面的梯子爬到水塔顶，美美地吸一根烟，烟味向上冒，一般不容易被发现。自从找到这个好去处后，每次当班，他都要爬上水塔顶过把瘾。然而，没有不透风的墙，这事还是让老王知道了。

那天老陆又当班，照样又爬到水塔顶，正过瘾呢，就听老王在底下一声断喝：你今天就在上面待着，让你过足瘾！然后，老王叫来2个保安看着，让老陆在水塔顶整整待了一天。最后老陆发誓再不敢抽烟，才放其下来。从那以后，M水厂没有一人敢在水厂抽烟，老陆也自此把烟给彻底戒了。

自然，第二年，M水厂的大门上就挂上了国家绿化先进单位的牌匾。

第十章　环保并购股权转让

第一节　环保并购股权转让概念

一、环保企业股权

环保并购中，先要厘清股权的概念。股权是指投资人由于向公民合伙和向环保企业法人投资而享有的权利。股权在本质上是股东对环保企业及其事务的控制权或者支配权，是股东基于出资而享有的法律地位和权利的总称，包括收益权、表决权、知情权以及其他权利。其一，向环保企业合伙组织投资，股东承担的是无限责任；向环保企业法人投资，股东承担的是有限责任。二者虽然都是股权，但两者之间仍有区别。其二，向环保企业法人投资者股权的内容主要有：股东有只以投资额为限承担民事责任的权利；有参与制定和修改法人章程的权利；有自己出任环保企业法人管理者或决定法人管理者人选的权利；有参与股东大会，决定环保企业法人重大事宜的权利；有从环保企业法人那里分取红利的权利；有依法转让股权的权利；有在环保企业法人终止后收回剩余财产的权利等。而这些权利都是源于股东向环保企业法人投资而享有的权利。

环保企业股权、法人财产权和合伙组织财产权，均来源于投资财产的所有权。投资人向被投资人投资的目的是盈利，是将财产交给被投资人经营和承担民事责任，而不是将财产拱手送给了被投资人。所以环保企业法人财产权和合伙组织财产权是有限授权性质的权利。授出的权利是被投资人财产权，没有授出保留在自己手中的权利和由此派生出的权利就是股权。两者都是不完整的所有权。被投资人的财产权主要体现投资财产所有权的外在形式，股权则主要代表投资财产所有权的核心内容。

环保企业法人财产权和股权的相互关系有四点：其一，环保企业股权与法人财产权同时产生，它们都是投资产生的法律后果。其二，环保企业股权决定法人财产权，但也有特殊和例外。因为股东大会是环保企业法人的权利机构，它做出的决议、决定法人必须执行。而这些决议、决定正是投资人行使股权的集中体现。所以，通常情况下环保企业股权决定法人财产权。环保企业股权是法人财产权的内核，股权是法人财产权的核心。但在承担民事责任时，环保企业法人却无需经过股东大会的批准、认可。这是法人财产权不受股权辖制的一个例外，也是法人制度的必然要求。其三，环保企业股权也可以说是对法人的控制权，取得了企业法人百分之百的股权，也就取得了对企业法人百分之百的控制权。环保企业股权掌握在国家手中，企业法人最终就要受国家的控制；环保企业股权掌握在公民手中，企业法人最终就要受公民的控制；环保企业股权掌握在母公司手中，企业法人最终就要受母公司的控制。其四，环保企业股权转让会导致法人财产的所有权整体转移，但与法人财产权毫不相干。环保企业及其财产整体转让的形式就是企业股权的全部转让。环保企业股权的全部转让意味着股东大会成员的大换血，企业财产的易主。但环保企业股权全部转让不会影响企业注册资本的变化，不会影响企业使用的固定资产和流动资金，不会妨碍法人以其财产承担民事责任。所以，环保企业法人财产权不会因为股权转让而发生改变。

环保企业股权与合伙组织财产权的相互关系与以上情况类似。环保企业股权虽然不能完全等同于所有权，但它是所有权的核心内容。享有股权的投资人是财产的所有者。环保企业股权不能离开法人财产权而单独存在，法人财产权也不能离开股权而单独存在。环保企业股权根本不是什么债权等不着边际的权利。

二、环保企业股权转让

环保企业股权转让是股东行使股权经常而普遍的方式，《公司法》规定股东有权通过法定方式转让其全部出资或者部分出资。股权自由转让制度，是现代公司制度最为成功的表现之一。环保企业股权转让成为企业募集资本、产权流动重组、资源优化配置的重要形式，由此引发的纠纷在公司诉讼中最为常见，其中股权转让合同的效力是该类案件审理的难点所在。

环保企业股权转让协议，是当事人以转让股权为目的而达成的关于出让方交付股权并收取价金，受让方支付价金得到股权的表示。环保企业股权转让是一种物权变动行为，股权转让后，股东基于股东地位而对公司所发生的权利义务关系全部同时移转于受让人，受让人因此成为环保公司的股东，取得股东权。

环保企业股权转让合同自成立时生效。但环保企业股权转让合同的生效并不等同于股权转让的生效。环保企业股权转让合同的生效是指对合同当事人产生法律约束力的问题，股权转让的生效是指股权何时发生转移，即受让方何时取得股东身份的问题，需要在工商管理部门进行相应的股东变更之后，该环保企业股权转让协议的受让方才能取得股东身份。

三、环保企业股权转让种类

环保企业股权转让是转让方与受让方双方当事人意思表示一致而发生的股权转移，应为契约行为，须以协议的形式加以表现。

其一，环保企业持份转让与股份转让。持份转让是指持有份额的转让，在我国是指有限责任公司的出资份额的转让。股份转让根据股份载体的不同，又可分为一般股份转让和股票转让。一般股份转让是指非股票形式的股份转让，实际包括已缴纳资本然而并未出具股票的股份转让，也包括那些虽然认购但仍未缴付股款因而还不能出具股票的股份转让。股票转让是指以股票为载体的股份转让。环保企业股票转让还可进一步细分为记名股票转让与非记名股票转让、有纸化股票转让和无纸化股票转让等。

其二，环保企业书面股权转让与非书面股权转让。股权转让多是以书面形式来进行。有的国家的法规还明文规定，环保企业股权转让必须以书面形式、甚至以特别的书面形式（公证）来进行。但非书面股权转让亦经常发生，尤其以股票为表现形式的股权转让，通过非书面的形式更能有效快速地进行。

其三，环保企业即时股权转让与预约股权转让。即时股权转让是指随股权转让协议生效或者受让款的支付即进行的股权转让。而那些附有特定期限或特定条件的股权转让为预约股权转让。《公司法》规定，发起人持有的该公司股份，自公司成立之日起一年内不得转让。公司公开发行股份前已发行的股份，自公司股票在证券交易所上市交易之日起一年内不得转让。公司董事、监事、高级管理人员（简称：董监高）应当向公司申报所持有的该公司的股份及其变动情况，在任职期间每年转让的股份不得超过其所持有该公司股份总数的百分之二十五；所持该公司股份自公司股票上市交易之日起一年内不得转让。上述人员离职后半年内，不得转让其所持有的该公司股份。公司章程可以对公司董监高转让其所持有的该公司股份作出其他限制性规定。为规避此项法律规定，发起人与他人签署于附期限的公司设立1年之后的股权转让协议，以及董监高与他人签署附期限的股权转让协议，即属于预期股权转让。

其四，环保企业公司参与的股权转让与公司非参与的股权转让。公司参与的股权转让，表明股权转让事宜已获得公司的认可，因而可以视为股东资格的名义更换但已实质获得了公司的认同，这是公司参与股权转让最为积极的意义。

其五，环保企业有偿股权转让与无偿股权转让。有偿股权转让无疑应属于股权转让的主流形态。但无偿股权转让同样是股东行使股权处分的一种方式。股东完全可以通过赠予的方式转让其股权。股东的继承人也可以通过继承的方式取得股东的股权。实践中，股东单方以赠予的方式转让其股权的，受赠人可以根据自己的意愿作出接受或放弃的意思表示，受赠人接受股权赠予，则股权发生转让；受赠人放弃股权赠予，则股权未发生转让。

四、环保企业资产转让

1. 环保企业整体资产转让

如果将环保企业经营活动的全部资产和债务转让给接受企业，且转让企业不解散，作为继续存在的独立纳税人的地位没有发生任何变更，转让企业在转让后只是由从事营业活动（工业、商业、交通运输等）转变为从事投资活动（投资公司或持有的长期股权投资），则属于相关规定的环保企业整体资产转让。

2. 环保企业部分非货币性资产对外投资

如果环保企业将非独立核算的营业分支，例如一条或几条生产线，多项固定资产、存货、投资等转让出去，换得接受企业的股权，则不属于环保企业整体资产转让，而属于相关规定的环保企业部分非货币性资产对外投资，要视同资产销售处理有关资产转让的收益或损失，并按规定征税。

3. 环保企业分立

如果环保企业将非法人的独立核算的分公司、分厂的经营活动的全部资产和债务转让给一个或几个有法人资格的接受企业，并且将取得的接受企业的股权及其他非股权支付额分配给转让企业的原股东，转让企业解散，则属于相关规定的环保企业分立。

4. 环保企业吸收合并或兼并

如果作为独立法人的环保企业将经营活动的全部资产或债务转让给接受企业后，将取得的接受企业的股权或非股权支付额分配给其原股东，转让企业只解散不清算，则属于环保企业吸收合并或兼并。

环保企业股权并购与资产收购的优劣势比较见表 10-1。

股权并购与资产收购优劣势比较 表 10-1

类别	优势	劣势	备注
股权并购	有利于维持目标公司的特殊资质和许可；不涉及资产转移相关的税务负担；有利于维系目标公司原有优惠政策；无需因资产、业务和人员转移而导致大量合同变更，从而增加成本	目标公司可能存在历史遗留问题（如历史沿革问题、经营中的法律合规问题、债权债务和人员问题等）；与资产收购相比，有可能涉及更多的政府审批；外国投资者直接并购中国企业涉及强制评估要求	
资产收购	能够切断目标公司的历史遗留问题；如果设立公司后进行资产购买，有可能避免一些政府审批	如果涉及大量资产、业务甚至人员的转移，转移成本和税负较高；目标公司的特殊资质和许可一般不可转移	

五、逸闻轶事——两把水萝卜

有一次，与一位鏖战多年的环保并购老将老 K 一起喝茶聊天时，谈到商务人士送礼的事情，他说了一个段子：他的岳父母是退休教师，家里有个远房晚辈亲戚，逢年过节，经常会领着小孩来拜访，两位老人每次都给小孩压岁钱，或者拿一些东西给孩子，其实，这种爱幼举动也很正常。但是，这位晚辈在尊老的事情上似乎有点不大懂人情世故，每次都是两手空空而来，冬天，手会冻得比较红，有点像红色的水萝卜。于是，其岳父母就说那位晚辈亲戚有点不懂好歹，每次是带"两把水萝卜而来"，对他们一点也不尊重，碍于亲戚的情面，又不好多说。

作为商务人士，在拜访与项目相关的业主或者其他人员时，有时候，碰到德高望重者，老 K 会自掏腰包买点茶叶啥的顺便带去，为的也就是那么点意思。但是，他秉持一个原则，就是这种费用控制在 500 元以内，因为他们是外资企业，控制在这个范围内可称为人情世故，超过这个费用会有风险，当然，自八项规定后，这个也不需要了，大家也都能理解。

第二节　环保企业股权转让流程及事项

一、环保企业股权转让流程

其一，到工商局办证大厅窗口领取《公司变更登记申请表》。其二，变更营业执照（填写公司变更表格，加盖公章，整理公司章程修正案、股东会决议、股权转让协议、公司营业执照正副本原件到工商局办证大厅办理）。其三，变更组织机构代码证（填写企业代码证变更表格，加盖公章，整理公司变更通知书、营业执照副本复印件、企业法人身份证复印件、老的代码证原件到质量技术监督局办理）。其四，变更税务登记证（拿着税务变更通知单到税务局办理）。其五，变更银行信息（拿着银行变更通知单到开户银行办理）。

二、环保企业股权转让方式

环保企业有限责任公司股东转让出资的方式有两种：一是股东将其股权转让给其他现有的股东，即公司内部的股权转让；二是股东将其股权转让给现有股东以外的其他投资者，即公司外部的股权转让。这两种形式在条件和程序上存在一定差异。其中，环保企业内部转股：股东之间依法相互转让其出资额，属于股东之间的内部行为，可依据《公司法》的有关规定，变更公司章程、股东名册及出资证明书等即可发生法律效力。一旦股东之间发生权益之争，可以此作为依据。环保企业向第三人转股：股东向股东以外的第三人转让出资时，属于对环保公司外部的转让行为，除依上述规定变更公司章程、股东名册以及相关文件外，还须向工商行政管理机关变更登记。对于向第三人转股，《公司法》的规定相对比较明确，股东向股东以外的人转让股权，应当经其他股东过半数同意。股东应就其股权转让事项书面通知其他股东征求同意，其他股东自接到书面通知之日起满30日未答复的，视为同意转让。其他股东半数以上不同意转让的，不同意的股东应当购买该转让的股权；不购买的，视为同意转让。该项规定的立法出发点是：一方面要保证股权转让方相对自由地转让其出资，另一方面考虑有限公司资合和人合的混合性，尽可能维护公司股东间的信任基础。环保企业外部股权转让必须符合两个实体要件：全体股东过半数同意和股东会作出决议。这是关于环保企业外部转让出资的基本原则。这一原则包含了以下特殊内容：其一，以人数作为投票权的计算基础。我国公司制度比较重视环保有限公司的人合因素，故采用了人数决定，而不是按照股东所持出资比例为计算标准。其二，转让方以外股东的过半数。

三、环保企业股权转让风险

环保企业股权转让的实施，实践中可依两种方式进行：一种方式是先履行上述程序性和实体性要件后，与确定的受让人签订股权转让协议，使受让人成为环保公司的股东，这种方式双方均无太大风险，但在未签订股权转让协议之前，应签订股权转让草案，对环保企业股权转让相关事宜进行约定，并约定违约责任即缔约过失责任的承担；另一种方式是转让人与受让人先行签订股权转让协议，而后由转让人在环保公司中履行程序及实体条件，但这种方式存在不能实现股权转让的目的，对受让人来说风险是很大的。受让人要先支付部分转让款，如环保企业股权转让不能实现，受让人就要承担追回该笔款项存在的风险，包括诉讼、执行等。

四、逸闻轶事——小小目标

记得小时候和小伙伴们一起割草喂牛，开始的时候，大家都拼命割。很快，篮子快盛满了，就暂时停下来。然后，大家每人再割一堆最好的草，放到一起，变成一大堆。这时候，游戏开始了。找一个相对平坦的地块，用三根树枝做成一个架子作为目标，放在大约50m远的地方。然后，大家抓阄排序，开始用割草的镰刀扔向三脚架，如能打倒它，就奖励一把草。这样一直进行下去，直到大家把那一大堆共有的草赢完为止。然后，高高兴兴地回家去了。

当时扔的最准的那位小名叫"小山子"的，现今是国家射击队的教练。而组织大家做这个游戏的小名叫"小地主"的，现今正在带领大家到处进行环保并购呢。

第三节 环保企业股权转让一般性要求

一、股权变更

环保企业股权转让后，应及时办理股权变更。环保企业股权转让完成后，标的环保企业应当注销原股东的出资证明书，并向新加入股东签发出资证明书，并需要修改公司章程和股东名册中有关股东的姓名、住处、出资额等。环保企业有限责任公司变更股东的，应当自股东发生变动之日起30日内至工商部门办理变更登记。变更登记的同时应提交新股东的法人资格证明或自然人的身份证明及修改后的公司章程。

环保企业股权变更需要的资料：《公司变更登记申请表》；公司章程修正案（全体股东签字、盖公章）；股东会决议（全体股东签字、盖公章）；公司营业执照正副本（原件）；全体股东身份证复印件（原件核对）；股权转让协议原件（注明股权由谁转让给谁，股权、债权债务一并转让，转让人与被转让人签字）。

二、环保企业一般性要求

在环保企业股权转让交易中，转让方为纳税义务人，而受让方是扣缴义务人，履行代扣代缴税款的义务。环保企业股权转让交易各方在签订股权转让协议并完成股权转让交易以后至企业变更股权登记之前，负有纳税义务或代扣代缴税款义务的转让方或受让方，应到主管税务机关办理纳税（扣缴）申报，并持税务机关开具的股权转让所得缴纳个人所得税完税凭证或免税、不征税证明，到工商行政管理部门办理股权变更登记手续。环保企业股权转让交易各方已签订股权转让协议，但未完成股权转让交易的，环保企业在向工商行政管理部门申请股权变更登记时，应填写《个人股东变动情况报告表》，并向主管税务机关申报。

三、环保企业股权转让限制

《公司法》规定，环保股份公司的发起人持有的本公司股份，自公司成立之日起一年内不得转让。环保公司董监高所持有的本公司的股份在任职期间每年转让的股份不得超过其所持有本公司股份总数的百分之二十五。投资人在受让非上市股份公司股权时，必须对拟出让股权的相关情况了解清楚。

环保企业股权转让以自由为原则，以限制为例外，这是世界范围内公司法律有关股权转让的总体规则。但是，无论股权转让何等的自由，对其例外的限制皆不同程度地存在，正是这种限制的存在，使得人们对股权转让协议的效力审查很难把握。具体地说，对股权转让的限制可以分为以下 3 种情形。

1. 依法律的股权转让限制

环保企业依法律的股权转让限制，即各国法律对股权转让明文设置的条件限制。这也是股权转让限制中最主要、最为复杂的一种，我国法律规定，依法律的股权转让限制主要表现为封闭性限制、股权转让场所的限制、发起人持股时间的限制、董监高任职条件的限制、特殊股份转让的限制、取得自己股份的限制。

（1）封闭性限制

环保企业股东之间可以相互转让其全部出资或者部分出资。环保企业股东向股东以外的人转让其出资时，必须经全体股东过半数同意；不同意转让的股东应当购买该转让的出资，如果不购买该转让的出资，视为同意转让。

（2）股权转让场所的限制

环保企业股东转让其股份，必须在依法设立的证券交易所进行。无记名股票的转让，由股东在依法设立的证券交易所将该股票交付给受让方即发生转让的效力。此类转让场所的限制规定，在各国立法上也极为少见。这也许与行政管理中的管理论占主导的思想有关，但将行政管理的模式生搬硬套为股权转让的限制是公司法律制度中的幼稚病。

（3）发起人持股时间的限制

发起人持有的该环保企业公司股份，自公司成立之日起一年内不得转让。对发起人股权转让的限制，使发起人与其他股东的权利不相等，与市场经济各类市场主体平等行使权利不相称。

（4）董监高任职条件的限制

环保公司董监高应当向公司申报所持有的本公司的股份及其变动情况，在任职期间每年转让的股份不得超过其所持有本公司股份总数的百分之二十五；所持本公司股份自公司股票上市交易之日起一年内不得转让。上述人员离职后半年内，不得转让其所持有的本公司股份。其目的是杜绝公司负责人利用职务便利获取公司的内部信息，从事不公平的内幕股权交易，从而损害其他非任董监高的股东的合法权益。

（5）特殊股份转让的限制

国家授权投资的机构可以依法转让其持有的股份，也可以购买其他股东持有的股份。转让或者购买股份的审批权限、管理办法，由法律、行政法规另行规定。环保企业股权转让协议和修改企业原合同、章程协议自核发变更投资企业批准证书之日起生效。协议生效后，企业投资者按照修改后的企业合同、章程规定享有有关权利并承担有关义务。

（6）取得自己股份的限制

环保企业得收购自己公司的股票，但为减少公司资本而注销股份或者与持有自己公司股票的其他公司合并时除外。公司依照法律规定收购自己公司的股票后，必须在 10 日内注销该部分股票，依照法律、行政法规办理变更登记，并且公告。公司不得接受以公司的股票作为抵押权的标的。依法可以转让的股份、股票应是权利质押中质押权的标的。如果公司接受自己公司的股票质押，则质押人与质押权人同归于一人。

2. 依章程的股权转让限制

环保企业依章程的股权转让限制，是指通过公司章程对股权转让设置的条件，依章程的股权转让限制多是依照法律的许可来进行。在中国公司法律中却没有此类限制性规定。

3. 依合同的股权转让限制

环保企业依合同的股权转让限制，是指依照合同的约定对股权转让作价的限制。此类合同应包括公司与股东、股东与股东以及股东与第三人之间的合同等。如部分股东之间就股权优先受让权所作的相互约定、公司与部分股东之间所作的特定条件下回购股权的约定，皆是依合同的股权转让限制的具体体现。

四、环保企业股权转让税收

环保企业将股权转让给某公司，该股权转让所得将涉及企业所得税、营业税、契税、印花税等相关问题。环保企业股权转让所得或损失是指企业因收回、转让或清算处置股权投资的收入减除股权投资成本后的余额。环保企业股权转让所得应并入企业的应纳税所得，依法缴纳企业所得税。被投资环保企业对投资方的分配支付额，超过被投资企业的累计未分配利润和累计盈余公积金而低于投资方的投资成本的部分，视为投资回收，应冲减投资成本；超过投资成本的部分，视为投资方企业的股权转让所得，应并入企业的应纳税所得，依法缴纳企业所得税。

五、逸闻轶事——股份纠纷

有一次，我参加了一个关于企业股权方面的讲座，演讲者是一个很有名望的律师。他说了这么一个案例。

老张当年与老婆合伙开了一个环保有限责任公司，股权是这样设置的：老张、老张老婆、儿子小明的股份分别是 45%、40%、15%。一开始，公司处于起步阶段，大家忙忙碌碌，一门心思搞经营，也没有多少矛盾。这个时候，老张是大股东，在公司有绝对的话语权。经过一番打拼，公司逐渐做大了，钱多了，事情也就来了。这个时候，老张老婆有了新的想法，她想在公司说了算。于是，她就三番五次和儿子说，想让儿子把他名下的 15% 股份转给老妈代管。当时，儿子小明还在上中学，对这些开公司的事情还很懵懂，但是，经不住老妈的软磨硬泡以及眼泪炮弹，就答应了其要求并办理了相关手续，这时，老张老婆的股份是 55%。当时，老张也有所警觉并反对过，但想到都是自家人，天天为此事弄得鸡飞狗跳也不好，就没有及时认真阻止此事。

天下的事情总是难以预料的。后来，老张老婆与老张意见不合时，就经常在公司中行使自己的权力，导致夫妻关系很紧张。再后来，甚至于闹到对簿公堂，这时候，作为小股东的老张就更加郁闷了。

第四节 环保企业产权转让合同

一、环保企业产权转让合同的主体范围

环保企业产权转让合同，是指环保企业资产管理人或出资人作为出让方，就企业产权全部或部分转让，与受让方签订的明确各自权利、义务关系的协议。环保企业产权转让合同的主体包括出让方和受让方。出让方的主体范围，从国有环保企业的角度来看，国有环保企业财产的所有权属于全民所有即国家所有并由国务院统一行使，环保企业只拥有企业财产经营权，本身不能出让属于所有者的产权，因此，国有环保企业产权的出让方必须是国家授权部门，或国家授权的投资机构以及对该企业直接拥有出资权的国有企事业单位，被出让环保企业本身不得成为产权转让的主体。授权投资机构是指国家投资公司、国家控股公司、国有资产经营公司等；在国家授权部门尚未明确的情况下，一般都是由政府的环保企业主管部门、行业总公司等代行资产所有者的职责。从集体环保企业的角度来看，集体环保企业财产的所有权属于集体所有，按级划分由其主管部门或授权部门统一行使所有权，或由出资人行使所有权并由此成为出让方。环保企业产权转让合同的受让方必须是具有民事权利能力和民事行为能力的法人、自然人或其他组织，既可以是国内的，也可以是国外的。环保企业产权转让可分为全部转让和部分转让，全部转让即把环保企业资产整体出让给受让方，形成企业的整体出售；部分转让即原环保企业的出资者仍然在企业中保留一定的股份，同时由其他企业、公民个人等投资人参股到企业中来。部分转让只是发生出资人或股东的部分变更。

二、环保企业产权转让合同的效力认定

环保企业产权出让人与受让人在协商订立环保企业产权转让合同时，必须严格依照法律、法规或国家政策的有关规定，确定双方当事人之间的权利义务，否则环保企业产权转让合同无效或不发生效力。司法实践中，认定企业产权转让合同的效力时应注意以下几点：

其一，双方当事人签订环保企业产权转让合同，不得违反法律、行政法规的强制性规定。否则，应当确认合同无效。

其二，双方当事人不得借环保企业产权转让，悬空或逃避银行或债权人的债权。按有关规定，无论采用何种形式改制（包括产权转让形式），改制前的银行及债权人的债权应由改制后的环保企业承担。然而有些环保企业在转让产权时，悬空或逃避银行及债权人债权的现象屡见不鲜：一是整体转让产权即出售环保企业时，把企业产权分割转让给两个不同的受让人，其中一个受让人在接受环保企业部分有效资产的同时承担了大部分或全部债务，甚至在接受无效资产的同时承担了全部或大部分债务，实际上是出让方在利用这种改制转移有效资产，让一个空壳企业承担全部或大部分债务，以期达到逃避债务的目的；二是部分转让环保企业产权时，把环保企业的有效资产转让给受让人，把债务仍然留在原环保企业，故意隐瞒或遗留债务；三是出让方与受让方恶意串通，不把环保企业转让情况告知银行且仍由原环保企业在偿付或部分偿付银行利息，造成假象，故意逃避债务。司法实

践中，对于未经债权人同意的逃避债务的各类转让方式和转让合同，人民法院均可认定无效。

其三，双方当事人不得恶意串通，故意损害国家利益，造成国有资产流失。现实中，环保企业产权转让合同当事人恶意串通，损害国家利益，造成国有资产流失的现象时有发生。一是不评估或评估不实造成流失。在国有环保企业改制过程中，关键要对改制企业的国有资产进行评估。但有些国有环保企业在转让过程中，对国有资产不评估、评估不规范或评估不实导致国有资产不同程度的流失，如对有形资产高值低估，对无形资产诸如商标权、商业信誉权等不予评估或故意低估，忽视对商业秘密价值的计算等。二是无偿或低价转让国有环保企业的土地使用权。三是持同股不同利。四是趁国有环保企业转让之机，非法处置国有资产，或对应收或可收的款项债权怠于行使权利，对销售收入管理不严，肆意挥霍等。对于双方当事人恶意串通，损害国家利益，造成国有资产严重流失的，应当认定转让合同无效，并应依法追究相关责任人员的法律责任，直至刑事责任。

其四，环保企业产权转让尤其是整体转让应当采用规范的操作方式，如公开拍卖、招标转让、协议转让。采用协议转让方式出售企业的，应当经过有关部门审查批准。公开拍卖、招标转让是在"公开、公平、公正"的基础上进行，应当承认其合同效力。由于具有不公开或不能公开的情况，如涉及环保企业重大商业秘密、涉及国家利益等则宜采用协议转让的方式，而不宜采用公开拍卖、招标转让两种方式，同时，在程序上应当有所限制。

其五，关于"零价格"出售小型环保企业的效力问题。在小型环保企业转让过程中，将债务等于或大于资产的企业出售时，产生了所谓的"零价格"出售问题。对此问题，只要当事人没有违反法律、行政法规和国家有关企业改制政策的强制性规定，对出售企业资产的评估是规范的、客观公正的，出售操作程序是规范合法的，并且出售行为经过了有权机关的批准，就应当认定其效力。

环保企业产权整体转让合同被确认无效后，人民法院应当责令当事人恢复企业原状，买方因此取得的财产应当返还给卖方，不能返还或没有必要返还的，应当予以适当补偿。在具体处理时应当遵循"过错责任原则"。对于经营性亏损的，应当由造成合同无效的一方当事人承担民事责任；双方都有过错的，则应当根据双方的过错大小确认各自应负的责任；对于非经营性亏损的，应当由买受方承担责任；对于经营性盈利的，如果卖方追索且在致合同无效上没有过错的，应当予以支持；对于资产的自然增值部分，不考虑过错责任，应当予以返还。另外，企业整体出售或产权部分变更而致出资人或股东变更的，当事人应当办理工商变更或注销登记手续。但如果没有办理也并不能因此而否定改制行为的有效性，法院可以责令当事人限期补办工商变更或注销登记手续，当事人一方据此而推翻协议的，不予支持。另外，双方当事人在合同中约定违约金数额比例，违约行为发生后，应严格按照合同的约定予以处理；约定违约金低于因违约造成的经济损失的，当事人可以请求人民法院或仲裁机构予以增加；相反的，可以相应减少。

三、环保企业产权转让合同的履行问题

环保企业产权转让合同依法签订后，双方当事人应当按照全面履行和诚实信用的原则，履行各自的义务，亦即应当按照合同约定的标的及其履行期限全面完成合同约定的义务，并根据合同的性质、目的和交易习惯履行通知、协助、保密等义务。在履行环保企业

产权转让合同时，应当注意以下几点：

其一，按规定办理有关产权转让的审批手续。根据我国现行法律、法规的规定，出让国有资产产权必须严格履行有关报批手续。属于中央级国有环保企业产权出让的审批，应当按照中小型、中型、大型国有环保企业的不同划分，分别报经商务部、财政部或国务院批准；属于地方国有环保企业产权出让的审批应分为：成批出让国有环保企业以及大型、特大型国有企业产权的，必须由省级政府授权的部门报国务院审批，出让属于地方管理但由中央投资的国有环保企业产权的，应当先征得国务院有关部门的同意；有权代表政府直接行使国有企业产权的部门或机构出让单个企业、事业单位国有产权的，按其隶属关系由同级国有资产管理部门审批后，向产权转让机构申请转让。出让集体资产产权的，应当到相关政府部门办理有关审批手续，属于工业企业的应到经委办理审批手续，属于其他企事业单位的应到体改委办理有关手续。

其二，对资产进行评估并对债务进行处置。资产评估是环保企业改制实施步骤中一个必不可少的环节，资产评估是指对具有时效性的资产进行价格判断，也就是说，当环保企业需要改制转让时，必须委托有资格的资产评估机构，依据国家有关规定，根据改制的特定目的、特定时间和特定环境，按照资产评估原则，运用科学方法，以统一的货币作为计量单位进行评定估价。一是评估应体现"真实、科学、公正、合理"的原则。看对现有资产评估是否认真审核国有环保企业现有的账面资产和实物资产，又考虑到环保企业如果出卖，按市场价格现在可能达到的实际价值，是否确定了国家所有者的真正权益。看对无形资产是否进行了合理评估。无形资产主要是指环保企业拥有的对生产经营和后续发展产生持续影响的非实物形态的经济资源，如专利权、商标权、土地使用权、非专利技术、计算机软件、服务标识、商业信誉等。无形资产在现代环保企业中占有举足轻重的地位，也是衡量现代环保企业与传统企业的重要标志，因此在资产评估中必须加以重点审查。看对债务处理是否符合实际，是否落实了债随资走的原则，如在国有环保企业改制中涉及其与银行的债权债务问题时，既要严格执行有关法律、法规的规定，尊重金融机构保全金融债权的意见，依法落实金融债务，不能逃废；又要本着尊重历史、正视现实的原则，在坚持债随资走的前提下，逐步妥善处理好它们之间的关系，对于其他债权人亦应如此，为国有环保企业改制创造一个良好的法制环境。二是评估应当委托资质等级高、信誉好、能力强的中介机构进行，应当进行规范操作。对国有资产严格按照国有资产管理评估的规定，让具有法定资质的评估机构进行评估；对集体资产的评估，应尽可能委托会计事务所、审计事务所等有资质的社会中介机构进行；对小型乡镇企业的评估，可以委托乡镇财政所或乡镇评估小组进行评估，然后再由社会中介机构进行审核，切实把好评估关。三是对于由资质不符的评估机构为改制企业所做的资产评估，原则上应由资质相符的评估机构进行重新评估，但如果当事人双方没有异议，且不违反法律禁止性规定的，法院可以承认其效力；对于资产评估报告中确有错误的，或评估机构因过失提供的报告有重大遗漏的，当事人可以申请并由法院委托原评估机构予以补正；对于评估机构进行的不正当评估或故意提供虚假评估报告的，法院可依据当事人申请或职权委托其他评估机构进行评估，并依法追究评估机构相关责任，如果因此而给当事人或第三人造成损失的，评估机构应依法承担赔偿责任。

其三，环保企业按约定交付标的物并严格履行合同的附随义务。当事人一方在合同履行期限届满，拒绝履行合同，而致合同目的不能实现时，另一方当事人可以要求解除合同并向对方提出经济赔偿。如果买方在合同履行期限届满，仍未完全履行付款义务（包括全部未履行或部分未履行），卖方要求解除合同的，人民法院应当首先认真调查买方的财产状况和支付能力，如买方具有支付能力或有可供执行的足额担保的，应当限期继续履行付款义务；如买方不具有支付能力，且不能提供足额担保，或者买方虽有支付能力，但限期后仍不履行付款义务，卖方要求解除合同的，人民法院应当予以支持；如果在合同履行期限届满，卖方仍未完全履行交付（资产）义务，买方可以要求卖方继续履行合同并赔偿经济损失。对于双方当事人没有约定履行期限的，应当根据实际情况，确定一个合理的期限，并据此确定双方当事人所应承担的相关责任。应当注意的是，在处理此类合同纠纷，对违约行为实施救济时，应当首先考虑合同的继续履行问题，不要轻易以解除合同或赔偿损失的办法解决。这是因为：合同本质上是当事人之间的一种承诺，是承诺就要信守，信守合同不仅是道德上的要求，更是法律上的要求。另外，双方当事人应当根据合同的性质、目的和交易习惯履行通知、协助、保密等义务。

四、产权转让后原环保企业遗留或遗漏债务

原环保企业遗留或遗漏债务的情况一般有以下几种：一是评估时遗留债务，主要是对原环保企业在进行经济活动中应承担债务的遗留。其主要发生在核产核资时，只注重账面审核，而没有进行调查核实，核定环保企业债务不细不严，如遗留应支付的货款、借款利息等。二是被转让企业注册资金不到位或开办单位抽逃注册资金所遗漏的债务。三是原环保企业对外提供担保的债务，有些环保企业由于管理不规范，对外担保很难从原环保企业账面上反映出来而形成债务遗留。四是挂靠单位的债务，环保企业转让后，在挂靠企业无力承担时，被挂靠企业应承担连带责任。五是一些特别的企业侵权之债。人民法院在审理这类案件时，应当坚持以下三条原则：一是法制原则。凡是符合企业分立、合并、变更或者债权债务转移法律规定的，应当按照法律规定，确定承担债务的主体。二是法人制度原则。企业的股东或出资人，应当以其在该企业的股份或出资额承担有限责任。三是债务随企业资产转移的原则。对于法律没有规定，当事人又没有约定的，应当按照债务随企业资产转移的原则，确定承担债务的主体。在这三条原则的前提下，处理环保企业改制中的债务问题，具体为：对于环保企业产权转让仅为企业出资人或者股东变更，原环保企业并不消灭的，企业产权转让前遗留或遗漏的债务，应由转让后的企业法人自行承担。环保企业产权全部转让的，应根据不同情况处理：原环保企业法人不消灭，仅是出资人变更，则环保企业出售前遗留债务，仍由该环保企业法人自行承担；受让方将所受让的环保企业整体入股与他人重新组建新的公司，原环保企业予以注销，环保企业转让前遗漏的债务，应当由受让方以其在新建公司中的股权为限承担民事责任；受让方以所购企业为基础重新注册新的企业法人，环保企业转让前遗漏的债务，原环保企业予以注销的，应当由新注册的企业法人承担，原环保企业应当办理注销登记而没有办理的，法院应将新企业法人与老企业法人均列为被告。诉讼中法院应当责令未办理注销手续的环保企业办理注销手续，判令新的企业承担民事责任。另外，对于环保企业转让前的遗留债务，双方当事人有明确约定并经债权认可的，法院应当承认其效力，双方当事人没有约定或虽有约定但没有征得债权人同意的，则转让前的遗留债务根据债随资走的原则，由受让方承担。如果环保企业转让

时，转让方故意隐瞒或遗漏原环保企业债务的，对所隐瞒或遗漏的债务应当由转让方承担。对于因注册资金不到位或主管部门、开办单位抽逃注册资金而形成遗留债务的，根据法律规定应当由原环保企业主管部门或开办单位在其不到位资金或抽逃资金的范围内承担；对于担保债务的遗留问题，应当由转让方从转让所得中承担担保责任。如果转让所得是政府部门接受的则由其从接受所得范围内承担担保责任，或者按照债随资走的原则，由受让方从接受资产的范围内承担担保责任。对于一些特别侵权损害之债亦应按照债随资走的原则，由受让方在接受资产的范围内承担赔偿责任。

五、逸闻轶事——黔娄先生

黔娄，战国时期齐稷下先生，齐国有名的隐士和著名的道家学。鲁恭公曾聘为相，齐威王请为卿，皆被其拒绝。后隐居于济之南山（今济南千佛山），凿石为洞，终年不下，曾著书四篇（已失传），言道家之务，号黔娄子。尽管他家徒四壁，却励志苦节，安贫乐道，"不戚戚于贫贱，不汲汲于富贵。"洁身一世的端正品行为世人称颂。

黔娄从小饱读诗书，专攻道家学说，曾著书四篇，取名叫《黔娄子》。此书旨在阐扬道家法理，由伏羲氏凭天降河图神龟显示八卦之数，而研究天地生成的道理，重在从天地运行的气教，来求得宇宙变化的理教。他认为：先天而生其性，后天而成其质，从无形而生有形，为一切事物生成演化的步骤。并以阴阳相感、天人合一的原理来说明天地之间先有阴阳，有阴阳则有感应，有感应则有变化，有变化再有感应，如此循环激荡，变化无穷，以此洞悉古今万事万物生克辅消之道，阐明了"常的无定便是变，变的有定就是常"的道理。他的道家学术理论受到齐侯的重视，齐侯备下重金，请黔娄到朝廷做官，聘他为卿，他却坚辞不受。他和妻子一起来到历山（今济南市千佛山"黔娄洞"）过起了隐居生活。齐威王曾亲临黔娄洞请教，为了表示尊重，他远远就下马脱靴，徒步进洞。后来鲁国国君也派人去请他出任鲁国的相国，并给他赐粟三千钟的俸禄，黔娄仍不为高官厚禄所动。

黔娄先生死后，他的好友，孔子的高足曾参前往吊祭，看到黔娄停尸在破窗之下，身着旧长袍，垫着烂草席，用白布覆盖着。由于这块白布短小，盖上头就露出脚来，盖上脚就露出头来。不禁为之心酸，就说："把布斜过来盖，就可以盖住黔娄先生的全身了。"不料，黔娄夫人却答道："斜之有余，不若正之不足，先生生而不斜，死而斜之，这会违背先生的生前意愿的。"

东晋诗人陶渊明曾作《咏贫士》赞黔娄：安贫守贱者，自古有黔娄。好爵吾不荣，弊服仍不周。唐代吴筠作《高士咏·黔娄先生》赞黔娄：黔娄蕴雅操，守约遗代华。淡然常有怡，与物固无瑕。哲妻配明德，既没辩正邪。辞禄乃馀贵，表谥良可嘉。

咱们做环保并购的，就得好好学习这种"斜之有余，不若正之不足"的精神，宁缺毋滥，按照规则，做最好的环保项目。

第十一章 环保并购财务预测

第一节 环保并购财务模型

一、何为财务模型

所谓财务模型就是将环保企业的各种信息按照价值创造的主线进行分类、整理和链接，以完成对环保企业财务绩效的分析、预测和评估等功能。实践中，财务模型既可以通过 Excel 软件也可以借助专业的财务模型软件来协助完成。环保企业内部财务人员和外部分析人员根据公司经营特征和业务发展规划，以及财务需求与安排所建立的有预测性质的财务报表，可以使内部和外部人员对公司未来财务表现有完整的量化指引。

建立环保并购财务模型，是专业投资者制定投资决策最核心的工作，任何对公司前景的判断，如销售额、利润率、负债状况都需要量化到财务模型中，这样才能将判断转化为具备操作性的数据。

二、财务模型内容

一个完整的环保并购财务模型至少应该包含三个基本组成部分：首先是对环保企业历史绩效的全面分析以及横向和纵向的比较，从而了解影响环保企业历史绩效的各类因素、影响方式和影响程度等；其次是依据环保企业特定战略、发展规划、外界环境变化等对环保企业未来的绩效水平进行预测，包括环保企业未来的资本支出、市场规模、价格趋势、成本结构等，并最终生成预测的环保企业资产负债表、损益表以及现金流量表；最后计算环保企业的自由现金流量、估计企业的各类估值参数，选择适当的估值方法并对环保企业当前的价值做出判断。

通过这样一个完整的环保并购财务模型，才可能完成价值评估中对环保企业运营状况的定量化和系统化分析。价值评估必须最终落实到定量分析，没有定量分析，估值工作根本无法做到清晰和深入。另外，在价值评估中，任何因素都必须被放置于环保企业的整体中系统看待。单独分析某一个事件、某一项指标、某一对要素之间的关系都无法完整、客观、合理地展现环保企业价值变化的全貌。在财务模型中，环保企业永远是一个完整的系统，而不是分割的报表或者指标。

三、财务数据的获得

环保并购是环保企业的市场行为，资本皆为逐利而来。那么，要想完成一个好的环保并购项目，财务自然是非常关键的因素。财务尽职调查一定要将历史与未来相结合，重点研究近三年的报表，发现其中的问题，加强沟通，减少摩擦，给出财务调整建议，为环保并购审计打下基础，使投资决策科学正确。财务尽职调查是从并购交易的角度出发，分析和识别特定财务风险对潜在交易的交易架构设置、交易估值及定价、交易协议条款设定以及交易后的整合及管理的潜在影响。需要对标的环保企业特定历史时期的重要财务表现进行全面的分析。其中，交易所涵盖的范围、财务信息的基础和质量、盈利能力、净营运资本、净负债、关联方交易等，属于财务重点关注事项。

关注现金和存货，查阅相关合同，了解应收账款，核算存货占比，查看账上现金规模。有的公司收入确认原则差异较大，很多是以开发票来确认收入，需要发票关联到具体合同、交付等。在做财务尽职调查时，关注标的环保企业的发货单、签收流程，以签收流程作为抓手，了解标的环保企业的内控流程、内控质量是否存在问题。关注标的环保企业收入与成本不匹配时的调整原则，可能产生的税收测算。

三费情况可以反映标的环保企业的管理水平。关注成本构成，以同行业中相似环保公司作为参考，如果三费较高，则未来改进的空间较大；如果低于环保行业平均水平，就得看看是否存在造假情况。对环保企业盈利能力进行分析，关注至少两年一期的财务数据，结合行业以及上下游企业进行判断，提前把握未来提升空间。对于现金流，不能并购之后还要给并购标的环保企业大量资金才能让它经营下去，这个需要提前规划好。

与律师配合并提前准备，主要看过往沿革历史、公司涉及的法律雷区以及未来可能遇到的法律风险。对于财务收入问题，看收入与确认原则是否相符合，财务尽职调查时一定要查看收款凭据。组织架构基本构成了标的环保企业费用构成，有的不交社保或按最低基数缴纳。对于人员费用占比高的标的环保企业，随着社保费用规范化，自然是一个侵蚀利润隐形的新增费用。

创新环保并购交易方案，降低并购成本。并购相比融资、上市等其他资本运作方式是最需要创新意识的，尤其是环保并购交易方案的安排更是需要创新的智慧，通过创新、巧妙地进行并购融资并降低融资成本，合理地选用最优的价值评估方法，精心安排并购交易谈判方案，巧妙设计并购支付方式，筹划并购各种税收等，这都可以大大降低并购成本支出。

四、财务人员建立模型能力要求

环保并购财务人员必须具备建立财务模型的能力。首先，财务人员必须具备财务基础知识，这其中既包括对传统财务报表的解读，也包括对各类财务概念和财务指标的理解。对解读环保企业财务报表的要求也并非简单地能理解其中财务数据的基本含义，还包括对财务报表之间关系的掌握，只有完整和清晰地理解三张基本财务报表之间的关系才有可能真正从财务的角度理解企业的运营状况。其次，对环保企业各种估值方法的掌握和理解，包括各种估值方法的基础思想、使用条件、计算方法及估值参数的经济意义等。不具备这个能力，价值评估工作本身最重要的意义也将丧失，对各类估值方法合理和正确的运用也丧失了保障。最后，Excel 软件是建立环保企业财务模型工作中运用最广泛的工具，所以财务模型能力的第三个方面就是对该软件的熟练使用，对财务模型相关功能的熟练使用是构建财务模型的必备环节。

五、环保并购财务模型及成本分析

1. 财务模型

根据价值增加原则，每一个环保投资项目的净现值代表该项目给环保企业总价值带来的增量。因此，在投资时只要选择净现值最大的项目，所有者的财富就会达到最大，环保企业价值也相应达到最大。同时也说明只有净现值为正的项目才能被列为考虑接受的对象。因此，从财务决策的角度出发，只有当并购能够增加环保企业的价值，即环保并购收益大于其成本时才可行。

环保并购的经济收益指并购后新企业的价值大于并购前并购方和标的环保企业的价值之和的差额。例如 A 公司并购 B 公司，并购前 A 公司的价值为 V_A，B 公司的价值为 V_B，并购后新企业的价值为 V_{AB}，则并购的经济收益为：

$$R = V_{AB} - (V_A + V_B) \tag{11-1}$$

如果经济收益为正值，则环保并购在经济上是合理的。

环保并购的成本（C）指环保并购方因并购而发生的全部支出减去所获得的标的环保企业价值以后的数额。环保并购企业的全部支出包括：并购过程中所支付的各项费用，如咨询费、谈判费和履行各种法律程序的费用等，记为 C_1；收购标的环保企业的款项在现金支付方式下，为支付的具体现金数额；在股票支付方式下，为发行新股票的市场价值或称为约当现金数额，这是环保并购成本的主要部分，记为 C_2。假设并购中，并购方发生的全部支出为 T，则并购成本依前例可表示为：

$$C = T - V_B = C_1 + C_2 - V_B \tag{11-2}$$

对环保并购方来说，如果并购收益超过了并购成本，则并购可行。

环保并购的净收益（NR）指并购的经济收益减去并购成本后的净额，并购的经济收益是并购在经济活动中所产生的全部经济效益，这个效益要在并购方和标的环保企业之间进行分配。只有在分配后双方的净收益都为正值时，并购才可能成交。

对并购方来说，来自并购企业的净收益为：

$$NR_A = R - C \tag{11-3}$$

对标的环保企业来说，净收益为：

$$NR_B = C_2 - V_B \tag{11-4}$$

由以上分析可知，根据净现值决策原则，当 $NR_A > 0$ 时，可实行并购；当 $NR_A < 0$ 时，则应放弃并购。这是因为，综合公式（11-1）、公式（11-2）和公式（11-3），可得到：

$$NR_A = [V_{AB} - (V_A + V_B)] - (C_1 + C_2 - V_B) \tag{11-5}$$

从公式（11-5）中分析可知，只有当 $V_{AB} - (V_A + V_B)$ 为正时，才表示环保并购能带来新的增值价值，并购才合理；同时，只有这种增值大于环保并购方付出的成本，即 $NR_A > 0$ 时，这种并购才会为并购各方所接受，才能产生并购的动机。当然，如果出现了成本 $C_1 + C_2 - V_B$ 为负或零的情况，虽可能并购却无增值效应，作为环保企业仍可能有并购的动机，此时并购行为的后果，只是财富在 A、B 环保企业股东之间的转移。产生这一现象，说明存在信息不对称或公司控制等市场缺陷。将公式（11-5）移项可得：

$$V_{AB} - (V_A + V_B) = NR_A + C_1 + (C_2 - V_B)$$

为简化问题，可暂不考虑 C_1，则上式可变为：

$$V_{AB} - (V_A + V_B) = NR_A + C_2 - V_B \tag{11-6}$$

由公式（11-6）可知，A 环保企业股东付出的并购成本 $C_2 - V_B$ 正是 B 环保企业股东所得到的净收益 NR_B；而等式左端的并购收益 $V_{AB} - (V_A + V_B)$ 正是环保并购所产生的增值价值，则可改写为：

$$\Delta V = NR_A + NR_B \tag{11-7}$$

由此可见，只有环保并购增值 $\Delta V > 0$，并购方净收益 $NR_A > 0$，且标的环保企业股东收益 $NR_B > 0$，这种并购才是合理的、可能的、可行的。公式（11-7）即为环保并购决策中的理想财务模型。

2. 环保并购成本分析

从环保并购决策的财务模型分析中知道，并购财务决策的最关键问题是测定并购净收益值，即 $R-C$。对并购成本 C_2 的测算，要因不同的支付方式而定。

（1）现金支付方式下的环保并购成本

在现金支付方式下，确定环保并购成本，主要是确定支付价格 C_2。环保并购中，现金支付的合理区域：对于标的环保企业股东来说，其转让净收益不应为负，并购方并购成本不能小于 0，即合理区域的下限；对于并购方来说，其支付现金导致的并购成本不应超过其并购收益，即合理区域的上限。因此，理论上出价的下限为标的环保企业的内在价值，上限则是使并购方净收益为零时的价款，即 $R=C$ 时 C_2 的值。

因为 $R=V_{AB}-(V_A+V_B)$、$C=C_1+C_2-V_B$，所以 $V_{AB}-(V_A+V_B)=C_1+C_2-V_B$ $\Rightarrow C_2=V_{AB}-V_A-C_1$。

因此，支付给标的环保企业的应付价格区间 $P \in (V_B, V_{AB}-V_A-C_1)$。

由此可见，环保并购中企业相关价值 V_{AB}、V_A、V_B 的确定就是并购成本——交易价格确定的关键环节，即只要分别估算出环保并购后的企业、并购方、标的环保企业的价值 V_{AB}、V_A、V_B，就可以依据公式计算出支付给标的环保企业的价格，从而确定环保企业并购的成本。但最终付现总额的确定有赖于双方的谈判地位、能力等因素。

以现金支付方式并购环保企业要考虑以下因素：并购方是否有足够的资金；如果不足，筹资渠道是否畅通；通过筹资收购将使并购方负债增加，可能引发或加剧财务风险；并购方并购后，来自标的环保企业的未来现金流入能否补偿并购时的现金流出；标的环保企业短期和中长期资产的流动性如何。从实际情况看，企业资金一般比较紧张，任何金融机构不得为股票交易提供贷款，企业又无法通过金融机构获得二级市场的并购资金；环保企业债券发行的审批程序又严格、烦琐。这些都决定了现阶段选择现金支付的空间十分有限。

（2）股票支付方式下的环保并购成本

根据环保并购投资决策的基本原理，只有当环保并购后，双方环保企业的股东所拥有的股票价值大于并购前的价值时，双方才能达成并购协议。因此，换股比例应确定在使双方均得利的水平上。假设 A 公司和 B 公司均为环保股份有限公司，A 公司并购 B 公司，由于环保并购后 B 公司股东将成为 A 公司股东，共同分享并购收益，因而会稀释 A 公司原有股东的所有者权益。设原 B 公司股东持有并购后 A 公司的股票数量占其总数的百分比为 X，则股票支付方式下的环保并购成本为：

$$C=(X \cdot V_{AB}-V_B)+C_1 \tag{11-8}$$

X 的数值可以按以下公式计算：

$$X=\frac{y \cdot N_B}{y \cdot N_B+N_A}$$

N_A——并购前 A 公司的普通股总数；

N_B——并购前 B 公司的普通股总数；

　y——换股比率（N 新股/N_B）。

以股票支付方式并购环保企业要注意以下几点：控制权风险，即在换股条件下，当标的环保企业是一家私人企业或其有一位大股东持有大量股票时，有可能出现并购后原有股东失去环保企业控制权的情况；每股盈利与每股净资产的稀释问题，在一定程度上会影响公司股票市场上的形象；当并购方的股价被高估时，采用换股方式可以节约收购成本，反之则代价过高，得不偿失。

六、逸闻轶事——保底水量

任何一个并购项目，都少不了财务模型预测，其中涵盖了未来的收益、投资、风险等，而这也恰恰是董事会最为关心的。环保并购自然不能例外。记得曾经在一个省的 JB 新区项目上，碰到过一位并购界的大咖 D 先生，当时，他刚从 T 公司跳槽到 B 公司，想拿项目的心情非常迫切，急于立功。当最初二十多个竞争者逐渐大浪淘沙只剩下三家后，在与对方政府 L 市长沟通时，面对新区自来水和污水处理（均包含厂网）的不确定性，我们与 S 公司都提出了需要保底水量，否则，董事会通过不了，难以成交。但是，这位 D 先生竟然说他们可以不要保底水量。当 L 市长问我时，我明确告诉他，不要保底水量是不可能的，B 公司作为在 HK 的上市公司，我们的董事会不能通过，那他们的董事会有什么理由能通过呢？好吧，那我们放弃，打道回府。

时隔一个月后的下午，我正在上海南京西路上的办公室里喝着咖啡，与一帮老外们闲扯着近期项目上的事。电话急促地响起，呵呵，L 市长的电话。他首先寒暄了一下，然后问我最近有没有时间再去谈谈。我说，咋啦，是否老 D 不靠谱？他说你当初说的是对的。如此看来，时间整整耽误了一个月。我说现在要叫我们去也可以，但是，只进行竞争性谈判，而且暂时排他，要不，我们没有时间去。他说，可以！于是，我带领团队就直奔而去。下午商谈结束后，L 市长在他们的食堂里举行了一个小型摆桌子活动，并隆重邀请我坐在主宾位置上，并说，这个位置昨天省委书记还刚刚坐过，余热未散。当时他吃饭时，都没上酒。你今天的待遇要高一点，因为是招商引资，就上一点当地的土烧老酒，聊表敬意。我连说惭愧惭愧。

第二节　搭建环保并购财务预测模型

有些环保企业财务人员不清楚应为谁提供财务分析产品，应该提供哪些产品。有些环保企业对财务分析的定位和作用认识不清，片面地重视环保企业财务分析，分析得很细，分析结果提示的问题也很到位，但是，分析完后却没有下文。在信息的收集与处理上，这些环保企业的财务分析以内部的、静态的信息为主要材料，很少采用外部竞争者提供的动态环境信息，从而使财务分析结果无法为环保企业战略的动态调整提供指导和帮助。

从历史财务数据入手，通过设置各种核心假设、各类商业条件，预测未来财务情况。以财务预测模型为基石，预判交易的影响，从而判断环保并购是否合适。估值建模，掌握其核心逻辑，从利润表、资产负债表、现金流量表出发，分析收入、成本、固定资产等会计科目，并通过 Excel 实际操作练习掌握三张报表核算关系及财务综合分析方法。

一个完整的环保企业财务模型包括三张表：资产负债表、利润表、现金流量表，它们相互联系，互相影响，构成了对一个企业财务运营的完整模拟。通过对模型参数的调整，可以对企业的各种运营状况进行研究，从而对现金流和估值有深入的分析。在建立模型之前，首先要对会计准则和这三张表的内在关系深入了解（见图 11-1）。真正了解这三张表的内在联系，深入了解公司的运营本质，才能真正建好一个财务模型。建模准备：在建立模型前，首先要取得至少过去 5 年的财务数据，通读过去 5 年的年报，尤其是财务报表附注部分，掌握数据后面的信息，以便根据历史数据设定对未来的假设。

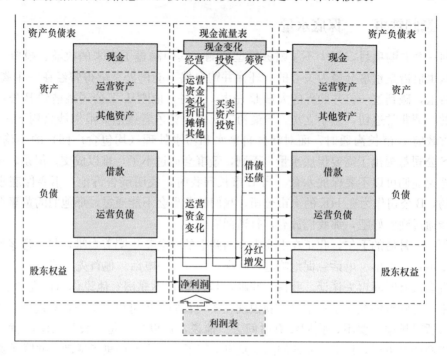

图 11-1　三张报表分析图

一、环保企业利润表

建立环保企业财务模型的第一步是建立利润表模型。环保企业利润表与其他两个表的联系并不复杂，利润表更多的是给现金流量表和资产负债表提供输入，相对容易建立。为了建立利润表，必须对影响利润表的一系列因素进行假设。在所有的假设中，销售额增长率是最为关键的一个，因为很多其他参数的假设都是基于销售额的一个比例而来。在做假设时，既要参考历史数据，也要考虑环保公司未来的发展。在利润表上，有一个重要的质量监控指标，那就是运营杠杆。一般来讲，一个环保公司的运营杠杆相对固定。如果预测未来环保公司的各项数字，发现运营杠杆与历史相比有重大变化，这时候就要重新检查各种假设，看是不是有不合理的地方。一般的模型假设都没有深入地对固定成本与费用和可变成本与费用的分析，很容易把运营杠杆的效果忽视。利润表上另外一个重要的质量监控指标就是净利润增长率与 ROE 的关系。在盈利能力与资本结构不变的情况下，ROE 就是净利润增长的极限。如果净利润增长远远超过历史平均 ROE 水平，那么这个公司一定有重大的改变，比如增发或借贷这样的资本结构变化，或者盈利能力的大幅度提高。如果没有这些重大改变，则可能有一些假设是错误的。

二、环保企业资产负债表

环保企业资产负债表相对比较复杂，与利润表和现金流量表都有紧密的内在联系。

来自现金流量表：第一，资产负债表中现金部分来自于现金流量表。第二，借款部分来自于现金流量表的筹资部分。第三，固定资产及无形资产与现金流量表的经营现金流和投资现金流都有关系。第四，股东权益也与现金流量表的筹资部分紧密相连。总之，资产负债表反映的是环保公司某一个时间点的状态，而现金流量表就是资产负债表的变化记录。

来自利润表：利润表的净利润会进入资产负债表的存留收益，增加股东权益。剩下的很多项目就必须假设了。一般来讲，都是根据历史与经营按销售额比例做假设。资产负债表的一个重要监控指标就是现金转换周期。一般来讲，没有重大改变，一个企业的现金转换周期是比较稳定的。如果做出来的模型的现金转换周期有大的改变，这就说明有的假设是不合适的，需要修改。当然，整个模型是否有问题也要靠资产负债表来进行质量监控。如果模型建好后发现资产负债表不平衡，资产不等于负债加股东权益，那么模型自然有问题。

三、环保企业现金流量表

环保企业现金流量表提供了资产负债表变化的重要信息。现金流量表里面的经营现金流与利润表和资产负债表关系紧密。首先，净利润就来自于利润表。其次，流动资金的变化也是从资产负债表而来。最后，在经营现金流中需要做出对摊销与折旧的假设。这就需要查询公司历史上的摊销折旧占资产原值的比例，根据自己的判断做出合理的假设。投资现金流最重要的是资本支出假设。这个数字的大小对估值影响重大。因为资本支出减少了自由现金流。筹资现金流最重要的是分红比例。这就需要看历史数据，然后做出合理的假设。

对于环保企业现金流量表，一个重要的质量控制指标就是资产周转率。一个环保公司的资产周转率会随着公司的发展不断变化，环保行业内相似企业的资产周转率是类似的。比如说 A 环保公司的资产周转率大约是 B 环保公司的 65％。如果做出来的 A 环保公司模型的未来资产周转率超过了 B 环保公司，那就要问一问到底是什么让 A 环保公司比 B 环保公司更加高效。如果没有神奇的因素出现，多半是销售额增长假设过高，或者资本支出假设过低，或者摊销折旧假设过高，或者三者都有，让资产周转率变得不合理。另外一个重要的质量控制指标就是杜邦分析中的财务杠杆。一般来讲，一个环保企业的财务杠杆不能无限提高，否则就有倒闭的风险。如果模型算出来的未来财务杠杆显著高于历史平均水平，那么一定要检查相关的假设。

无论模型有多完美，数据的质量永远是第一位的。如果数据质量有问题，那么不论模型有多好，输入、输出都是无效的。

四、环保企业报表分析

1. 明确本次报表分析的目的

报表的使用者不同，他们的评价角度也不同。债权人关心的是企业的偿债能力；投资者关心的是企业未来的发展能力；经营者关心企业各方面的状况。因此，清楚地知道分析目的非常重要。

2. 确定报表分析的重点项目

在明确报表分析的目的之后，就可以确定本次分析的重点项目。例如，如果想了解环保企业存货销售情况，就应该去联想哪些项目与环保企业的存货相关。存货对应货币资金和应收账款，这是与资产负债表相关的；存货对应营业收入和营业成本，这是与利润表相关的；存货对应销售商品收到的现金流量和采购商品支付的现金流量，这是与现金流量表相关的。

3. 关注重点项目之间的联系

确定报表分析的重点项目之后，将各项目的数据进行联系分析，明确目的，确定分析重点，关注指标之间的相互联系。比如：资产负债表中的存货下降、货币资金增加、现金流量表中的经营现金净流入增加、利润表中的营业收入增加，三张报表一联系，基本上可得出该企业销售情况良好的结论。

4. 资产负债表分析

资产负债表给予的主要信息有：一边是资本结构对应财务风险，是环保企业资金的来源。通过负债与所有者权益项目金额的对比，期末与期初的对比，基本能判断环保企业的财务风险高低及其变化趋势。另一边是资产结构对应经营风险，是环保企业资产的分布。通过流动资产与长期资产项目金额的对比，期末与期初的对比，基本可以判断环保企业的经营风险高低及其变化趋势。因此，拿到资产负债表后，要看资金来源，看资产分布，进行前后期对比分析。判断环保企业财务风险与经营风险高低、资产资本结构是否合理。

5. 利润表分析

利润表给予的主要信息有：同期的内部结构分析，可以判断环保企业利润的来源与构成；前后期同项目对比分析，可以判断环保企业盈利变化的原因及其发展趋势。对于利润表要进行结构分析，判断盈利质量高低，要进行前后各期比较分析，可以掌握环保企业盈利能力变化的原因及其发展能力。

6. 现金流量表分析

环保企业现金流量表给予的主要信息有：经营活动产生的现金净流量；投资活动产生的现金净流量；筹资活动产生的现金净流量；现金及现金等价物的净增加额。经营活动产生的现金流是基础和根本，要掌握经营活动、投资活动、筹资活动的现金流之间的相互关系。如果经营活动有钱流进了，投资才会有钱流出；如果经营活动流进的钱够多，就可以分红，就可以还债，筹资活动就会有钱流出；反之，如果经营活动不景气，经营活动的现金流就会萎缩，甚至会是负数；资金不够然后筹资，就会有钱流进；如果还不行，处理闲置资产，就会有钱流进。更简单的方法是阅读现金流量表，先不要关注金额的大小，而是关注经营、投资、筹资现金净流量是流进还是流出，是正数还是负数，再结合发展阶段、外部环境分析，就可以得出环保企业现金流转的基本状况。

7. 综合分析

仅从单张报表阅读得出一些基本判断，可能是片面的甚至是错误的。因此，在快速阅读完了环保企业所有报表之后，要进行综合分析判断，使用三张报表印证相互之间的关系。比如：资产负债表中的流动资产，流动负债往往与现金流量表中的经营现金流量相关，长期资产与现金流量表中的投资现金流量相关，长期负债、所有者权益项目往往与筹资活动现金流量相关，利润表中的收入项目往往与流动资产相关，费用项目往往与存货、固定资产相关，通过各项目之间的印证关系，可以掌握环保企业财务、现金流、经营成果的基本情况，甚至可以发现某些造假的财务报表。

五、环保并购的财务会计问题分析

对环保企业自身实力以及并购中存在的财务会计问题进行综合考量。环保并购前后的最终控制者不是同一方的指参与并购过程的企业在并购之前和之后，并不受同一个企业控制。环保并购前后的最终控制者不是同一方的并购是从购买日开始生效的，其资产或负债从购买日当天开始与购买方的财务报表合并。这种并购方式能够使企业的产业链不断完善，而且并购之后企业在规模、资产以及效益等方面都会实现很大提高。

环保并购前后的最终控制者是同一方的指参与并购过程的企业在并购之前和之后受同一个企业控制，时间上一般是一年或超过一年。并购方在合并中所获得的负债以及资产在合并日当天生效，而且按照并购方的账面价值计算。应该按照并购方的账面价值与合并对价之间的差额，对净资产进行调增或调减，而且从合并开始就被并购方财务报表并入并购方的合并报表。这种并购方式主要是为了对业务环节进行整合，对同业之间的竞争状况进行缓解。

并购之后的财务管理方式是影响并购成果的重要因素。双方按照合同规定进行重组，对资产过户、资产划转以及账务等问题进行处理，使得并购方与被并购方在最短时间内进行融合，作为并购过程中至关重要的财务会计问题，它关系到环保企业的资金安全以及正常运营，因此环保企业应该在并购之前对各种风险及问题进行充分考量，保证环保企业会计行为的规范和长远健康发展。

六、逸闻轶事——财务总监

Y 市的环保并购项目尘埃落定以后，并购方派出了财务总监欧阳先生，欧阳先生年轻气盛，也有点傲气。上任伊始，就把 T 总经理已签批过的报销事项给否了。而且，也没有主动去和 T 总经理沟通，弄得 T 总经理灰头土脸，很没有面子，异常郁闷。

一来二去，T 总经理觉得他的权威遭到了极大挑战，眼看冲突不可避免就要发生了。

T 总经理不愧为老江湖，合资之前就在这个被并购公司做了十多年总经理，上上下下，可以说得上是一呼百应。T 总经理于是略施小计，采取了四个小套路：之一，让在报销时被欧阳先生否了的那个中层干部，前去欧阳先生的办公室大声理论，激起大家公愤。之二，让专职副书记张某找欧阳先生谈心谈话，晓以利害。之三，屡次向合资双方的上级部门反映欧阳先生的种种不是，甚至于偶尔还有一些生活方面的不检点之处。之四，有时候，经营层有重要活动，也不通知欧阳先生参加，慢慢孤立他。

慢慢地，欧阳先生越来越郁闷，终于，实在撑不下去了，十个月以后，挂印辞职而去。

第三节　环保并购财务模型案例

一、Y 自来水公司并购案例

Y 自来水公司负责一个地级市的全城供水任务，旗下有三个水厂。其中，第一水厂是一个老水厂，需要技术改造；第二水厂需要扩建；第三水厂暂时没有大的工程投资计划。根据政府规划要求，Y自来水公司需要对一个市属县进行区域供水，投资沿途管网及泵站。Y自来水公司还需要对市域附近的乡镇进行区域供水改造，需要一些工程投资。另外，由于考虑到民生问题，Y市的自来水价格上涨调价，政府管控很严。由于Y市经济发展相对较快，其工商业用水量呈现较快的增长趋势。

综合考虑各方面的情况，该项目的并购方小组建立了一个财务模型，其中，水量、水价、工程投资是三个非常重要的敏感条件，每一个条件的变化都会直接影响项目回报率和良好运行。表11-1即是财务模型中的一部分。

Y自来水公司供水成本及销售收入预测 表11-1

项目		2010年	2015年	2020年	2025年	2029年
用水量预测（百万 m³）	居民用水	35.0	43.1	56.6	73.5	90.6
	工业用水	29.7	32.2	35.2	38.6	41.8
	经营用水	7.0	9.2	12.2	15.8	19.5
	非经营用水	8.9	10.6	12.7	15.2	17.7
	区域用水	5.9	9.6	9.7	9.7	9.7
	消防用水	0	0	0	0	0
	其他	0	0	0	0	0
	总用水量	86.5	104.7	126.4	152.8	179.3
水价预测（元/m³）	居民用水	0.92	1.38	1.67	1.84	2.16
	工业用水	1.03	1.55	1.87	2.06	2.42
	经营用水	1.73	2.60	3.14	3.45	4.07
	非经营用水	1.17	1.76	2.12	2.34	2.75
	区域用水	0.89	1.34	1.62	1.78	2.09
	平均售价（元/m³）	0.99	1.48	1.80	1.99	2.34
	净水厂成本（百万元）	23.4	27.4	36.4	49.5	64.2
	供水销售收入（百万元）	85.3	155.2	227.6	303.6	420.1

该项目运行团队非常专业和敬业，在后期与政府的互动中，竟然能说服政府增加了8年的特许经营权期限，加上前面的30年，总共38年。这也从某个侧面反映出了并购双方合作的愉快程度和项目的成功性。

二、逸闻轶事——一二三流

很多上过大学的人都有体会：一流老师旁征博引，知识渊博，通过各种手段激发学生们的兴趣，循循善诱，引导大家掌握知识点，并喜欢上自己所授的课程；二流老师上课时，照本宣科，学生们味同嚼蜡，昏昏欲睡，课程结束后，没留下一点印象；三流老师一上场，首先就以考试来威胁学生，讲课时，水平也是一塌糊涂，搞得学生们怨声载道，最后真的就在考试时候刁难大家，有调皮者则瞎诌绰号，什么"四大名捕""灭绝师太""东邪西毒"等，不胫而走。

管理既要讲究科学性，也要讲究艺术性，关键是，需要根据情境，把科学性和艺术性有机结合起来。作为一名好的老师，一方面要管理好课本知识的输出，另一方面要管理好学生的知识输入，怎样既科学又艺术地做好这件事，其间学问颇深。

当老师是这样，做环保并购师亦如此。承受一流的磨难，痛下一流的刻苦，锻造一流的修炼，或许才有可能成为一流的环保并购师。

第十二章　环保并购公司章程

第一节　环保公司章程效力

一、环保公司章程

环保公司章程，是指环保公司依法制定的、规定公司名称、场所、经营范围、经营管理制度等重大事项的基本文件，也是环保公司必备的规定其组织及活动基本规则的书面文件。章程是环保公司的宪章，载明了环保公司组织和活动的基本准则，是股东共同一致的意见表示。环保公司章程具有法定性、真实性、自治性和公开性的基本特征。环保公司章程对其成立及运营具有十分重要的意义，它是环保公司成立的基础，是环保公司组织与行为的基本准则，是环保公司赖以生存的灵魂。

二、环保公司章程的基本特征

1. 法定性

强调环保公司章程的法律地位、主要内容及修改程序、效力都由法律强制规定，不得违反。无论是设立环保有限责任公司还是设立环保股份有限公司，都必须由全体股东或发起人订立环保公司章程，并且必须在其设立登记时提交给登记机关进行登记。章程是环保公司设立的必备条件之一。

2. 真实性

强调环保公司章程记载的内容必须与实际相符，是客观存在的事实。

3. 自治性

环保公司章程是股东意思表示一致的结果，作为一种行为规范，不是由国家而是由其依法自行制定的；环保公司章程由自己来执行，无需国家强制力来保证实施，是一种法律以外的行为规范；环保公司章程不具有普遍的约束力，作为内部规章，其效力仅及于公司和相关当事人。

4. 公开性

对股份有限公司而言，环保公司章程的内容不仅要对投资人公开，还要对包括债权人在内的社会公众公开。

三、环保公司章程存在的问题

环保公司章程是公司宪法性的法律文件。环保公司章程的效力适用于公司及股东成员，同时对公司的董事、监事、高管具有约束力。有的环保公司章程直接使用工商局提供的范本。环保公司章程存在的问题有：一是环保公司章程没有根据自身的特点和实际情况制定切实可行的章程条款，对许多重要事项未进行详细的规定，照抄照搬《公司法》的规定，可操作性不强。二是环保公司章程有些条款的内容不符合《公司法》的精神，对环保公司管理层权限边界界定不够清晰，对董事、监事和高管的诚信义务强调不够，不能有效地保护中小股东的权益。三是绝大多数环保公司章程几乎是一样的，差异只是表现在股东的姓名、住所、资本规模等方面，缺乏建立符合自身特色的自治机制，在面对环保公司与股东的争议、股东之间的争议、环保公司与高管的争议时形同废纸。使股权问题纠纷不断，无形中损害了环保公司的利益。

四、环保公司章程的修改

1. 修改程序

环保公司章程确定后，也可以根据需要进行修改。修改通常要经过三个程序：一是审议章程，这是由董事会集体决议，提出修改条款并通过修改内容的过程。二是股东表决，这是由股东大会对修改后的章程进行决议、投票的过程。三是登记批准，这是把股东大会通过的新章程和修改后的条款交主管机关登记批准的过程，只有经过批准才能生效。

2. 修改事项

由董事会作出修改环保公司章程的决议，并提出修改草案，股东会对修改条款进行表决。修改环保公司章程，有限责任公司须经代表三分之二以上表决权的股东通过，股份有限公司须经出席股东大会的股东所持表决权的三分之二以上通过。涉及需要审批的事项时，报政府主管机关批准。涉及需要登记事项的，报登记机关核准，办理变更登记；未涉及登记事项的，送登记机关备案。涉及需要公告事项的，应依法进行公告。修改环保公司章程需向登记机关提交股东会决议及章程修正案，若涉及登记事项，在环保公司法人签章后方可完成变更。

转让股权后，环保公司应当注销原股东的出资证明书，向新股东签发出资证明书，并相应修改环保公司章程和股东名册中有关股东及其出资额的记载，对环保公司章程的该项修改不需再由股东会表决，这是修改环保公司章程不需股东会表决的唯一例外。

3. 易出现的问题

环保公司大股东滥用"资本多数决",损害小股东利益。修改环保公司章程必须经代表三分之二以上表决权的股东同意方能通过,即所谓"资本多数决"原则。它以一股一权为基础,体现了股东形式平等原则,是股东形式平等原则的必然逻辑延伸。这种规则使得具有控制权的大股东在股东大会中处于支配地位,导致其意志常常上升为环保公司意志,从而对环保公司和小股东的利益产生一定的约束力或影响力。"资本多数决"原则只实现了股东的形式平等,而并不能体现股东实质上的平等,甚至可能使得股东民主的基础丧失。

五、环保公司章程的对内效力

环保公司自身的行为要受其章程的约束。一是环保公司应当依其章程规定的办法,产生权力机构、业务经营机构、监督机构等公司组织机构,并按章程规定的权限范围行使职权;二是环保公司应当在其章程上规定的名称、确定的经营范围内从事经营活动;三是环保公司依其章程对股东负有义务,股东的权利如果受到公司侵犯时,可对其起诉。

1. 法律效力

环保公司章程一经生效,即产生法律约束力。环保公司章程对公司、股东、董事、监事、高管具有约束力。

2. 对环保公司的效力

环保公司章程是其组织与行为的基本准则,必须遵守并执行。根据环保公司章程,对股东负有义务。因此,一旦侵犯股东的权利与利益,股东可以依照环保公司章程对其提起诉讼。

3. 对股东的效力

环保公司章程是其自治规章,每一个股东,无论是参与初始章程制定的股东,还是以后因认购或受让股份而加入的股东,环保公司章程对其均产生契约的约束力,股东必须遵守其规定并负有义务。股东违反这一义务,环保公司可以依据章程对其提出诉讼。股东只是以股东成员身份受到约束,如果股东是以其他的身份与环保公司发生关系,则不能依据环保公司章程对股东主张权利。

4. 对股东相互之间的效力

如果一个股东的权利因另一个股东违反环保公司章程规定的个人义务而受到侵犯,则该股东可以其为依据对另一个股东提出权利请求。环保公司章程一般被视为已构成股东之间的契约关系,使股东相互之间负有义务。股东提出权利请求的依据,应当是环保公司章程中规定的股东相互之间的权利义务关系,如有限责任公司股东对转让出资的优先购买权,而不是股东与环保公司之间的权利义务关系。如果股东违反对环保公司的义务而使其利益受到侵害,则其他股东不能对该股东直接提出权利请求,而只能通过环保公司或以其名义进行。

5. 对高管的效力

作为环保公司的高级管理人员,董事、监事、高管对公司负有诚信义务,因此,环保公司的董事、监事、高管违反环保公司章程规定的职责,环保公司可以其为依据提出诉讼。然而,董事、监事、高管是否对股东直接负有诚信义务,则法无定论。董事等的义务是对环保公司而非直接对股东的义务，股东不能对董事等直接起诉。但各国立法或司法判例在确定上述一般原则的同时，也承认某些例外情形。当公司董事等因故意或重大过失违反环保公司章程的职责使股东的利益受到直接侵害时，股东可以依据环保公司章程对其董事、监事、高管等提出权利主张。

六、环保公司章程的对外效力

环保公司章程是内部的自治性规则，是公司治理的宪章，主要包括一系列内部授权与限权的规则。作为自治性规则，环保公司章程显然不具有对交易相对人的直接约束力。理论界和司法实践中关于环保公司章程对外效力的讨论，基本上是围绕合同效力展开的，即环保公司代表人超越环保公司章程授权范围与交易相对人签订的合同是否有效？因此，探讨环保公司章程对外效力问题，必须以合同法关于越权行为的效力为起点。法人或者其他组织的法定代表人、负责人超越权限订立的合同，除相对人知道或者应当知道其超越权限的以外，该代表行为有效。由于环保公司章程是内部的自治性规则，如果环保公司章程没有登记公示，交易相对人自然无法知道，也不应当知道环保公司授权与限权的相关内容，交易相对人显然为善意。环保公司章程对外效力问题的实质就是其是否具有"推定知道"的效力。

公众可以向环保公司登记机关申请查询登记事项，登记机关应该提供查询服务。环保公司登记机关应当将登记的事项记载于登记簿上，供社会公众查阅、复制。环保公司登记内容分内档和外档，且因此设置了不同的查询规则。环保公司外档为对外公开的信息，即基本信息，包括环保公司名称、场所、法定代表人、认缴注册资本、经营范围、公司类型、营业期限等，环保公司基本信息任何人只要凭有效身份证件就可以查阅。环保公司内档为其内部信息，即除对外公开信息之外的信息，一般只有股东有权查阅。

环保公司章程只是部分条款与公司登记事项重合，并未登记公示，将环保公司章程提交环保公司登记机关的行为界定为一种备案更为恰当，即使部分章程记载事项已登记，也只能从公司登记事项是否具有对外效力的角度进行研究，而不能统称为环保公司章程的对外效力。

七、环保公司章程中的门道

环保公司章程是记载公司重大事项、规定公司组织及活动基本规则的必备书面文件，是公司治理与内部控制的基本依据。有的环保上市公司控制权争夺的主战场在修订公司章程上，有的利润丰厚却拿公司章程作为挡箭牌吝于分红，还有的修改公司章程给自己的关联交易和利益输送提供方便。

环保上市公司章程的制定受《中华人民共和国公司法》等法律法规的约束，其内容可以分为法定事项和自治事项两大类。法定事项就是环保公司名称、场所、注册资本、经营范围、法定代表人以及其他包含"应当"字样的条款，基本按照有关的模板填空即可；自治事项主要由环保公司根据实际情况自行确定，也是产生问题和风险的地方。

其一，在股东的召集权、提案权、表决权和投票机制上做文章。根据规定，持有10%以上股份的股东有权召开临时股东大会，持有公司3%以上股份的股东有提案权。有些环保公司为了限制中小股东权利，在这些权利上额外附加了持股"连续12个月"的期限条件，甚至将特别事项通过的要求由出席股东的 2/3 提高至 3/4。有些环保公司怕中小股东维护权益、挤占董事会席位，故意未明确中小投资者单独计票、未明确不得限制征集投票权持股比例、未明确实行累积投票制等，使得中小股东发声困难。其二，限制股东大会（董事会）权限，巩固董事会（总经理）控制权。典型的操作是修改对外投资、资产处置和担保的审批机关与金额上限等，使得一些股东或董事根本没有否决的机会。其三，利润分配尤其是现金分红制度不完善。环保上市公司的利润分配应重视对投资者的合理投资回报，并将其利润分配办法载明于环保公司章程。现实中，很多"铁公鸡"在公司章程中未明确现金分红优先顺序、未明确听取中小投资者意见采取措施、未明确利润分配政策决策机制和调整机制、未明确现金分红最低比例等。其四，增设"驱鲨剂""金色降落伞"等反收购条款。针对收购人设置障碍，增加股东义务、收购成本和难度。强化对环保公司董事和高管利益的保障。对"董监高"设置特殊任职条件，赋予董事会或大股东自行决策反收购措施、限制市场化收购行为。

八、逸闻轶事——董事席位

在做 H 市的污水、自来水一体化项目，成立合资公司时，设董事 5 人，其中，中方 2 人，外方 3 人。原来的总经理方先生因为能力很强，置换身份，由外方委派为总经理并兼任中方董事，以利于后期的工作协调。这时候，出现了一个小情况，原来的书记周先生也想拥有一席董事职位，而方总觉得有点过意不去，欲将自己的一席董事让与周书记。但是，我觉得出于对方总本人的考虑，似有不妥。因为，此时方总已 55 岁，按照一届 3 年计，在干完这届任期后，下一届任期因为年龄问题，对方总本人也许就不利了。后来，经过协调，提议中外双方各增设一名董事，一下子就解决了这个问题。

几年后，正如我们预判的，由于人事变动，事情发生了变化，下一届任期总经理选聘了其他人，而方总由于还有一席中方董事职位在手，在接下来退休前的两年，过的相对也很滋润。

有一次，出差去他那里，他还很热情地请我吃饭，并说：当时，你的建议真好！

第二节　环保公司章程基本内容

环保公司章程的内容可以分为绝对事项和相对事项，一般由法律明确规定。绝对事项一定要涵盖在环保公司章程之中，若有缺少，则章程不发生法律效力，环保公司也因不合法定程序而无法登记注册。相对事项是环保公司章程记载或不记载的事项，即使不作记载，也不影响章程的效力，并且记载就具有约束力。

一、绝对事项

环保公司名称、场所；宗旨、经营范围；形式、设立方式及股份发行范围；发起人名称、住所及其法定代表人姓名、职务；注册资本总额、发行股份种类、各类股份权利和总额、每股金额；各类股东的入股方式、金额及其占股份总额的比例；股份的转让办法；股东的权利、义务；股东大会、董事会、监事会、经营管理机构的组成；职权和议事规则；法定代表人（董事长或总经理）及其产生的程序和职权；财务与会计、审计制度；税后利

润的分配办法；劳动管理、工资福利、社会保险等规定；环保公司章程修改的程序；终止
与清算办法及程序；通知和公告办法；订立环保公司章程的日期及发起人各方签字。

二、相对事项

环保公司的存续时间；分公司的设立；董事、监事的报酬；董事会的召集；总经理的
设立及职权范围；清偿债务后剩余资产的分配顺序；有关环保公司解散的规定；发起人因
承担风险而享受的特别利益及受益人的姓名；对优先认股的限制和对股份转让的限制；股
资缴纳的规定。

三、其他任意记载事项

这类事项一旦订立，载入环保公司章程，非经股东会修改，环保公司及股东都应遵照
执行。其他任意记载事项有：董事会的组织；股票的种类，缴资办法；召开股东会的时
间、地点等。

四、逸闻轶事——买珠还椟

我们总部世界 500 强的香港 H 公司执行董事 W 先生来到 X 市，作为设在上海的办事
处，自然要派人前去协助开展相关事宜。这次，办事处负责人派我前去，第一次接洽这种
事，心里还是惴惴不安的。待见到 W 先生时，才发现这位毕业于清华大学的 70 岁老爷
子，精神矍铄，儒雅慈祥。等正事办完以后，W 先生要我陪他去同里看看。到了同里后，
远处飘过来一股臭豆腐的味道，W 先生连赞：好香！我马上跑过去，买了两串，他就津
津有味地吃起来。然后，来到同里小河道的船上，划了一圈，上岸前，W 先生给了船娘
小费并道了谢。

办事处负责人派我来之前，曾交代过，W 先生和公司总部的 Y 主席都喜欢喝茶，要
我买点好茶给他和 Y 主席。说真的，以前发现，包装精美的茶叶不一定都是好茶，而且
也有可能还是陈茶，不打开包装，根本不知道货色。往往是买茶叶的付了冤枉钱，买的茶
叶不好，送给喝茶的，喝茶的很郁闷，也不高兴。为避免把事情办砸了，于是，我冒着炎
热，跑了好几个大的茶庄，让店家把好茶拿出来，现场泡并验视。最后，发现有家卖的白
茶挺好，新茶，品相也好，价格公道。于是，我让老板现场封好并包装妥当，然后送给了
W 先生。第二天下午，我前去酒店接 W 先生并送去机场。当时，W 先生刚从外面回来，
端起茶杯闻了闻说：这是早晨泡的茶，现在还很香。他兑了一点热水后，一口气就喝完
了，并连声称赞：好茶！好茶！临走收拾东西时，他打开茶叶包装盒，只把茶叶筒装进旅
行箱，说：买珠还椟，这样也更轻便些，Y 主席也不讲究包装。

后来，W 先生还专门向办事处负责人表扬了我，诸如买的茶叶很好、办事细心等。

第三节　环保公司章程有关事宜

一、强制转让条款的效力

环保公司章程约定，股东因离职、退休后，经股东大会表决，环保公司可回收股东持

有的股权；环保公司成立后，经股东大会修改公司章程，规定股东因本人原因离开企业或解职、落聘的，必须转让全部出资，由环保公司收购离开公司股东的股份，这种情况多发生在小型环保有限公司中，并针对某个特定的对象；国企改制后，环保公司股东大会修改原始公司章程，回购公司股权；公司股东因辞职、除名、开除等解除劳动关系的，由环保公司按股东实际认缴的原值收购；因股东侵犯公司利益或同业竞争，环保公司可取缔股东的身份，没收其股权，使其自动丧失股东身份。

强制性条款是指不能由当事人自行选择而必须遵守的规定，违反该类规定可能会损害国家和社会公共利益。环保公司章程作为股东之间的协议，是其组织准则与行为准则，只要不违反法律、行政法规的强制性规定，即具有法定约束力。环保公司章程与《公司法》条款规定不一致时，应当结合具体案件判定所涉法条的性质是否属于强制性规定，凡所涉法条不属于强制性规定的，即不影响其效力。

环保公司章程条款的效力，一是来源于法律的规定，二是来源于股东的约定。而作为环保公司章程自治的内容，股东的约定依法应当在法律许可的范围内，其内容不能与我国法律、法规的强制性规定相抵触，否则，应当认定为无效。环保公司章程中强制转让股权的条款，只有在与强行法不相违背，同时又具备股权转让合同要件的情况下，才能受法律保护，否则，该章程条款应认定为无效，进而依章程强制转让股权的行为也应当认定为无效。

二、环保公司章程的合规性

1. 符合法规的强制性规定

制定或修改环保公司章程应注意：一是权利属于股东会；二是须以股东会决议进行；三是不得违背《公司法》的强制性条款。修改环保公司章程的决议必须经代表三分之二以上表决权的股东通过并制作股东会决议，应遵循以下程序：先由董事会提出修改环保公司章程的提议及修改草案，然后将提议通知其他股东，再由股东会对环保公司章程修改条款进行表决。

2. 与环保公司治理有机地结合

明确股东会议事规则，将股东、股东会的权利义务制定得详尽并具有可操作性，使股东会的召集、表决以及决议的制定、通过等有章可循。规范董事会的运作，明确董事会的权力范围，使董事会和股东会之间权力配置明晰化。规范董事任免规则。建立健全董事会议事规则，包括对董事会会议的召集、通知、出席有效人数、议题的准备、表决方式、效力、代理、记录、信息披露等内容作出明确、具体的规定。发挥监事会的作用，明确监事会、监事的权力、义务，完善监事会构成及议事规则，明确监事会行使权力的途径及保障，使监事会能真正起到监督的作用。

3. 完善环保公司章程内容

环保公司章程就是将过于原则的法律规定细化，使其具有可操作性。制定环保公司章程时，应考虑周全，规定得明确详细，以免产生歧义。法定记载事项必须予以载明。任意记载事项必须合理合法。

三、具体条款设置中的法律风险防范

股权转让的规定使得环保公司股权转让规则成为选择适用条款。环保公司可以在其章程中制定与《公司法》不同的股权转让规则，包括转让条件、转让方式和转让程序等，赋予了环保公司股东自行决定股权转让规则的权利。

股东会行使的有关项职权，仅有个别事项是法律规定的特别决议事项。对于其他具有重大影响的事项，诸如发行公司债券、董事或者经理可以同本公司订立合同或者进行交易等事项，如果环保公司章程没有列入股东会特别决议事项，一旦出现类似情况，容易引发股东争执，法律风险不可忽视。股东会与董事会之间的关系并不是一个容易处理的问题。环保公司章程应当对有关权限作出明确界定，否则，这两大机构之间发生争议的概率会增大，加大了环保公司经营风险。

四、环保公司章程的法律行为

环保公司章程必须由全体股东共同制定，通过共同制定，实现意思表示一致。环保公司章程具有要式民事法律行为的特点，必须按照《公司法》规定的内容起草。股东要认可并在环保公司章程上签名、盖章。

环保公司设立过程中规定相关权利义务的条款自章程成立时生效。这些条款从性质上看就是当事人关于设立环保公司而签订的民事合同，只要具备一般合同生效的要件就应该生效，且形成合同法上的权利义务关系。环保公司章程关于对公司、董事、监事、高管的相关规定从逻辑上看，只有这些主体存在才可能发生法律效力。环保公司章程只有在公司成立后，其规定才生效。只有董事、监事、高管任职后，关于他们的规定才发生法律效力。此外，还必须具备经过工商行政部门登记审查的形式要件和记载的事项须满足不违反强制性法律规范、不违反社会公共利益、不缺项记载等要求实质要件。

股东应当按期足额缴纳环保公司章程中规定的各自所认缴的出资额。股东不按照前款规定缴纳出资的，除应当向公司足额缴纳外，还应当向已按期足额缴纳出资的股东承担违约责任。环保公司章程对公司成立之前的关于股东之间权利义务的规定应该具有溯及力，既可以用《公司法》规定处理，也可以用《中华人民共和国民法》补充《公司法》规定的漏洞。

五、逸闻轶事——电话窃听

M环保公司出让75％股权事项已进入要成立合资公司阶段，原本热闹非凡的公司一下子变得冷清了。并购方B环保公司派来的项目小组对各项工作正在有条不紊地进行。被并购的M环保公司员工有种莫名的焦躁。

项目小组里有一个王律师，做事比较碎道，而且时时透着优越感，M环保公司的员工大多对他没有什么好感。这一天，王律师正在用座机打电话，突然发现电话里有些噪声，电话串线了，难道有人窃听？职业敏感性促使他立即向B环保公司派来的项目组长做了汇报，项目组长觉得事情很严重，马上知会了M环保公司相关领导，请他们抓紧调查清楚。于是，检查人员先是做了分析和判断，对平时"看起来像贼"的有关科室先进行排查，结果也没查到。接下来，开始进行普查，很快就查清楚了，竟然是培训部的江部长干的。大家谁也想不到，平时文文静静的江部长好奇心怎么这么强？问她原因时，她回答也很简单：以前做培训时，培训部的电话就与王律师现在用的电话串线，只不过一直也没有人处理。最近，她也对合资公司组建比较好奇，于是，有时候就拿起电话听着玩。

鉴于当时正处于合资公司组建的关键时刻，同时考虑到 M 环保公司有些员工的抵触情绪，最后只内部给江部长一个警告处分而已。

第四节　环保公司章程自由规定事项

环保公司自治是现代法治的一项原则，法律赋予股东通过环保公司章程自主决定其诸多事项。运用法律赋予的环保公司章程自主约定事项，是股东实现环保公司治理目标的重要方式。

一、法定代表人

依照环保公司章程的规定，其法定代表人由董事长、执行董事或者总经理担任，并依法登记。法定代表人是指依法代表法人行使民事权利、履行民事义务的主要负责人。法定代表人能代表环保公司进行各项活动。法定代表人本身理论上主要是一种虚职，其身后的董事长、执行董事或者总经理才是实权人物。在涉及公司责任时，法定代表人很可能需要承担个人责任，如司法的诚信黑名单。在行政和刑事责任中，如安全事故的行政、刑事责任中，除了环保公司的责任，法定代表人作为环保公司的负责人往往要承担个人责任。在一般行业，可以考虑由董事长担任公司法定代表人。在一些特种行业，特别是常有安全风险的行业可以考虑约定由总经理担任公司法定代表人。

二、对外投资和担保

环保公司向其他企业投资或者为他人提供担保，依照环保公司章程的规定，由董事会或者股东会、股东大会决议；环保公司章程对投资或者担保的总额及单项投资或者担保的数额有限额规定，不得超过规定的限额。环保公司章程可规定对外投资和担保由董事会还是股东会决议，以及对外投资和担保的额度。投资有风险，对外担保则可能使公司因承担债务而遭受重大损失。此处的担保仅限于对外担保。当环保公司为股东或者实际控制人提供担保时，根据法律规定，必须经股东会或者股东大会决议，这是不允许环保公司章程规定的。

三、注册资本和出资

环保公司章程应当载明公司注册资本；股东的出资方式、出资额和出资时间。股东应当按期足额缴纳环保公司章程中规定的各自所认缴的出资额。股东以货币出资的，应当将货币出资足额存入有限责任公司在银行开设的账户；以非货币财产出资的，应当依法办理其财产权的转移手续。股东不按照前款规定缴纳出资的，除应当向公司足额缴纳外，还应当向已按期足额缴纳出资的股东承担违约责任。

除有特殊限制的主体外，环保公司注册资本采取认缴制。股东的认缴出资额、出资时间等，完全由股东自行约定并在环保公司章程中载明。环保公司章程中必须明确注册资本的金额、各股东的认缴出资金额（以实物、知识产权、土地使用权等非货币财产出资的，需明确其价额）和出资时间，以非货币财产出资的还需明确交付和过户的时间。股东应按照各自的情况和对公司发展的规划合理确定注册资本金额和出资时间。当约定的出资时间到期，但股东认为需要延期的，可以通过修改环保公司章程的方式调整出资时间。未履行当期出资义务的股东，应当向已按期足额缴纳出资的股东承担违约责任。建议在环保公司章程中明确违约责任的计算方式和承担方式。

四、出资不足的责任

环保有限责任公司成立后，发现作为设立公司出资的非货币财产的实际价额显著低于环保公司章程所定价额的，应当由交付该出资的股东补足其差额；环保公司设立时的其他股东承担连带责任。现行法律对用于出资的实物、知识产权、土地使用权等非货币财产在出资时不再要求必须评估，但这并不意味着股东可以随心所欲定价。特别是其他股东，必须坚持对非货币财产按市场价值作价。环保公司章程中需明确实物、知识产权、土地使用权等非货币财产的价额，并且还需约定对交付该出资的股东在该财产明显低于章程所定价额时，应当补足差额的期限和不按时补足的违约责任。这样可使其他股东避免为该股东的补足义务承担连带责任。

五、股东分红和增资

股东按照实缴的出资比例分取红利；环保公司新增资本时，股东有权优先按照实缴的出资比例认缴出资。但是，全体股东约定不按照出资比例分取红利或者不按照出资比例优先认缴出资的除外。同股同权本来是《公司法》的基本原则，但考虑到实践中股东对公司的贡献或者说公司对股东的需求，往往不是完全按股权比例的。因此《公司法》允许股东以约定方式改变红利分配和增资时认缴出资的规则，改变后的分配、认缴比例和方式没有任何限制，完全由股东商定。大股东为了取得对环保公司的控制权，往往要控制绝对多数的股权，但为激励或平衡其他股东，往往可以采用其他股东多分红的方式。不按股权比例分红的，必须明确每个股东的分红比例。而增资时优先认缴的比例也需另行明确约定。

六、股东会会议

股东会会议分为定期会议和临时会议。定期会议应当依照环保公司章程的规定按时召开。召开股东会会议，应当于会议召开十五日前通知全体股东；但是，环保公司章程另有规定或者全体股东另有约定的除外。股东会会议的定期会议按环保公司章程的规定按时召开，也就是说环保公司章程可以规定定期会议的具体召开日期。鉴于现在股东出现矛盾时，即便是控股股东，也往往难以召开临时股东会会议，导致出现公司僵局，影响公司的正常运营。而每年至少一次的股东会会议是必须召开的，因此有必要在环保公司章程中明确规定定期会议的召开时间、地点，确保至少能顺利召开定期会议。为使环保公司的决议事项能得到及时决议，确保公司的正常运行，建议环保公司章程中明确规定两次定期会议，一般可在年中和年底各一次，需注意要明确会议召开的具体时间和地点。

七、股东表决权

股东会会议由股东按照出资比例行使表决权；但是，环保公司章程另有规定的除外。股东的各项权利根据股权比例确定是《公司法》的基本原则，行使表决权是股东参与环保公司经营决策的重要途径。通过调整表决权比例，甚至是某些小股东控制环保公司的重要途径，这一点对财务投资者尤为重要，他可以通过设置在某些事项上的一票否决权达到控制环保公司的目的。这条实际赋予了环保公司章程两项自由规定的权利：同股不同投票权和一票否决权。这条的使用要慎重，一般存在股东需通过让渡部分经营决策权以换取其他方面的利益时才能使用。在大股东引入财务投资者时，就要注意一票否决权的规定。必须使用一票否决权的，建议在环保公司章程中尽量缩减股东会的职权，并将一票否决权的适用事项尽量减少，以防财务投资者以较少的股权完全控制环保公司。

八、股东会议事方式和表决程序

股东会的议事方式和表决程序，除《公司法》有规定的以外，其他由环保公司章程规定。股东会会议作出修改环保公司章程、增加或者减少注册资本的决议，以及环保公司合并、分立、解散或者变更公司形式的决议，必须经代表 2/3 以上表决权的股东通过。实际上规定了环保公司的绝对控股权，即拥有环保公司 2/3 以上的表决权。重要事项必须经绝对多数（2/3 以上）的表决权才能通过，其他事项由环保公司章程自行规定绝对多数表决或相对多数表决（1/2 以上），该种多数表决包括股权比例或人数比例，即环保公司章程可以规定其他事项按股权比例表决，也可以规定按人数比例表决。

如果小股东要联合制约大股东，可以在环保公司章程中增加需 2/3 以上表决权的事项；对某些特殊的投资者，可以规定按人数比例表决或对某些事项的一票否决权。这些都是法律赋予环保公司章程自主规定的。考虑到环保公司股东往往比较分散，包括有常年在外地甚至国外的，如果按常规的所有股东聚集到一起面对面开股东会，会存在诸多的不便。股东可以在环保公司章程中规定如远程电话会议、视频会议等议事方式和表决程序。

九、董事会组成

环保公司设董事会，其成员为 3~13 人。董事会设董事长一人，可以设副董事长。董事长、副董事长的产生办法由环保公司章程规定。环保公司设董事会的，组成人员数量应在规定范围内，但也可以不设董事会，只设一名执行董事。董事会的人员名单一般由股东会推荐决定。至于董事会中的董事长、副董事长的产生，实践中有股东会决定的，也有董事会内部选举的。董事长是当然的法定代表人人选，是董事会的召集人和主持人。对董事会人员数量我国习惯设单数，然后采用相对多数的方式通过相关决定。董事长的身份也是控制环保公司的一大手段，也是股东的争夺点。因此，环保公司章程对董事长的产生必须明确规定，否则很可能导致董事长无法选出，使环保公司陷入僵局。因为法律对董事长、副董事长的产生并无规定，这是完全由环保公司章程规定的事项。

十、董事任期

董事任期由环保公司章程规定，但每届任期不得超过三年。董事任期届满，连选可以连任。董事任期届满未及时改选，或者董事在任期内辞职导致董事会成员低于法定人数的，在改选出的董事就任前，原董事仍应当依照法律、行政法规和环保公司章程的规定，履行董事职务。董事的任期是按届算，而不是按每个董事个人的任职期限算。这一点在董事的增补或改选时要特别注意，最好在增补或改选的同时确定为换届。原董事在没有换人的情况下，应继续履职是法定义务，但为保障董事会的效率，环保公司还是要及时改选或增补董事。实践中，由于董事会是环保公司经营管理层面的决策机构，为确保环保公司经营策略的一致性及稳定性，一般建议将董事的任期定为三年。如有必要变更董事会制衡结构的，可由股东会采用增补的方式进行。

十一、董事会职权

董事会对股东会负责，行使召集股东会会议，并向股东会报告工作等职权。环保公司治理架构中的职权层级设置为：股东会＞董事会＞总经理。股东会、董事会、总经理的职权都有法定和意定之分，不同的是，董事会、总经理的意定职权必须在环保公司章程中明确，即章程中无授权即视为无权力；股东会则不然，章程未授予董事会、总经理的职权均可由股东会行使。因此，董事会职权的扩大属于股东会对董事会的授权，体现了股东会对董事会的信任；而对董事会职权的限制，则体现了股东对环保公司控制的慎重。从现代企业的发展趋势来看，适当扩大董事会职权是大势所趋，有助于提高企业经营决策的效率，也能体现、发挥董事会对环保公司发展的作用。

环保公司股东（会）要根据自己对董事会本身的控制（特别是大股东对董事会的控制）和决策效率来确定是否要对董事会授权、授权哪些事项。而作为中小股东，也要权衡对股东会或董事会的控制孰优孰劣来确定是否扩大对董事会的授权。要扩大董事会职权需通过环保公司章程明确规定，如无规定，即视为无授权，董事会只能行使法律规定的有关职权。这也意味着，董事会的职权需要在环保公司章程中规定的更具体明确。

十二、董事会议事方式和表决程序

董事会的议事方式和表决程序，除《公司法》有规定的以外，其他由环保公司章程规定。董事会应当将所议事项的决定做成会议记录，出席会议的董事应当在会议记录上签名。董事会决议的表决，实行一人一票。董事会除了召集方式在《公司法》中有明确规定，其他的议事方式和表决程序均可以由环保公司章程规定，但表决实行一人一票的原则不容更改。关于董事会可由环保公司章程规定的事项有很多，包括董事会的召集方式和召开要求（如通知方式、时限、出席人数）、决议通过的要求（如过半数或 2/3）、对不同意见的记录或处理等。由于董事会的议事方式和表决程序法律上没有规定，为了使董事会能正常召开、作出决议，避免发生争议，建议在环保公司章程中规定具体、明确且具有操作性的议事方式和表决程序。需特别提醒的是，由于环保公司的董事在某些情况下给环保公司造成损害的负有赔偿责任，因此对决议发表不同意见的董事应当要求将其意见记入会议记录。

十三、总经理职权

环保公司可以设总经理，由董事会决定聘任或者解聘。总经理对董事会负责，行使主持公司的生产经营管理工作、组织实施董事会决议等职权。环保公司章程对总经理职权另有规定的，从其规定。总经理列席董事会会议。总经理是公司日常经营管理和行政事务的负责人，可由董事或其他自然人股东担任，也可由职业经理人担任。需注意的是，总经理的职权可以由董事会授予，但该授权的权限不应超过董事会自身的权限。总经理职权另一个最大的不同是：法定的职权也可以通过环保公司章程被剥夺。即章程既可以减少总经理的职权,也可以增加其职权,这意味着章程可以完全、任意规定经理的职权。这一点董事会职权与之有明显区别,董事会的法定职权不能减少,章程只能增加其职权。

总经理在环保公司的日常生产经营管理中担任了重要角色,特别是现在企业聘用职业经理比较多。因此,对总经理的授权、监督需慎重考虑。授权过大,可能引起类似某知名电器公司丑闻的事件,授权过小,又发挥不了职业经理人的作用。由于法律对总经理的职权规定完全给予环保公司章程自由规定,公司可以根据实际需要,自主决定总经理的权限范围,而不必囿于法律列举的职权。

十四、执行董事职权

股东人数较少或者规模较小的环保公司,可以设一名执行董事,不设董事会。执行董事可以兼任公司总经理。执行董事的职权由环保公司章程规定。执行董事只有一名,并且可以兼任总经理,可能集大权于一身,所以法律并没有规定执行董事的职权,而完全由环保公司章程规定。这一点与董事会的职权有部分法定存在不同。现实中,采用执行董事的一般存在于家族企业或股东很少的公司。

为了防止执行董事独断专行,建议只设执行董事的环保公司应慎重授权,将重大事项的决策权保留在股东会中,这有助于保护中小股东的权益。另外,建议执行董事与总经理由不同的人担任,以形成某种程度的制约和制衡,也可为中小股东直接参与环保公司经营增加机会。另外,作为执行董事也需勤勉尽职,否则也可能对环保公司造成的损害承担赔偿责任。

十五、监事/监事会设置

环保公司设监事会,其成员不得少于三人。股东人数较少或者规模较小的环保公司,可以设一至二名监事,不设监事会。监事会应当包括股东代表和适当比例的公司职工代表,其中职工代表的比例不得低于1/3,具体比例由环保公司章程规定。监事会中的职工代表由环保公司职工通过职工代表大会、职工大会或者其他形式民主选举产生。监事主要有检查公司财务,监督公司董事和高管并建议罢免,提议召开临时股东会或在一定条件下主持股东会,向股东会提案,对给环保公司造成损害的董监高提起诉讼等权利。主要作用就在于监督股东会、董事会和高管的行为,督促他们合法、勤勉履职。如果多数小股东不参与公司经营的,可以考虑提高职工监事的比例,用于制约大股东及环保公司高管,激发职工主动性和积极性。

十六、监事/监事会职权

环保公司的监事行使检查公司财务等职权。监事/监事会负有监督公司董事、高管及维护公司利益的职责,对督促高管合法履职、保障公司利益不受损害具有一定作用,并且也是中小股东实现某种权利的途径。因此,监事/监事会的职权越大,越有利于对董事、高管形成某种制约,有利于中小股东权利的实现。中小股东在环保公司职权的争夺中,最容易得到的职位就是监事。为了有效加强对董事、高管的制约,应当在环保公司章程中增加监事/监事会的职权,这有助于中小股东通过监事/监事会层面来制约一般由大股东指派或控制的董事、高管。

十七、监事任期

监事的任期每届为三年。监事任期届满，连选可以连任。监事任期届满未及时改选，或者监事在任期内辞职导致监事会成员低于法定人数的，在改选出的监事就任前，原监事仍应当依照法律、行政法规和公司章程的规定，履行监事职务。监事的任期法定为每届三年，这一点与董事任期由公司章程规定且每届不得超过三年的规定不同。同样注意，监事任期是按届算，而不是按监事个人的任职期限算。这一点在监事的增补或改选时要特别注意。原监事在没有换人的情况下，应继续履职是法定义务，公司章程并不能把这项义务免除或另作规定，但可规定具体的职责或履职方式。为保障监事会的效率，公司还是要及时改选或增补监事。

十八、监事会议事方式和表决程序

监事会每年度至少召开一次会议，监事可以提议召开临时监事会会议。监事会的议事方式和表决程序，除《公司法》有规定的以外，其他由环保公司章程规定。监事会决议应当经半数以上监事通过。监事会会议也分定期会议和临时会议。

监事会的主要功能是监督和制约董事和高管，也是中小股东实现和维护股东权利，参与公司经营的一个重要方式。要根据监事会的组成人员情况，来确定监事会的议事方式，特别是要求出席人数的规定，如要求1/2或2/3以上监事出席会议才有效等。而表决程序主要包括表决的方式（如举手、无记名投票）和程序（具体表决的流程），都可以在环保公司章程中明确规定，既有助于提高会议效率，也有助于决议的合法性和科学性。

十九、环保公司股权的转让

环保公司的股东之间可以相互转让其全部或者部分股权。股东向股东以外的人转让股权，应当经其他股东过半数同意。股东应就其股权转让事项书面通知其他股东征求同意，其他股东自接到书面通知之日起满三十日未答复的，视为同意转让。其他股东半数以上不同意转让的，不同意的股东应当购买该转让的股权；不购买的，视为同意转让。经股东同意转让的股权，在同等条件下，其他股东有优先购买权。两个以上股东主张行使优先购买权的，协商确定各自的购买比例；协商不成的，按照转让时各自的出资比例行使优先购买权。环保公司章程对股权转让另有规定的，从其规定。

环保公司具有人合性，股权转让即意味着股东的变更或股权结构的变动，对维持公司股东的稳定、和谐有重要影响。为确保股东关系的稳定，股东内部转让股权的没有限制条件。如对外转让的，应经其他股东过半数同意，这里的过半数是指人数而非股权比例。对外转让股权的股东，应当做好书面通知其他股东的工作，并且该通知要送达转让人以外的全部股东，而非只要达到过半数后其他股东就可以不通知。

法律虽然对对外转让股权作了限制，但仍保证股东自由处分股权的权利。转让人履行通知义务后，其他股东需作出答复，未按时答复的，视为同意转让；如果半数以上股东不同意转让，不同意的股东应当购买该转让的股权，否则也视为同意转让。通过这种对其他股东设定积极义务，消极行为视为默认的规定来保障股东最终能自由处分股权。同样由于股东的人合性特点，法律授权环保公司章程可以另行规定股权转让的条件、程序等。环保公司章程的规定优先于法律规定。

公司股东应从实际出发，确定对转让环保公司股权条件从宽还是从严。特别是在环保公司初成立时，创始股东就要确定公司是趋于封闭性还是开放性。如果是趋于封闭性的，则可以对股权转让制定更多的限制条件，反之亦然。环保公司章程能自主规定的内容包括是否需要通知、同意，甚至包括其他股东有无优先购买权等。需注意的是，诸如股东不得对外转让股权的规定因为限制了股东权利，所以是无效的。

二十、股权/股东资格继承

自然人股东死亡后，其合法继承人可以继承股东资格；但是，环保公司章程另有规定的除外。该规定在法律上将股权继承和股东资格继承做了区分，之前的法律及实务均未将股权和股东资格的继承分离。由于股权具有财产和人身的双重属性，如果不将股权的财产属性和人身属性区分，在发生继承时，继承人（可能是一人，也可能是很多人，可能包括限制民事行为能力人甚至无民事行为能力人）自然成为股东，很容易打破原先股东的平衡，破坏环保公司的治理结构，这与环保公司人合性的特征不符。因此规定自然人股东的合法继承人可以继承股权和股东资格，但允许环保公司章程另作规定，即可以规定继承人不能取得股东资格。

创始股东应该在环保公司章程中对此早作规定。如果为家族式企业，可以允许继承人取得股东资格；如果为非家族式企业，建议尽量规定股东的继承人不能取得公司股东资格，毕竟继承人是什么人具有不可预测性。环保公司章程既可以粗线条式规定继承人不能取得股东资格，也可以详细规定继承人在什么情况下（如未成年、丧失民事行为能力等）不能取得股东资格。在规定继承人不能取得股东资格时，应当同时规定继承的股权如何处理，包括处理的方式、作价等。

二十一、累计投票制

股东大会选举董事、监事，可以依照环保公司章程的规定或者股东大会的决议，实行累计投票制。所称累计投票制，是指股东大会选举董事或者监事时，每一股份拥有与应选董事或者监事人数相同的表决权，股东拥有的表决权可以集中使用。

环保公司往往股权分散，中小股东数量极多。而在环保公司的治理结构中，董事会、监事会的权力和作用极大。环保公司的控制往往通过控制董事会实现。而董事是由股东大会选举产生，如果纯粹按股权比例表决，中小股东往往很难使自己的权利代言人选入董事会。《公司法》创设了累计投票制，但该制度只适用于股东大会选举董事、监事时，是为了保护中小股东的利益。是否采用该投票制度需要由股东大会决议或由环保公司章程规定。所谓累计投票制就是每一股东的投票权可以放大至与应选董事人数一致的倍数，并且可以集中使用在一人身上（例如：公司董事会由9人组成，某一股东持有1万股股份，如该股东使用累计投票制投给某一董事，该董事就能取得9万票）。累计投票制使得中小股东可以将投票权累计到同一候选人身上，使得其推选的董事当选的可能性大增。

累计投票制限制了大股东对董事、监事选举过程的绝对控制力，有助于环保公司中小股东在董事会中推举代言人，以维护其权益。《公司法》规定是否采用该制度需由环保公司章程规定或由股东大会决议，相比由股东大会决议，由环保公司章程规定无疑更具稳定性，能有效防范大股东为自身利益随意决定是否采用累计投票制。因此，中小股东应当在创立大会审议环保公司章程时就注意到该制度，要求采用，以免在事后陷于不利境地。

二十二、逸闻轶事——技术问题

我的环保行业朋友 L 先生说了这么一件事，他所在的 H 环保合资公司经并购成立后，委托 B 咨询公司对相关水厂、管网等技术问题做了一次咨询，这个咨询公司派出了几个老外，收费不菲。在他们咨询期间，向负责运营技术的 L 先生要了很多资料。

在 B 咨询公司进行成果汇报时，L 先生也有幸受邀参会。B 咨询公司的成果报告，仅用英文做成了厚厚的两大本。待技术总监用 PPT 演示汇报完毕，开始进入提问环节。因为 L 先生的英文基础不是太好，要想在短时间内在厚厚两大本成果中找到形成好问题的地方，确实也不容易。但是，这次是个例外，L 先生直接翻到当时给老外提供资料的章节，发现有些观点竟然是他当时与老外们交流时说的，他们照搬照用，只不过现在是以英文翻译呈现，于是就收了那么高的费用。看到这种情况，L 先生心里总感觉不太舒坦。于是，他就向那位金发碧眼非常英俊的技术总监提了 4 个相对刁钻的问题，这位仁兄也许是功底不厚，当场只回答出 1 个，急得满头大汗。

当时，L 先生就是想让他们知道，中国人的钱也不是那么容易挣的。

第十三章　环保并购咨询公司

第一节　咨　询　公　司

一、咨询公司概述

咨询公司又称顾问公司，是指从事软科学研究开发并出售智慧的公司，属于商业性公司，帮助企业发现生产经营管理上的问题，制定切实可行的改善方案；传授经营管理的理论与科学方法，培训企业各级管理者，从根本上提高其素质。

传统分类包括：管理咨询、财务咨询、工程咨询、技术咨询、互联网转型咨询等。传统咨询顾问对于民营中小企业主要有三种效用：代劳的效用、制度提升、战略效用。

自 20 世纪 70 年代末国外咨询公司开始进入我国市场，到现在已发展到数百家。这些咨询公司纷纷将目标锁定在处于不同行业龙头地位、有实力的企业。国内的各类咨询公司有数万余家，而真正从事咨询服务业务的仅数千家，在咨询业中做大品牌的仅有几家。我国的咨询业市场还不完善，相当多的咨询公司收集信息手段落后，收集信息的准确率不高，时效性不强，很难为企业提供系统、准确、及时的决策信息。另外，国内咨询人才匮乏，缺乏专门的培训机构和熟悉企业运作的复合型人才。

二、相关知名咨询公司

1. 国外代表性咨询公司

国外有代表性的咨询公司，如麦肯锡、波士顿咨询、贝恩等，具有完善的人才选拔体系、行业内深厚的洞察力、咨询方式方法创新的优点，走在行业前列，声望上领先于其他竞争对手，占据了重要的位置。以下是国外一些具有代表性的咨询公司。

（1）McKinsey & Company（麦肯锡公司/管理咨询）

麦肯锡公司由 James O. McKinsey 于 1926 年创建，该公司已经成为全球最著名的管理咨询公司，在 44 个国家和地区开设了 84 间分公司或办事处。拥有来自约 78 个国家的9000 多名咨询人员。

（2）The Boston Consulting Group（波士顿咨询公司/管理咨询）

波士顿咨询公司是一家全球性管理咨询公司，成立于 1963 年，是世界领先的商业战略咨询机构，客户遍及所有行业和地区，在全球 45 个国家和地区设有 81 家办公室。

（3）Bain & Company（贝恩公司/管理咨询）

贝恩公司是一家全球领先的管理咨询公司，在全球有超过 2200 人的专业咨询顾问团队，用客户的业绩来衡量自己的成功。基于"咨询顾问为客户提供的是结果，而非报告"的理念，为客户提供战略、运营、技术、组织以及并购方面的专业咨询业务。

（4）Booz & Company（博斯公司/管理咨询）

博斯公司自 20 世纪 90 年代进入中国市场，在上海、北京、香港和台北都设有办事处，为跨国公司、本土企业以及政府机构提供专业的咨询服务。

（5）Deloitte Consulting LLP（德勤咨询/财务）

德勤咨询是全球顶级的咨询公司之一，其下拥有战略与运营、人力资源咨询、技术咨询等业务板块。2013 年初，德勤咨询的战略与运营部门还在全球范围内收购了知名战略咨询公司摩立特集团。

（6）Monitor Group（摩立特集团/战略咨询）

1983 年摩立特集团成立于美国马萨诸塞州波士顿的剑桥市。作为全球领先的战略咨询公司，摩立特凭借强大的理论资源与独特的客户服务方式，迅速成长为世界顶尖的战略咨询公司，赢得了来自业界的共同认可。

（7）Pricewaterhouse Coopers LLP（普华永道/会计服务）

普华永道会计师事务所是世界上顶级的会计师事务所。1998 年，该所的两个前身——普华会计师事务所和永道会计师事务所在英国伦敦合并成普华永道。普华永道在2008 年就获利约 280 亿美元，它的雇员超过 146000 人，遍布 150 个国家和地区。在福布斯全球排行榜上，普华永道位列全球私人企业的第三名。普华永道也是国际四大会计师事务所之一，与其并列的其他三大所分别是毕马威、德勤和安永。

（8）Mercer LLC（美世咨询公司/人力资源服务）

美世咨询公司是美世咨询集团的一分子，而美世咨询集团则是共同隶属于威达信集团（MMC）的四个实体之一。MMC 是一家每年营业收入达到 100 亿美元的国际专业服务公司。

（9）Ernst & Young LLP（安永/会计服务）

安永是国际四大会计师事务所之一，公司是 19 世纪 50 年代一系列兼并的产物，已有一百多年的历史。1989 年，原八大会计师事务所之中的 Arthur Young 及 Ernst & Whinney 之间的兼并造就了现在的 Ernst & Young。主要业务包括：审计与鉴证、税务咨询与筹划、财务咨询。

（10）Oliver Wyman（奥纬咨询公司/管理咨询）

奥纬咨询公司是全球领先的专注金融行业策略和风险管理的著名咨询公司。公司成立于 2003 年 4 月，由 Oliver，Wyman & Company 和 Mercer Inc. 的金融服务战略与精算部门合并组成，现在是 Marsh & McLennan Companies，Inc.（MMC）旗下的一家公司。公司现有 650 名员工，分布于北美、欧洲和亚洲的 12 个国家的 25 个分支机构。凭借在金融行业积累的广博的专业知识帮助客户解决日益复杂的经营挑战。作为金融服务行业发展的重要参与者与观察者，奥纬咨询公司的客户涵盖了全球 100 家最大金融机构的 80%。

2. 国内代表性咨询公司

（1）怡安翰威特

怡安翰威特具有六十多年的丰富经验，是全球最早提供人力资源外包与咨询服务的公司。怡安翰威特为 2500 多家公司提供咨询服务，并代表全球 300 多家公司管理数百万员工和退休人员的人力资源、薪资及退休项目。目前怡安翰威特已在 38 个国家开设分公司并拥有近 59000 名员工。

（2）和君咨询

和君咨询成立于 2000 年，现在已经发展成为中国本土规模最大的综合性咨询公司之一，以“管理咨询＋投资银行”的双重专业能力闻名业界。管理咨询师与投资银行家队伍已经超过 1300 人。2011 年，和君集团正式成立，注册资本 1 亿元，是中国本土咨询公司的佼佼者。

（3）正略钧策

创立于 1992 年的正略钧策，是在北京、上海、广州三地设立全资公司的中国管理咨询公司之一。正略钧策作为中国大型综合性专业化管理咨询公司，业务范围涵盖战略咨询、营销咨询、人力资源咨询、运作信息化咨询、教育培训服务、投融资咨询、高级人才服务、企业文化咨询、政府咨询、管理图书出版等。

（4）天元鸿鼎

天元鸿鼎是中国专业型管理咨询培训机构领导品牌，长期致力于将先进的管理思想、理论、方法与工具转化为企业发展动力。专注于提升组织能力与企业人才培养相关的管理咨询及培训实践，推动企业转型与可持续发展。天元鸿鼎汇聚了 200 多名全国最高端、最具实战经验的专业管理大师，拥有一流的研发与顾问团队。

（5）北大纵横

北大纵横成立于 1996 年，是由北京大学控股、北京大学光华管理学院兴办的按现代企业制度规范化运作的专业管理咨询公司。北大纵横目前已经发展成为年营业额近亿元，拥有国内外名校 MBA、国内外大型企业中高层管理人员在内的两百多名正式顾问、九十多位项目经理的大型咨询企业。北大纵横管理咨询公司品牌也已经成为中国咨询行业的最知名品牌之一。

（6）华夏基石

华夏基石由彭剑锋教授创办，已成为中国本土最大的管理咨询集团之一。华夏基石秉承"为客户创造价值，与客户共同成长"的理念，推动近千家大中型中国企业进行战略转型、组织变革、机制创新、文化重塑。

（7）理实国际

理实国际是一家具有国际化背景的综合咨询机构，总部设在加拿大，拥有覆盖北美和欧洲多个国家的专家资源网络。在中国，理实国际奉行"国际水准、本土服务"基本准则，与具有国际一流的管理与咨询经验的资深专家一起，结合中国咨询与管理实践，为500多家国内外客户提供过管理功能咨询。

（8）世纪纵横

世纪纵横已成功为400多家本土企业提供了具有实效性的管理咨询服务，项目涉及电力、石油、化工、钢铁等众多行业，包括企业、事业单位、政府机构、研究院所等多种类型机构，其中大型企业集团与上市公司占40％左右。世纪纵横在企业战略规划、战略执行、企业绩效管理、人力资源管理、企业文化、流程再造、财务管理等领域形成了一套独具特色的咨询理论与方法体系。

（9）中大咨询

中大咨询于1993年开始开展业务，是国内最早一批咨询机构。中大咨询秉承中山大学的文化底蕴，开发出"全能管理模式"等一系列咨询理念和方法、工具，在中国本土咨询业内一直居于领先地位，被业界誉为"中国商界总参谋部"。

（10）天行健咨询

天行健咨询于2005年开始开展业务，多年来，已帮助500多家制造业在经营管理上做变革和提升，得到了客户和媒体的高度认可，天行健咨询的续签率和转介绍率高达90％以上。天行健咨询已经拥有精益生产管理顾问团队与六西格玛咨询顾问团队近百人。

三、国内环保专业性咨询公司

1. 大岳咨询

大岳咨询成立于1996年，是国家发展改革委授予的甲级咨询公司，总部位于北京金融街，在深圳、杭州等地设有近二十家办事机构、一家研究院、八家子公司、两家分公司。是国内公认的具有领导地位的咨询研究机构，是各级政府发展城市经济和国内外投资机构参与城市建设、投资和管理可以依托的智库。

大岳咨询拥有600余名咨询专家，业务遍布全国500余县市，已完成咨询项目900余个，总投资超2万亿元。参与了多个中央部委和地方政府的政策研究和制定工作，包括财政部、国家发展改革委和住房城乡建设部出台的一系列PPP政策法规。

2. 济邦咨询

济邦咨询是一家专注于泛基础设施行业的财务、法务、风险、监管咨询及管理咨询的专业服务机构。总部位于上海，在北京、天津、深圳、南京、成都、长沙等地设有分支机构。济邦咨询定位于为泛基础设施行业的中高端及核心客户群服务，包括重要政府部门、政府性企业、国内外领先的行业投资运营商、一流投资财团、大型工程承包商等。济邦咨询专注于交通运输、社会服务、城市开发、水务与环境、能源等基础设施、公用事业和社会事业各行业和领域，并始终关注行业的前沿问题，力求为客户提供最接地气、最具个性化定制的解决方案。

3. 其他咨询公司

国内的一些会计师事务所、产权事务所等地方咨询公司也有不少，它们也都纷纷参与并购咨询项目，起到了一定的作用。

四、环保并购为什么要找咨询公司

环保并购程序复杂，需要法律和经济领域的专业人士对整个过程的风险规避进行指导，起到保驾护航的作用，是一项风险极高的商业活动。咨询公司以其专业知识和经验为企业并购提供战略方案和选择、收购法律结构设计、尽职调查、价格确定以及支付方式的安排等法律服务；同时，参与、统一、协调并购工作的会计、税务、专业咨询人员，最终形成一整套完整的法律意见书、收购合同和相关协议，保障整个并购活动合法、有序开展。

环保并购中充满各种不确定性，而环保企业需要投入大量资源，风险很大。由于双方存在知识与信息差距，环保企业在并购前面临模糊性，难以准确地评价标的环保企业在并购后面临的波动性，难以有效地进行整合。从信息经济学理论和环保并购整合视角出发，并购方需要借助专业咨询团队的知识、经验与社会网络等资源识别标的环保企业自身的价值和未来的协同价值，控制风险，保证环保并购的成功实施。

专业咨询团队能为并购方提供宝贵而独特的资源，有助于并购方在环保并购中建立优势地位，同时，并购方和专业咨询团队之间存在的委托代理问题也会影响并购结果。从资源基础观和代理理论出发，并购方聘用专业咨询团队协助环保并购，整体上有利于实现并购价值，知名度低的和新聘用的咨询机构的自利行为损害较小，也更易被监管，因而更有利于提升环保并购绩效。并购方可以通过环保并购实现战略目标，提升绩效，专业咨询团队在这一价值创造过程中起着重要作用。

咨询能帮助环保企业解决战略问题，比如规模与利润、短期与长期、速度与质量；解决三大困惑，即机会与能力、目标与路径、策略与行动；解决三大营销问题，即短期提高销售业绩、中期提高营销能力、长期提升环保企业核心竞争力。

咨询公司能做环保企业家的眼睛，看到其所看不到的问题。咨询公司能做一双执行各种复杂困难任务的有形手，做环保企业家想做却没能力和没精力做的事。咨询公司能做环保企业家的外脑，想其没时间想的问题。咨询公司能做环保企业家的嘴巴，替其把想说但又不能说的话说出来。

环保企业自我变革时，往往难度较大。咨询公司是独立于环保企业之外的专业性机构，它以事实为导向，以外部视角看到企业现状、痛点、能力与资源，不受环保企业内部利益影响，能够帮助其解决跨部门的全局性问题，有效协调好决策层、管理层、执行层之间的关系，全力推动环保企业实现变革。

五、海外环保并购中的专业机构重要性

收购和兼并对于建立全球商业系统至关重要。海外环保并购可以扩大企业规模，开拓国际市场；可以实现技术升级改造，强化资源整合；可以借鉴西方企业管理经验，增加在海外市场的竞争优势。或许买来的东西可以马上用，但是买来的环保企业绝对不是这样

的。每个实施并购的环保企业都应该提前考虑，是否有具备实力的管理团队来运营和管理并购后的环保企业。投资者需要保持清醒的头脑，明确自己想要什么、拒绝什么。投资者很多时候需要一位能够感同身受的伙伴帮助他们开拓海外市场。希望通过环保并购能在很短的时间内敲开海外财富管理业务的大门，而财富管理本身是一个独立的营收系统，盈利需要建立在原有环保企业中较为牢靠的客户群体上。

找到一个专业的财务顾问来协助是非常关键的。财务顾问首先联络有被并购意向的环保企业，再与对方进行沟通对话，在确认双方意向后，搭建双方针对并购发生后的商业模式的相关意见和反馈。随后根据这个商业模式的模型在当前的平行市场中进行调研，观察其在同类环保企业中是否具有竞争力、是否占有一定的潜在市场份额，同时评估并购计划是否可行、并购后的环保企业该如何重新介入市场。

国际型的投行和财务顾问有着比较优秀的资源网络，能够做到最大程度的资源匹配。作为国际性的平台，也有筛选买方的需求，从它们的角度考量并购方是否对其平台网络有所帮助。环保企业家个体在知识和经验方面的差异，也时常导致投资者买到不好的东西或被抬高价格。

环保并购的过程充满了挑战和不确定性，协商过程中会出现必然的分歧，在投资服务机构做好双方沟通的前提下，投资者首先要明确自己的投资战略，明确自己取与舍的底线和原则。为了避免盲目地与不合适的投资服务机构合作，投资战略在此时更显得尤为重要。在与投资服务机构合作时，投资者或并购方要对投资服务机构有充分的了解，比如投资服务机构在投资链条中是否有站队行为，是否更多地为卖方谋利益，议价桌上他们在帮助谁等问题。

一支具备跨国公司管理经验的工作团队，可以协助中方客户对外方公司当前的经营状况、资源和能力进行彻底梳理。通过对中国细分消费市场以及不同商业模式的分析与案例研究，基于客户的实际情况和需求，制定国际品牌进入中国的发展战略、商业模式，同时明确并购双方所需要的资源配置和相应的管理体系。为使国际品牌的中国战略顺利落地，设计具体详细的实施方案，包括建立团队与确定权责，标明关键时间节点和交付的实施路线图，以及覆盖从法务到产品研发、生产、销售的品牌入市各个环节的具体行动方案。

六、逸闻轶事——小微咨询

K环保公司负责人李先生与当地的公用集团一位领导张先生是同学，张先生介绍了关系户某小微设计院作为咨询公司，协助K环保公司做C市的环保项目尽职调查，调查内容主要是市场预测方面的，如水量、水价、管网建设、水厂建设等。

该小微设计院派来的都是刚毕业的大学生，也上不了手，好多东西拎不清。前去C市调研时，带着他们，只好边干边给他们培训，感觉自己就像一名实习老师，作为负责该项目的我彻底晕菜了。

不过，这种小微设计院有一个优点就是：态度好。后来，勉强把事情做完了，但是，我们也给业主方留下一个不好的印象，险些坏了名声，因为他们把前去调研的这个小微设计院人员也归集到我们K环保公司了，认为：K环保公司太嫩！

可见，聘请一家好的专业性咨询公司有多么重要！

第二节　典型咨询公司介绍

一、典型咨询公司介绍

1. J 咨询公司

依托线上平台结合线下服务的新型投行模式，为客户提供深入全面的环保等其他行业并购服务，包括项目筛选、估值尽职调查、交易结构设计、融资方案设计、投后管理等。帮助可靠的中国买家收购优质的海外资产。团队成员来自全球知名的投行和投资机构，包括瑞士银行、汇丰、渣打、摩根士丹利、德意志银行等。深耕科技数字化与大数据研究，开创新型投行服务模式。依托线上平台、线下团队，为客户提供深入全面的跨境投融资顾问服务，包括专业的行业信息数据研究、项目甄别、估值、谈判、尽职调查、交易结构设计、行业分析、流程管理、融资方案设计（并购贷款、优先、夹层、劣后）、专家意见咨询、投后管理等。

并购 APP：云集全球最新的投资并购情报的在线平台。并购 APP 是为投资并购专业人士量身打造的一站式数据服务应用工具，用户可以通过 APP 实时查看并筛选全球最新的并购资讯、高质量的投资交易机会及公司财务信息。该并购 APP 用户能收获：每天100＋全球并购资讯，及时了解全球投资并购市场的最新动态；每天 50＋潜在交易机会推荐，帮助挖掘最有价值的投资并购机遇；与潜在交易机会相关的基于可行性分析的数字化投行服务；定期收到最新的海外并购市场趋势分析，以及最受中国买家欢迎的目标投资行业报告；获得举办活动的优先参与权，包括投资沙龙、海外项目路演等；优先受邀参与举办的课程培训，如实操经验分享、海外考察等。

专业的线下服务团队：跨境投融资交易的专业财务顾问。拥有一支富有经验的团队，为客户提供中国跨国投资并购和资本融资的专业咨询服务。

2. H 咨询公司

愿景使命：只有初恋般的热情和宗教般的意志，人才能成就某种事业。誓愿是以初恋般的热情和宗教般的意志来成就这样的事业：为用户提供思想、知识、方法和方案，成为有传世意义的专业服务和人才培养机构。成为知识创新和商学思想的策源地，在世界商学流派中造就一个新的学派。

成长在公司：有目标、沉住气、踏实干。拒绝喧嚣、拒绝浮躁、拒绝摆秀、拒绝浮名、拒绝速成，慢慢地蓄深养厚，最终把事业搞辉煌，把自己搞平淡。

咨询理念：本着正确的咨询理念服务客户，为客户创造实实在在的价值。统筹兼顾三大效率：结构效率＋运营效率＋创新效率。双重专业能力：管理咨询＋投资银行。基于战略的系统改进方案：以问题为导向，见利见效，而不是以知识和学问为导向。方案设计与实施操作的无缝衔接：不仅提供咨询报告，更需要协助客户完成自己的思考，协助客户内生专业知识和能力。从客户中来，到客户中去，不是给客户空降咨询方案。让现在的行动拥有未来的意义，不是头痛医头、脚痛医脚。

价值取向和终极追求：建设人情原乡和精神家园是公司的价值取向和终极追求。彼此温暖、相互帮助、成人达己，传递正能量，追求真善美。不止步于追求商业上的成功，还寻找有意义的生命方式。公司一直有个梦想：建造一个小镇，安顿公司所有人的生活与心灵，承载所有人的事业与追求。在那里望山见水、乡愁可寄，天人合一、人文飘香，镇子的钟声飘飘荡荡，生态之美、文化之美、思想之美、教育之美、人情之美、生活之美，尽在其中。公司员工集体落户安家，各得其所，和谐共生。传世事业，以镇为家。

职业操守：职业操守是员工职业尊严和职业荣誉的基础，也是走向职业成就的必由之路。把为客户创造价值当作自己的职业宗教来信仰、来恪守；手持名片，肩负公司荣辱，像爱护自己的眼睛一样爱护公司品牌和信誉；专业公允第一，客户意见第二；专业境界第一，商业利益第二；追求卓越、避免平庸；客户利益第一，公司利益第二，个人利益第三；重合同、守信用、讲公道，在合同界定的工作边界内保质保量完成任务，反对投机取巧、偷工减料、敷衍应付、轻诺轻许、诺而无信，反对大包大揽、过度承诺、深陷不拔；尊客户为师，尊同事为师，虚怀若谷地向客户学习、向同事学习，反对自以为是、居高临下、狂妄自大；通过精湛的专业水准和高尚的职业道德来赢得职业尊严和职业荣誉，不卑不亢、自尊自重，反对自作自贱、卑躬屈膝；保守客户商业秘密，反对不正当或轻率地使用机密信息；团队精神，讲究贡献、协作和互助，反对斤斤计较、自私自利和个人英雄主义；公平竞争，尽量客观公正地评价竞争对手，不诋毁竞争对手；忠诚于公司的使命与愿景，保守公司秘密，遵守竞业禁止。

H 咨询公司企业愿景使命和战略目标见图 13-1。

图 13-1　H 咨询公司企业愿景使命和战略目标

3. D 咨询公司

D 咨询公司历经 20 年的发展，已经成为中国著名的研究咨询机构之一，要成为世界知名的中国城市建设和管理复杂问题的解决者。公司在经营过程中，重视对人的价值的关注，视员工为最重要的资产和财富。公司为员工提供了清晰的职业发展路径、实用的知识管理系统、完善的薪酬福利体系和舒适健康的工作环境。立志打造一支代表中国水平的有能力解决实际问题的项目运作团队。为员工提供极具竞争力的薪酬待遇和完善的福利；良好的工作环境与和谐的人际氛围；公平快速的晋升通道；定期的专业培训和国内高水平的项目经验分享；接触高端领导客户，体会不同文化氛围的机会。员工的特点是：做事积极主动，富有责任感；优秀的沟通表达和协调能力；极佳的团队意识和合作精神；人生目标明确，坚持学习；有效平衡工作与家庭。

愿景：世界知名的中国智库机构。

使命：提高城市建设和管理效率，影响中国经济和社会发展。中国城市建设和管理普遍存在走弯路和浪费的现象，这个问题直接影响了中国经济和社会进步的速度和质量，解决这个问题就是公司的使命。

价值观：合作、包容、专业、负责。有合作，D咨询公司的专家才能调动更多资源为客户提供高水准的服务。有包容，优秀的人才方能形成优秀的团队。专业是D咨询公司人员追求的境界，负责是对人生、对客户、对工作、对家庭的态度。

二、咨询公司并购流程

并购基本上可以划分为立项、意向报价、要约报价以及交割等核心环节。那么我们把并购服务部的几种业务放在并购流程的时间轴上（见图13-2），一起来看看，不同业务条线是怎样相互配合着推动进行的。

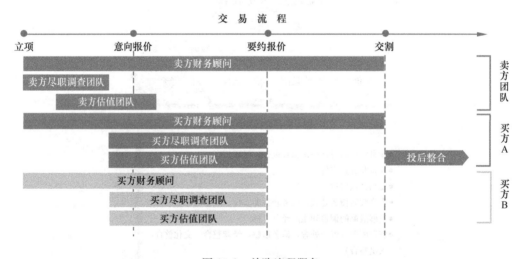

图 13-2　并购流程服务

1. 立项

从立项的时候开始，并购部的相关业务线就能进入到流程当中了。一开始买卖双方就都各自聘请了财务顾问、尽职调查团队、估值团队等。一般来说，卖方团队的工作是早于买方团队的，常理是卖方有出卖标的资产的意向，才会有买方来表达购买意向，往往有好几个潜在买方。卖方的尽职调查团队可以先出具一份报告，揭示我的东西有多好，所处的行业有多欣欣向荣，你们还不赶紧出个好价钱。各买方可以花钱去买卖方报告，然后在此报告的基础上，买方会继续亲自进行尽职调查。

2. 意向报价

卖方的尽职调查团队有了初步结果之后（一般是一个月），卖方的估值团队就可以基于调查数据启动估值环节（一般是两周）。此时买方的尽职调查团队按前段所述，在卖方调查的基础上展开工作，同时买方的估值团队也可以基于卖方的尽职调查报告和估值模型开始进行初步的模型搭建。此后，经过一番调研及估值的各家买方会向卖方提出意向报价，意向报价是不具有法律效力的，可能此时部分买家通过在调查中发现收购标的资产存在重大的风险就退出了，也可能一些买家觉得价格不合适而退出。

3. 要约报价

继续参与的买家在提出意向报价之后则会得到目标公司更深入、更精准的资料，从而进行进一步的调查和更精准的估值，直到最后进行要约报价，要约报价是具有法律效力的。

4. 交割及投后管理

在要约报价之后卖方会最终确定接受的买方，经过一段时间的资金准备，最终进行股权变更及交割。投后整合是大型并购可能会涉及的环节，因涉及组织架构、人员、财务数据等各方面，此环节可能会长达几个月甚至一两年。

并购重组方法体系见图 13-3，并购重组实施基本程序见图 13-4。

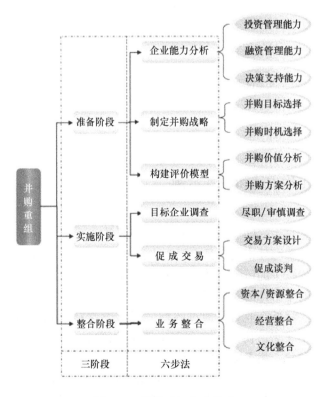

图 13-3　并购重组方法体系

并购企业战略分析	• 分析委托方战略目标和规划 • 分析并购协同效应 • 确定并购策略
目标公司甄别	• 寻找目标企业　　　　　• 目标公司动机分析 • 收集公开信息资料　　　• 收购的可能性、方式、价格 • 与目标公司首脑的初步协商
目标公司尽职调查	尽职调查　　　　　　　　　　　　　　　　　　　　　财务评价 • 行业市场前景分析　• 经营状况　• 管理水平　• 建立估值模 • 企业组织结构　　　• 财务状况　• 税务、保险　型，进行财 • 产权结构　　　　　• 资信状况　• 或有事项　务评价
并购方案设计	• 定价模式　　　　　• 交易程序 • 心理价位　　　　　• 判断并解决对转让形成障碍的因素 • 交易模式　　　　　• 其他转让条件
并购方案实施	• 对收购对方的审计、评估和估值结果发表意见以达成一致 • 完成转让协议谈判 • 完成内部审批程序
交易谈判	• 交易谈判安排 • 制定谈判策略 • 协助客户方达成交易谈判
股权交割及管理整合	• 完成股权交割手续 • 完成收购后目标公司的管理整合，以提高管理水平，达到收购协同效应

图 13-4　并购重组实施基本程序

三、咨询公司工作方法和内容示例

1. 咨询公司 E

对于中国的买方客户，帮助他们高效地完成跨国并购交易。咨询公司 E 深刻了解中国企业的战略需求、熟悉海外市场、具有极为丰富的交易经验，从而协助客户寻找到最合适的投资标的，识别投资中的风险，并建议客户如何应对跨国交易中所面临的各种挑战，最终成功完成交易。对于海外的卖方客户，为他们提供针对性的交易建议，帮助他们接触中国买家以及投资者。海外企业可以通过咨询公司 E 直接接触到中国上市公司、私有企业和私募股权基金的决策者。协助客户利用本地化的语言，向中国买家全面展示投资亮点，规避文化和地域差异，最大限度地吸引中国买家和投资者的兴趣。

除此之外，该公司也会作为投资人参与到部分交易中去。其目的在于帮助中国客户更高效地完成跨国交易，或者帮助多个中国买家以基金的形式投资到一个标的中去。作为普通合伙人，该公司会参与从交易发起、谈判、融资、交易达成到投后价值创造和交易退出的全过程。这也使得该公司能够更好地与客户利益保持一致，并从快速增长的公司中获益。在投资之后，还将充分利用其在中国的强大网络，连同其参与交易的有限合伙人自身资源，最大限度帮助被投资企业发展中国市场，提升业绩。

咨询公司 E 咨询服务内容见图 13-5。

图 13-5 咨询公司 E 咨询服务内容

2. 咨询公司 F

通过更加精确和严格的方式整合组织。当前所处的卖方市场，使得卖方投入时间和资源以确保买方能够有序地使交易达成后的过渡和整合的动力显著减小。买方所承受的快速达成交易的压力影响到制定及执行并购后整合计划的复杂性。

具备战略性和响应能力的并购后整合：并购后整合（PMI）人力资源咨询顾问提供从"第一天"起的战略整合规划。该公司会精心制定包括风险、时间掌握和交易目标在内的关键要求。该公司拥有专有的方法论和工具以帮助将人员、组织文化和工作风格与业务和交易战略协调一致。

优化价值：尽管企业买家和金融买家可能会有不同的动机，但是这两种买家有一个共同的目标——能够有助于实现其业务目标的无瑕疵整合。

企业买家：针对企业买家，可帮助其保证组织的长期成功。该公司对于涵盖人力资源各个领域的问题的把握，不仅能够确保各项事宜（从薪酬服务到人力资源技术）的"第一天"就绪，还可以帮助各组织整合多样的文化和工作风格。

金融买家：针对金融买家的 PMI 服务可帮助其实现优良的货币价值。锁定优势地位、消除劳动力冗余以及简化基础设施，能够为转手出售时实现更高的价格提供支持。

全球范围的 PMI：合并或收购中的全球因素往往被发现是实现平稳过渡的绊脚石。文化、劳动力薪酬和本地法规方面的差异，只不过是一项交易中可能面临的几个问题。遍布全球的业务运营使得我们拥有现成资源和现场资源，具备克服全球性障碍以及确保无缝整合方面的第一手知识和经验。

3. 咨询公司 G

综合专业团队能在收购项目的整个过程中保持与交易同步，协助客户识别、实现和提升收购项目的价值。在当今的商业环境中，企业在进行收购、出售、联盟、融资或重组时，为了给利益相关者带来更理想和更长久的成果，需要比以往面对更大的压力。从投资者的角度思考，协助客户克服当前挑战，抓紧未来机遇，并推动战略性变革，从而让客户充满信心地在适当时间作出正确决策。

凭借丰富的行业知识、卓越的分析工具、国际化的视野和本土化的经验，能协助客户取得丰硕的成果。专业团队能协助客户驾驭复杂、分散的工作，让客户时刻运筹帷幄，精明决策。能在制定项目策略、具体实施以至取得实质成果等各个阶段，为客户提供日臻完善的专业支援。凭借优质和可靠的服务一直深受市场信赖，协助客户顺利完成每个项目，也致力于与客户建立紧密长远的伙伴关系。

专家团队可帮助客户处理整个收购周期中的各种问题，如制定最优收购策略、实现预期价值等。当客户通过收购来实施发展策略时，将面对许多决策时刻。协助买方成功处理收购过程中的复杂问题，在各个阶段实现价值。将以投资者的思维协助制定有效的收购策略；发现收购机会并确定收购的优先次序；进行准确的估值；制定并实施可行的解决方案；收购业务后取得实际成效。

其一，在规划及执行收购的关键阶段，专家团队会协助客户顺利处理各种重要问题。

交易策略：如何实现股东价值和回报的最大化？制定与企业愿景一致的交易策略以及清晰的资本配置计划，以实现价值的最大化。

确定目标：在目标市场中有哪些业务可以收购？根据收购目标出售与否、与交易策略的匹配度及所有权结构，来发现收购目标并确定收购的优先次序。有效协调各利益相关方并与卖方进行初期接触，有助于向交易成功的目标稳步迈进。

估值：资产的价值如何？全面审阅收购目标的业务及其价值驱动因素，以此评估其价值，包括考虑被客户收购后的上升空间。

交易执行：如何以适当的价格完成交易？处理调查过程中出现的问题，例如在交易协议中为风险定价及加入保护条款，并评估未来的上升空间，从而自如地协商并执行交易。

交易完成前：如何顺利度过收购后的第一天？制定有效的实施计划，既保证实施的速度，又尽可能减少对业务的干扰，进而牢固地掌控新业务。

交易后 100 天：如何实现交易的价值？明确目标运营模式并制定实施路线图，包括处理企业文化问题及设计有效的效益追踪模型。

价值实现：如何实现价值的最大化？采用最佳实践方法以发现、衡量及提升运营方面的进步及协同效应，发掘未开发的价值。

其二，在客户开展企业重组，实现可持续的战略、运营及财务变革的过程中，专家团队可协助客户顺利处理各种重要问题。

评估和企稳：流动资金是否足以维持运营？详细分析资金流动性，评估利益相关方的优先考虑事项，找出应对资金短缺的策略，确保为重组、再融资或债务/股权置换提供支持。

方案评估：出现了哪些问题？如何解决？对当前的策略、商业计划甚至管理层提出质疑，评估他们是否具备扭亏的能力，客户可借此确定并实施必要的变革，实现价值最大化。

利益相关方之间的协商：如何让所有人参与协商？找出优势并确定利益相关方协商的策略，为企业绩效和现金流量提供持续的支持。

制定方案：哪种可持续的资本结构最有可能成功？制定一系列可行的资本结构方案和应急方案，制定方案时要考虑利益相关方的偏好和动机。

实施：如何协调各个利益相关方的利益来实施新的资本结构？起草必要的条款清单和最终协议，确定是否需要锁定期，通过处置资产提升价值，以此实现平稳过渡。

持续监控：如何确保业务在恢复过程中获得持续的支持？比照商定的基准和商业计划来监控业绩，并处理与预测业绩不符的差异，以实现价值最大化。专家团队能够在各个阶段帮助释放价值，执行决策取得实效。

其三，专家团队可协助客户评估财务状况及流动性，评估客户的直接价值方案，应对潜在风险，防止价值损失，确保业务迅速恢复。

破产重组是企业的艰难时期，而专家团队能帮助客户制定并执行恰当的计划，协助客户应对复杂的财务、监管和法律义务，为挽救客户的业务打下坚实基础。该公司将与客户协作，共同找到行之有效的债务清偿策略。

和其他商业交易一样，破产重组同时蕴藏着风险和机遇。债务清偿策略只要制定和执行得当，就能帮助客户应对与破产重组相关的复杂的财务、监管和法律义务，从而为公司及其债权人实现价值。为使复杂的问题易于处理，专家团队将帮助客户确定财务困境的程度和紧迫性；评估短期的价值方案；争取利益相关方的支持；制定可实现的破产重组计划；实施和监控计划以实现价值最大化。

其四，从企业合并的创建到运营的各个关键阶段，专家团队会协助客户顺利处理各种重要问题。

了解策略：建立伙伴关系的关键目标是什么？制定策略并确定建立伙伴关系是否是实现目标的最佳方式。

方案评估：建立伙伴关系的地点和方式是什么？通过分析市场机遇和发掘潜在合作伙伴来选择正确的市场。

机会评估：有哪些风险和收益？找到创造价值的最佳方式以及关键的成功标准。全面的评价流程包括准备预测、构建业务模型、评估风险并记录投资数据。

伙伴关系设计：伙伴关系的成功要素有哪些？设计切实可行的运营模式、法律结构、治理框架、价值原则和退出策略。

交易执行：如何达成最佳交易？制定有效的交易流程。起草关键文件并测试伙伴关系中可能会出现的情况，以此加强保护和提高价值，并为协商谈判提供支持。

策划实施方案：如何成功实施方案？确保高效的治理和监控，实现协同效应，采用切实可行的实施计划来实现顺利过渡。

启动：是否建立了成功的伙伴关系？根据问题的轻重缓急，及时、有效地进行处理，特别是企业文化方面的问题。跟踪进度并提早发现问题将有助于顺利启动。

咨询公司的全球战略服务帮助企业挑战传统思维，带来真正的行业洞见和"投资级"的严谨性，为企业提供实地支持，以此创造价值。全球战略服务方法重点关注的交易问题包括：如何将目标切实转化为新的可持续增长动力？客户群的价值有多大？重叠程度如何？销售渠道是否盈利？这笔交易会将新企业带向何方？对目标、能力和基础设施的了解是否到位？哪些运营开支和资本支出的协同效应可真正实现？何时可实现？整合的挑战/成本可能有多大？

全球战略服务可为筹集资本提供战略和财务咨询服务，协助决定投资地点，发掘新机遇，并在交易前、中、后阶段提供缜密的并购支持：目标识别与评估；并购（买方和卖方）尽职调查及协同案例；合资与合作战略；再融资和重组；退出策略、撤资和分拆；协助上市；整合/分离的计划和执行。

4. 咨询公司 L

咨询公司 L 是一家专注于并购的精品投资银行，致力于成为中国顶级的并购咨询"精品店"，为国内外优质民营企业、跨国公司、国有企业及投资机构提供一流的综合性股权融资及并购服务。理念——"品质卓越、望冠中华"。"精品投资银行"的运作模式使他们能够在各类交易中始终以客户利益为导向，并为各项目配备最具相关行业、专业经验的资深投行人士，因此他们的项目执行水准超出其他外资或本地投资银行机构。其业务范围包括：

并购：协助客户寻找及筛选潜在收购对象，并对交易谈判过程及交易执行提供支持。

出售业务：向有出售业务需求的客户提供战略建议及协助。作为一个值得信赖的业务顾问，将在整个交易过程中与客户紧密合作，从最初的评估直至交易完成，从为待售公司定位、起草相关文件、寻找并筛选潜在买家、协助谈判过程，到规划收购后的整合进程。首次公开募股前咨询/反向收购咨询：就上市程序、法规、详细的财务及商业规划、有效集团构架提供专业建议。财务及商业规划包括仔细审核拟上市业务及其业务的持续监控（如业务的发展和运营、内部控制及企业治理），以确保正常业务过程及以往业绩纪录符合上市规则。亦可甄选适合的上市公司进行反向收购投资、投资谈判支持及反向收购完成后通过并购实现业务增长的战略及实施支持。

资本市场顾问服务：为客户通过私人配售普通股、可转换优先股或其他类型的证券进行融资提供专业建议。其目标是与客户一起评估融资可选方案，制定融资计划，并获取实现其业务目标的必要资金。

不良贷款及不良资产：协助客户（卖方或买方）在与不良贷款/不良资产相关的交易中完成多重目标，以求将回报最大化、风险最小化。其服务包括销售不良贷款或不良资产组合及企业重组的运作等。

买卖协议会计建议：提供在洽交易合同中的现金会计建议，包括采购价格调整机制和完成账目政策，并协助客户就会计或商务方面的争议制定合约方案，从而第一时间发现关键的定价问题，协助公司在最佳时机获取最高价值。

税务架构：协助私营投资客户和企业买家制定交易流程早期的税务规划，就免税收购对应税收购战略提供建议，建议备选交易构架将长期收益最大化，评估交易后税务安排以及就交易后税务架构提出建议。

运营转型咨询：对并购后整合、过渡和转型计划提供建议及支持，并对交易后信息技术、人力资源、运营等方面提供意见。

交易咨询：在交易价值方面为客户提供建议，并就交易结构、事务处理以及风险管理战略的影响进行解析，以协助客户制定商业决策。亦可提供针对破产、财务重组或财务困难实体的估值服务，以及有关和解与诉讼过程之估值服务（无论发生矛盾或引发争端、争议的起因是否具有合理性、可能性或正在进行中）。

战略筹划与合规：针对最新的行业标准与规则，进行金融工具的模型设计和独立风险评估。提供从现金流量折现法、概率模型到实物期权估值的多重分析选择，协助客户制定投资政策，实施有效的资金分配程序。同时提供独立的估值服务以支持税务部门向客户提供税务筹划和合规服务。

专业团队和买方资源见图 13-6。

调研阶段	并购买方寻找	意向书签署	执行阶段	业务整合阶段
公司战略分析 所在行业分析 经营状况分析 价值点发掘 高管、员工访谈	筛选合适买方 分析产业协同效应 联系合适买家关键人 安排双方接洽	双方初次碰面 初步思路沟通 初步意向达成 签署意向书	中介机构尽职调查 并购谈判 设计交易结构 签署相关协议 报有关部门审批	资产及股权交割 公司实体变更 员工安排 文化磨合 团队激励

图 13-6　专业团队和买方资源

四、逸闻轶事——咨询信息

以前做环保并购项目时，曾经与 J 咨询公司有过合作。每年，在元旦和春节时，都会收到 J 咨询公司的问候短信和邮件。开始，也没感觉出什么，到后来，逐渐对其有好感。

由此联想到有个在创业板上市的环保公司，其董事长和我是同学，有一次，去他们公司参观，认识了一个市场总监王先生，当时王先生也加了我的微信，这也没有什么。不过，自此以后，这位王总监每天微信推送一个群发问候图片，久之，不胜其烦。这样的情商，开拓市场，实在也是无话可说。

信息时代，如果你要让一个人对你厌烦，每天用微信群发，推送一个问候图片，不出几天，就会心想事成。

第三节　咨询公司的业务

一、咨询公司并购业务模块

在商业环境里产生并购需求的时候，需要尽快行动起来，在并购中相当重要。咨询公司的并购业务，主要分为如下几个部分。

1. 交易战略

交易战略专业人员提供灵活且全面的解决方案，深入理解需求，设计最佳的交易战略体系，帮助搜寻合适的交易机会，全面评估交易的战略价值和可行性，为交易保驾护航。

（1）交易前

梳理投资战略体系：根据公司总体战略发展方向及投资目标，结合目标市场吸引力和交易可行性评估，明确企业主要的投资方向和方式；协助建立投资管理流程及风险管理体系。搜寻和筛选潜在投资标的：梳理标的公司逐级筛选标准；根据上述标准对潜在标的进行搜寻和筛选。

（2）交易中

交易协同效应分析：通过对交易双方业务类型、商业模式的分析，识别交易后可能产生的协同效应点；与公司管理层共同探讨实现协同效应的主要举措，并协助量化分析潜在协同效应规模。交易可行性研究分析：结合尽职调查、市场调研及其他第三方机构研究成果等，协助编写新建投资、合资和并购交易项目的可行性研究报告。

（3）交易后

通过对交易后协同效应的分析和总结，对以后的其他交易提供借鉴。

2. 财务顾问

财务顾问，即我们现在所熟知的 FA（Finance Advisor）。主要负责项目管理，协调买方或卖方的各尽职调查顾问、律师、评估顾问的工作，设计融资方案、交易架构，整合出买方和卖方需要的信息，协助买方或卖方谈判，协助项目获得投委会批准。财务顾问业务线既有沟通协调工作，也有技术性工作。国外的很多精品投行也在专门做这一块的业务。

成功的海外投资不仅需要发现并抓住好的投资机会，还需要对于跨国交易的诸多复杂事项的全盘掌控，以及能够协调各方利益相关者，制定有助于共赢的交易谈判及竞标策略，在激烈的竞购过程中脱颖而出，在合理的条件下赢得交易，并对投资全过程进行积极有效的管理。

作为财务顾问在中国企业海外投资项目中可承担的职责包括：发现具有价值的投资机会以及与海外投资相关的核心价值驱动因素，预见潜在投资风险并提出应对方案；通过优化交易流程和架构，协助企业实现最优的投资价值；针对交易所处行业及业务内容，与具有相关行业丰富并购服务经验的海外当地团队组成联合团队共同服务企业；协助企业进行海外投资项目全流程管理，并与各方利益相关者进行协调沟通，力争达成共赢的投资方案；建立投资模型，将尽职调查的工作成果及相关假设和预测正确体现在模型中，以得出恰当的模型测算结果；围绕海外投资竞标规则及交易流程，设计最具竞争力的竞标与谈判策略；基于投资估值模型和尽职调查结果提出海外投资报价策略并协助准备竞标文件；协助企业与海外投资相关目标公司、卖方和其他相关第三方进行沟通与谈判；从商业角度审阅有关交易文件，提出修改意见，并协助企业与对方谈判。

3. 税务筹划

全球架构与国际税务服务团队有着丰富的海外及国内并购税务服务经验。基于对行业的深入理解，以及与相关国际税务网络的深度合作，为客户提供高效的税务增值服务，尤其擅长协助客户处理大型复杂的全球并购交易。

提供的税务筹划服务旨在通过设计合适的交易架构、融资安排以及交易后控股架构优化方案，协助管理层进行有效决策，并帮助企业在有效管理潜在税务风险的同时，最大限度地实现海外投资价值。

税务筹划贯穿于整个并购交易过程。立足于中国以及投资目标国家/地区的税收制度，从控股架构搭建、利润回报、未来运营及退出方式的角度，建议可选方案。具体分析各方案下的税务影响，评估潜在税务风险，并提出应对措施。依托相关的国际税务网络，为客户选定的税务筹划方案提供高效的落地实施协助服务。

潜在的综合税务解决方案包括：海外投融资平台方案；交易架构及融资方案；交易后的投融资架构优化方案；运营模式设计方案；价值链重组方案（包括但不限于无形资产的

税务筹划）；转让定价方案；未来投资退出、重组、上市的税务筹划。

4. 商业尽职调查

对以下方面进行严格的尽职调查：

其一，市场（如确定主要需求驱动因素、市场细分、变动性驱动因素、监管事宜、成本驱动因素、趋势及其他与行业具体相关的因素）。

其二，竞争（如确定主要的成功因素、目标公司与其竞争对手的对比情况、消费者购买力、入行壁垒高低、供应商实力、替代品供应情况）。

其三，寻找目标公司（如在目标行业中识别、分析、筛选目标公司）以帮助客户确定适合的投资对象及/或商业合作伙伴。

其四，公司能力（如其商业模式、战略、核心能力、潜在机会及风险）。协助客户立足新领域或建立合资公司（如商业战略评阅、谈判支持、项目管理及实施）。

5. 企业估值

企业估值是运用各种方法，如比较法、收益法等，对拟收购的目标资产或股权进行估值，其中涉及估值模型搭建的工作，最终是为了给买方或卖方提供标的估值信息和投资建议（见图 13-7）。可以对什么类型的资产进行估值？

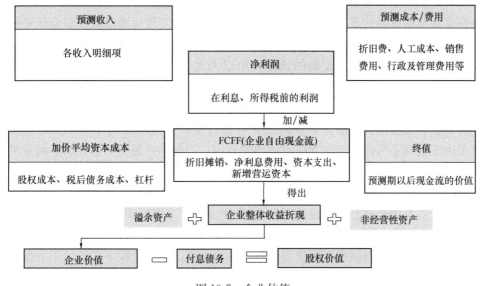

图 13-7　企业估值

企业价值评估：为配合交易对价谈判，针对投资对象之整体商业利益或商业企业实体提供估值意见或估值咨询服务。

无形资产估值：为单项或多项无形资产或债务提供估值意见或者咨询服务。估值结果可用于财务报表或报税用途、一般商业用途、交易计划、购买与出售资产、申请牌照或续牌、抵押、融资担保或再融资、诉讼或和解用途。提供专业的咨询服务协助财务和企业投资者评估投资机会，以支持其在对外、对内和国内并购交易中做出有效、及时的商业投资决策。

估值与商业模型服务（见图 13-8）：为客户提供估值方法的指导和建议，并执行一系列相关的估值咨询服务，包括商业权益、知识产权、无形资产、普通股和优先股及其他证券、合伙人权益、员工股票期权计划（员工持股计划）、私人债务工具、期权、认股证及其他衍生产品阵列。

股权和债权	业务价值	金融工具	无形资产	有形资产
- 是否属于物权范畴 - 两者发生根据、权利内容不完全相同 - 两者权利类型、行使方式、限制不同	- 业务特点 - 需求和目标 - 价值驱动因素 - 新业务价值	- 员工期权及其他期权 - 优先股及可转换优先股 - 债券及含嵌入式期权的可转换债券	- 客户关系或客户清单 - 商标或品牌 - 专利权或非专利技术 - 非竞争协议和禁止招揽协议 - 特许经营权 - 著作权 - 其他无形资产	- 房地产 - 机器设备 - 建筑物与构筑物 - 存货

图 13-8　估值与商业模型服务

6. 投资后整合

投资后整合一般是针对买方而言，当并购了标的公司之后，需要将其从业务、运营、财务、系统等方面整合进自己已有的业务体系。

投资后的业务整合及业绩提升是海外投资交易完成后企业保值增值的关键。许多投资价值没有达到预期效果的重要原因在于商业战略中有助于实现规模经济和整合优势的诸多方案未能在投资完成后得以快速贯彻执行。成功与否和所选的整合方式密切相关。特别是海外交易，在交易初期就做出正确的选择，可以大大提高成功的几率。帮助客户加速过渡、快速完成整合，以充分实现协同效应，并在交易之后尽快回到"正常的商业状态"。帮助客户在尽职调查期间加强对目标公司的了解，以明确收购后的机会和风险。

投资后整合及业绩提升服务旨在协助企业在投资后快速地实现对海外投资业务的管控，避免由于管理不当而未能实现应有的协同效应，产生本可避免的整合成本而带来不必要的价值流失。核心工作方法体现于在投资前期即与企业管理层围绕拟实现的投资目标，确认有助于在投资后实现快速管控、提升投资价值的关键领域，并据此制定投资后整合方案（包括投资后及中长期整合过渡方案），协助企业着手方案的实施。

投资后整合措施包括：发现与 80% 的投资价值实现高度相关的 20% 的核心关键驱动因素，并以此为优先准则制定投资项目管理和整合方案。派遣经验丰富的员工为投资后的管理团队提供必要的支持和协助。建立内部控制系统以稳定被投资的企业，并确保业务和资产层面的平稳过渡。制定有助于自我供给及价值创造的激励计划以促进投资价值的实现。

并购整合专业团队的构成及各自的职责见图 13-9，投资后整合的三个方面见图 13-10。

7. 资本市场服务

有些咨询公司拥有丰富的企业重组及上市经验。协助内地企业在香港上市的次数及募集金额远超其他公司。在我国的 A 股市场，亦为许多不同类型的企业提供 A 股上市服务。随着科创板的正式推出，有些咨询公司作为国内外各地资本市场的积极参与者，将继续为科创企业提供全面的专业服务。

上市服务：就各方面而言，上市是一次变革，需要付出巨大努力且要求公司各部门为

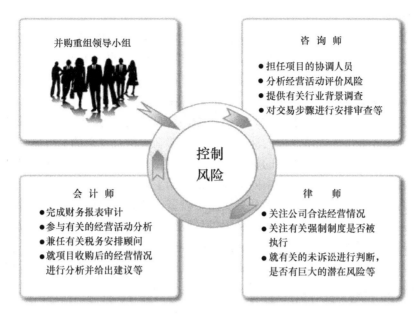

图 13-9　并购整合专业团队的构成及各自的职责

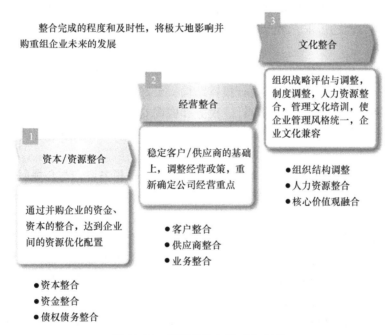

图 13-10　投资后整合的三个方面

同一目标共同努力。需要了解在上市前后的各个阶段需要考虑的问题。选择在哪一市场上市，是需要作出的最重要的（也是最早的）决定之一。相比过去，如今的企业享有更多的选择机会，既可以在本国证券交易所上市，又可以在国际证券交易所上市甚至双重上市。该决定不仅影响公司估值，还将对公司与投资者的持续关系产生重大影响。同时，它还将影响公司未来的架构、流程和战略。因此，需要同时考虑短期目标和长远利益，作出审慎的战略性决定。

无论选择何种市场，均需要对以下关键因素予以评估：期望估值；投资者基础的深度和广度；对业务发展的影响；市场的长期流动性趋势及目前的上市偏好；市场的监管要求，包括上市后的合规性义务；同业竞争者的选择；所处行业的本土经济状况；指数的声望值；上市时机及上市速度；文化、语言、时区等差异。

拥有一支由几百名专业人士组成的紧密协作的团队，分布于全球多个主要资本市场。凭借对全球主要资本市场规章制度的深入了解，能够在关键且复杂的上市流程每个阶段为服务公司保驾护航，确保选择正确的资本市场。提供的服务包括：行业和同业集团分析；上市准备评估；上市前估值；比较不同证券交易所的上市要求。

资本市场服务：公司上市；业务分拆交易；投资人关系和媒体人关系；分析陈述；企业管治及财务策略；为任一资本市场交易提供尽职审查；债券发行。私募股权基金团队致力于为客户解决私募股权基金过程中可能面对的一系列问题和技术上的挑战。汇集各领域精英，助客户搜寻合适的交易机会，精确地评估风险，为私募股权基金的设立保驾护航。

最有效的方法是设立一位专属的财务顾问应对客户的业务需求，为客户选择合适的资源和最佳时机，确保客户在交易的各个阶段取得成功。将复杂的私募股权基金过程细分成设立基金、募集资金、完成阶段和退出阶段，在各个环节提供全方面的支持。专家团队涵盖私募股权基金中的各个领域，满足客户在税务咨询、尽职调查、首次公开募股、合资公司、企业并购等方面的需求。客户的专属合伙人以及他的团队，竭诚为客户服务，并以客户的成功为导向。

设立私募基金阶段：如同任何一个新的尝试，私募基金的设立也面临着巨大的挑战，例如市场机遇、利益规模以及如何设计投资结构、更好地管理税务、财务和其他监管要求等实际问题。拥有一支经验丰富的审计、税务和咨询专家团队，会自始至终与客户并肩作战（不管客户是新创公司还是基金管理或投资公司），为客户在私募基金设立的过程中提供建议。

专家为客户提供以下服务：基金架构税务咨询服务；税务咨询与合规服务；个人所得税服务；验资服务；私募基金年度审计服务。

8. 公允意见

进行公允价值研究，就购买或出售资产或企业权益交易向公司董事会出具"公允、充足对价或合理价值"的公允意见报告，供董事会进行交易决策或供其他第三方使用。

以公允价值分析资产和债务，服务包括：公司组织章程、附则或其他形式的股东协议细则中规定的估值分析或价值评估；为合约或合约下纠纷提供相关价值评估；为节税与/或税务筹划进行估值分析；就税务、财务或会计偿债能力等事项编制估算、分析报告；对价公允性。

财务报告中的公允价值计量：为审计团队提供公允价值计量测试程序的相关支持，其中包括商业权益、无形资产、股票期权、企业合并及金融工具。亦可根据编制财务报表的需要，按照国际财务报告准则（IFRS）、美国公认会计准则（US GAAP）或其他国家的会计准则及行业指引为投资组合的公允价值进行独立评估，或就管理层内部评估的公允价值提供分析报告。

9. 并购风险管理与报告流程

并购风险管理与报告流程见图 13-11，计划、实践、完成见图 13-12。

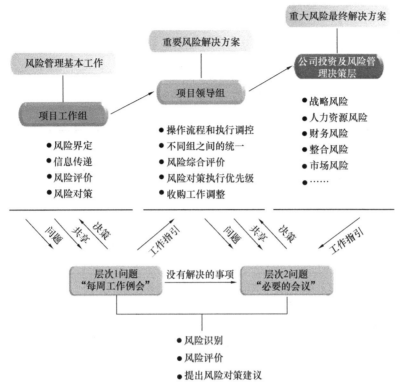

图 13-11　并购风险管理与报告流程

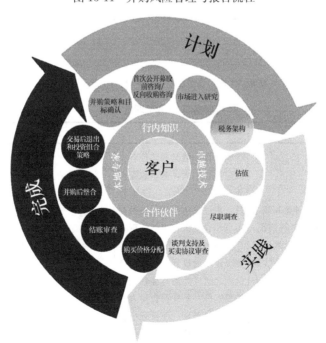

图 13-12　计划、实践、完成

10. 企业并购融资顾问服务

为客户的企业并购融资交易提供从并购战略和咨询、融资到业务出售的一系列企业顾问服务。

二、工作业务线

几条工作业务线的比较见表 13-1。

几条工作业务线的比较 表 13-1

分类	工作内容	工作强度	出差
财务顾问业务线	大部分时间处于投标状态。但当进入一个项目后，由于工作内容繁多，每天的工作时间就很长了，并且财务顾问在并购项目上通常是从头跟到尾，因此项目时间跨度也很长	较大	较多
财务尽职调查业务线	并购服务的核心部门。在上项目期间，每天最少工作 8h，有时可能会通宵加班。每个财务尽职调查顾问，大概有 75% 的工作日都在项目上，每个项目时长跨度从几周到一个多月不等，是最繁忙的部门	总体工作强度最大	很多
企业估值业务线	如果为了赶在报价时间截止前给出估值，就会通宵加班。项目时间跨度基本不会超过一个月，大部分时间都在项目上，在短时间内完成大量工作	较大	一般
商业尽职调查业务线	该部门工作多而且杂。因为每个项目的商业模式都不尽相同，需要关注的重点也不同，因此要花大量时间在搜集信息上	非常大	较多
投资后整合业务线	该部门的工作内容从架构到实施都有。相比较其他几条业务线，总体工作算是比较轻松的	较小	较少

三、员工的职业发展

并购服务部的员工职业发展见表 13-2，招聘见表 13-3。

并购服务部的员工职业发展 表 13-2

分类	部门转换	晋升	跳槽
内部	并购服务部不同业务线之间经常有相互跳槽的情况，也存在部分跨业务线跳槽或者本公司部门内转业务线的情况（比如并购转审计、审计转并购）	职业晋升情况和其他各个岗位差别不大，基本就是两年审计员，三年高级审计员，再过三年经理，然后是董事和合伙人。当然，现在在经理和董事之间可能还有高级经理的设置，董事和合伙人之间可能还有准合伙人的设置等。上升到合伙人的路径相对更长，而且分小合伙人和大合伙人。总之，内部晋升主要是靠熬资历	—

分类	部门转换	晋升	跳槽
券商/投行	市场上并购业务做得比较出色的投行有第一梯队的外资投行,如高盛、摩根、巴克莱等;还有一些精品投行,它们主要专注于某一行业的并购业务。另外就是由一部分尽职调查业务起家的并购咨询顾问。国内券商的投行部在传统的股权融资和债券融资业务之外也越来越多的做起了并购业务	—	并购服务部员工外部跳槽的主要去向是做财务顾问(FA),或者去投行的并购业务部
企业的并购部或者投资部	—	—	去企业的并购部或者投资部,职责是为本企业并购不同的目标公司进行初步的尽职调查和估值
股权投资基金	—	—	去股权投资基金担任投资经理,职责就是负责寻找好的投资机会,并向公司推荐项目,帮助项目顺利通过公司投委会;也可能是负责风险把控,包括投前对于标的风险的把控,以及投后对于标的业绩的监督

招　　　聘　　　　　　　　　　　　　　　　　　　　表 13-3

分类	招聘要求
英文水平	由于大部分项目的工作成果需要形成英文报告,因此要求应聘者英文水平高,商科具有财会背景的最佳
财务尽职调查	一般要求有一定的财务审计工作经验,因为财务尽职调查和审计的工作内容有很大程度的相似性
财务顾问	要求有一定的并购相关工作经验,一般要求有特许金融分析师等方面的持证者
企业估值	一般要求具有财会背景,具体怎么建立估值模型可以在入职之后培养
商业尽职调查	工作内容类似于管理咨询中的战略咨询,因此对财会背景要求不高,但强调逻辑清晰
投资后整合	工作性质类似于管理咨询中的财务、人力、IT咨询等,因此也对财会背景要求不高,但强调逻辑清晰

四、逸闻轶事——战略咨询

很多环保公司在发展初期都会聘请一些咨询公司来做战略规划。刚开始,咨询公司进行咨询的访谈、小组会议等三板斧套路,会把公司内的气氛搞得有声有色、如火如荼。

　　随着咨询工作在环保公司的不断推进，大家对咨询公司的那些套路也逐渐提不起新鲜感了，水平高的员工会觉得咨询公司总结的有些观点就是自己曾经说的；水平低的员工觉得这些事自己也做不了主，随大流；老板也觉得咨询公司总结的东西都似曾相识，总好像还欠缺点什么。如此一来，咨询公司人员撤回后，慢慢修改方案报告。因为每个咨询专家手头都有好几个案子，也不可能天天盯着这一个案子修改。于是，时间战线不断拉长，还牵涉到付款等事项，到最后，咨询公司提交的案例也许就束之高阁了。大家还是按照固有的路子在走，公司老板也还是按照自己的思路把工作向前推进。

　　这就是战略规划的无奈之处。

第十四章　环保并购利益相关者

> **环保人读史**
>
> 《军政》之"同行"曰："立于不败之政者，国之和同。立于不败之地者，三军和同。和同行，行应曰：天下无有胜于得道之军也。"此言中道也。
>
> ——《军政》
>
> 意思是，《军政》兵书里面的"同行"章节中有记载：能够在治理国家的事务中立于不败之地，是因为国家的和睦同心。能够立于不败之地的，在于三军和睦同心。和睦同心的行动就可以应验：天下懂得掌握这种规律的军队不可能不胜利"。这种看法是非常有道理的。

第一节　环保并购主要涉及者

根据在环保并购活动中利益关系的紧密程度及影响力大小，分为主要利益相关者和次要利益相关者，主要利益相关者包括股东、管理者、当地政府、被并购方的员工等，次要利益相关者包括同行业竞争者、客户等。

并购主要存在环保公司、并购标的环保企业、中介机构等几个利益主体。对环保交易主体而言，虽然都希望交易成功，但因风险不同，每一方对交易成功的渴望也不同。有的专家认为，对交易成功的渴望度为：财务顾问（FA）（95％）＞中介机构＞券商＞（PE）小股东（70％）＞标的方大股东（50％）＞上市公司＞监管层。

一、投行在环保并购业务中的角色

在环保并购业务中，投行可以做以下事情：智囊，为交易提供财务顾问；媒人，撮合交易的中介；资金方/投资人，提供过桥融资或者自己出资参与投资；买卖人，获取环保公司控制权，进行资产重组再卖掉，其方式包括私有化再首次公开募股（IPO）。国内投行目前主要做智囊、媒人这两件事；由于环保业务范围受证监会限制，暂时没法提供环保并购资金，也做不了买卖人业务。对于投行来说，很多时候其作为财务顾问仅是为了满足证监会要求，起的是通道的作用。其一是撮合，FA需要把双方拉到一张桌子上。其二是投行需要综合分析之后为双方提出最优解决方案，细致准备加上高效执行。前期的交易契合度分析很重要。双方对于合作的战略价值认可度会很高，产品用户维度的互补性强，对于团队的认可度也高。明确兴趣之后，对于怎么做的问题，FA要对谈判、价格等提出解决方案。这样在大量准备工作之后，两边的决策者可以直接见面参与谈判。

环保并购交易价格谈定之后，法律文件谈判、尽职调查（DD）等一系列工作都需要

FA 协调沟通。股东的类型和轮次不同、关注的兴奋点不一样，有的是价格，有的是交易确定性，有的是业务判断等。FA 需要协助团队制定股东的沟通方案和策略。每一步先和谁说、后找谁、谁去说最合适、怎么说、什么时候说、对方可能问什么问题，都要提前预演一下。要提醒团队在整个过程中得充分考虑股东，尤其是战略股东的考虑和感受。比方说保密性，交易公布当天才有媒体发出报道，几个小时之后立马出官方公告。在方式策略以及项目执行方面，如何满足时间表，也是很重要的。其实让合适的环保并购双方坐到一起，是个关键的、富有挑战性的、很复杂的过程。

二、律师

律师在环保并购交易中主要是为商业服务的，实现商业目的，控制商业风险，做好法律文本，参加商业谈判，为客户提供好法律意见。律师的主要工作是做好环保并购法律尽职调查，出具反映商务目的的交易文本，参加交易文本谈判，提交政府审批申请和交易中先决条件满足的协助工作，出具法律意见书，帮助环保并购贷款，以及在交易过渡期之间的风险控制工作和交割的标的环保企业股权或者资产权属的移转工作，还有在环保并购交易过程中的股东诉讼及交易完成后可能出现的争议解决等工作。

如果有足够的商业经验和谈判实战的经验，在环保并购交易的某些环节，律师甚至可以成为环保并购交易中的推动者和积极参与者，从环保并购的一开始保密协议的签署、交易架构的设计、信息泄露的应对方案和各种商务问题，律师可以对环保并购交易做出很大贡献。律师事务所承担的主要任务：在策划阶段，协助并购方查明标的环保企业是否存在明显的或潜在的法律诉讼问题。在操作过程的前期，负责审查标的环保企业的公司章程，以确定没有重大障碍阻止并购计划的正常进行；汇总商业谈判的基础，使谈判中的重要内容均能符合法律的规定。在环保并购过程中，要密切注意对方的行为，以应付可能产生的各种法律诉讼。在环保并购结束阶段，主要负责协调工作，包括协调股东、主要债权人与金融机构间的联系，在调度环保并购资金时，律师要检查与资金供给者锁定的契约，并将并购过程中所有有关的文件经审查后纳入最后的契约中。

三、环保上市公司

对于环保并购，环保上市公司相对宽容大度，希望价格合理并完成对赌。但从案例以及实地调研中发现，许多环保上市公司对环保并购准备不足，主要体现在部分交易存在时间压力及业绩压力、投资人员储备不足、行业研究不够、管理水平较差等方面。

四、环保并购标的

环保上市公司通常采用对赌业绩估值，估值倍数都在未来 3 年要达到平均 9 倍。这个估值蕴含了对未来的成长，在操作中，环保上市公司留有足够的空间对估值进行调整，被并购方则通过现金、不可追述、质押等形式来进行博弈。从交易结构上看，无论对赌高低，最终环保企业的估值还是要以实际业绩为准。作为被并购方，拿到了环保上市公司的大量股权，又受到对赌业绩调整的影响，将估值做得接近实际利润或略低一些，可以实现自身价值的最大化。如果在出售的时候一味提高价值，既有被调整的风险，也不利于自身股价的提升。

五、会计师事务所

会计师事务所的成本在于固定的人力成本，促进交易，获得中介费是其最大的目标。会计师事务所承担的主要任务：其一，在决策过程的早期，与投资者或贷款人磋商对可能产生的税收、交易结构和现金流动等作出评估；对标的环保企业以往财务报表进行评估；明辨标的环保企业资产和债务是否低估、高估还是未登记；准备和评估标的环保企业未来的经营结果和现金流动；对交易结构提供咨询。其二，评审在证交会进行登记的档案，并按照证交会的规则进行检验。其三，提供税收计划，尤其注意标的环保企业潜在的税收问题；通过交易结构和交易的最终成功使税收利益最大化。其四，建立计算机模式，对各种设想的操作结果和现金流动作出测算。为了有效地分析各种选择，需要对各阶段销售额和支出以及企业综合情况等可能出现的结构变化提供明智的分析。其五，对标的环保企业业务作出估价，为所得税和会计目的决定和分配购买价值。其六，行使传统的会计和审计职能，包括环保并购中和并购后的审计。

六、逸闻轶事——井田故事

井田制是我国奴隶社会的土地国有制度，西周时盛行。那时，道路和渠道纵横交错，把土地分隔成方块，形状像"井"字，因此称作"井田。"井田属周王所有，分配给奴隶主使用。奴隶主不得买卖和转让井田，还要交一定的田租。奴隶主强迫奴隶集体耕种井田，无偿占有奴隶的劳动成果。

井，即"井田"，就是具有一定规划、亩积和疆界的方块田。长、宽各百步的方田叫一"田"，一田的亩积为百亩，作为一"夫"，即一个劳动力耕种的土地。井田规划，各地区不一致。有些地方采用十进制，有些地方则以九块方田叫一"井。"因为把九块方田摆在一起，恰好是一个"井"字形，井田的名称就是这样来的。一井的面积是方一里；一百井的面积是方十里，叫一成，可容纳九百个劳动力；一万井的面积是方百里，叫一同，可容纳九万个劳动力。

"井田"一词，最早见于《谷梁传·宣公十五年》："古者三百步为里，名曰井田。"夏代曾实行过井田制。商、周两代的井田制因夏而来。井田制在长期实行过程中，从内容到形式均有发展和变化。井田制大致可分为八家为井而有公田与九夫为井而无公田两个系统。记其八家为井而有公田者，如《孟子·滕文公上》载："方里而井，井九百亩。其中为公田，八家皆私百亩，同养公田。公事毕，然后敢治私事。"记其九夫为井而无公田者，如《周礼·地官·小司徒》载："乃经土地而井牧其田野，九夫为井，四井为邑，四邑为丘，四丘为甸，四甸为县，四县为都，以任地事而令贡赋，凡税敛之事。"当时的赋役制度为贡、助、彻。助即服劳役于公田，贡为缴纳地产实物。周行彻法，当为兼行贡、助两法。结合三代赋役之制来分析古时井田之制的两个系统，其八家为井而有公田，需行助法者自当实行于夏、商时期。其九夫为井而无公田者当始实行于周代。周朝行助法地区仍沿用八家为井之制，唯改私田、公田之数为百亩；而行贡法地区则将原为公田的一份另分配于人，故有九夫为井之制出现。古时实行易田制（即轮耕制），一般是不易之地家百亩，一易之地家二百亩，再易之地家三百亩。以上所说井田之制，当为在不易之地所实行者，是比较典型的。至于在一易之地、再易之地等如何以井为耕作单位进行区划，已无法推知，井田之间立五沟五涂之界以便划分土地和进行生产。井田制由原始氏族公社土地公有制发展演变而来，其基本特点是实际耕作者对土地无所有权，而只有使用权。土地在一定范围内实行定期平均分配。由于对夏、商、周三代的社会性质认识各异，各家对井田制所属性质的认识也不相同，或以为是奴隶制度下的土地国有制，或以为是奴隶制度下的农村公社制，或以为是封建制度下的土地领主制，或以为是封建制度下的家族公社制或农村公社制。但在承认井田组织内部具有公有向私有过渡的特征，其存在是以土地一定程度上的公有作为前提，在这一点上认识基本一致。夏朝、商朝时期实行的八家为井、同养公田之制，公有成分更多一些。周代以后出现的九夫为井之制，个人私有的成分已增多，可以看作私田已被耕作者占有。西周中期，贵族之间已有土地交易，土地的个人私有制至少在贵族之间已经出现。由此，自上而下，进一步发展为实际耕作者的土地个人私有制。

对于环保并购来说，企业家对股权的兴趣，恰恰像地主对土地的向往，这反映出人性的一个非常重要的方面，从某种程度上促使了社会进步的步伐。

第二节　环保并购财务顾问

一、财务顾问

财务顾问（Financial Advisor）缩写为 FA，其核心作用是为企业融资提供第三方的专业服务。像一些大的环保公司，在成长过程中基本都有专业化的 FA 在服务。真正的 FA 甚至要比投资经理更懂得投资，在环保企业融资和发展的过程中，FA 起到了举足轻重的作用。

二、FA 的价值

FA 为客户提供理财服务，包括为法人、自然人、政府等进行分析，提供财务报告和决策建议，为环保企业投融资、公司资产重组、收购兼并和股份制改造、公司上市前的财务安排、管理机构的策划、上市公司的财务重组等提供专业的金融服务。专业的 FA 可以提供有针对性的服务。FA 了解主流投资机构的口味与风格，可以实现最优匹配；以自身的信誉做背书，环保企业能够接触到投资机构决策层；引荐几家不同的投资机构，有利于交易条件谈判；同时，以 FA 出面来撮合交易，可以在很大程度上避免销售过度的形象，有利于融资成功。

帮助梳理融资故事，分析环保市场上可比项目有哪些，处于什么阶段。发掘、提炼环保项目优势，用投资人的语言更好地表现出来。为环保项目融资规划提出专业化的建议，比如何时融资、如何融资等。帮助对接合适的投资人，介绍最契合环保企业发展形态和风格的投资机构，联系最适合的投资经理，提升沟通效率和投融资成功概率。帮助从头至尾协调从协议到交割的所有流程，全程辅导，舒缓企业融资受挫的情绪，给予支持和建议。对投资合同谈判提出专业化的建议。

三、FA 业务

投行是较为典型的一类财务顾问企业。投行并不是普通意义上的商业银行或一般证券公司。传统型投行包括证券发行和代理买卖等金融性业务；引申型投行包括基金管理、风险管理及直接投资等业务；创新型投行则主要包括企业兼并、收购和重组等策略性业务。此外，行业内一些独立的财务顾问公司充当着环保企业发展过程中的重要角色。这类独立的财务顾问公司往往将业务重心集中于某一板块，属于精品型财务顾问公司；亦有综合性财务顾问公司，同时开展多项财务顾问业务。

投行的工作不是简单的服务员，它必须站在投资者的高度来看环保企业，为环保企业寻找项目亮点，梳理财务问题，比环保企业的老板更懂未来，比公司财务更懂财务问题。通过聘请投资银行代理，环保并购能够降低由于信息不对等而导致的环保企业并购风险，减少一些不必要的收集信息的费用。在环保并购中，买卖双方的信息不对等，投行作为第三方代理，能够整合信息资源，从而为两方提供可靠的信息，促进环保企业并购的进行。投行作为环保企业并购的参与者，在并购中充当财务顾问。主要体现在投资银行能够帮助环保企业管理企业资金，帮助环保企业全面了解自身的发展优势和劣势，从而选择合适的并购方式，节约环保企业的并购成本，帮助其实现并购。

环保企业的并购存在很大的失败风险，投行的参与能够在了解环保企业现状的基础上，根据不同的并购形式对环保企业的并购成败进行预测，从而保证环保企业并购的顺利进行。投行的介入能够帮助环保并购后的企业合理组合企业的结构，从而减少由于环保并购带来的各种业务和人员以及企业文化之间的矛盾。进行融资收购的一些环保企业，无法在短时间里凑够资金，投行就能协助环保并购企业进行资金筹集，解决环保并购中的问题。投行还能帮助环保企业减少环保并购的交易费用，如在交易开始之前，为了规定买卖双方的权利义务而签订的合约所花费的费用；双方签约之后，为了解决合同本身问题花费的费用。

投行的介入能减少事前搜集信息的费用，提升搜集过程的专业化。能够为环保企业提供防止被并购的策略和方案，从而保护被并购环保企业的意愿。投行由于长期进行环保并购后的规划，自身具备了丰富的并购整合经验，能够为环保并购后的企业提供有效的策略和安排，从而真正实现环保并购重组的功用。环保并购并不一定要有投行的参与，但是参与则会使并购时更加安全、顺利，为环保企业带来更多的利益。

四、逸闻轶事——加长轿车

在做 B 市的环保项目时，因为前期与标的环保企业的张总交流很融洽，他对我的专业水平和职业精神非常认可，于是，在与竞争对手们一起去参加一个活动时，被"高看"了一眼。

张总有一辆加长红旗轿车，那天，他主动邀请我坐他的车，当时，其他竞争对手也想坐上来，直接就被张总拒绝了，说："那边有大巴"。于是，那几个竞争对手只好悻悻地上了大巴。我说："张总，这样恐怕不太好吧，要不我也去坐大巴，免得让人说闲话。"张总说："没事，您是行业专家，即使不来参与这个项目，我也是敬重您的。而他们和您不一样。"

看来多掌握一些专业技术和能耐，说不定哪天就被高看一眼。

第三节　环保并购利益相关者的治理和保护

一、环保并购利益相关者的治理

针对证券公司在环保并购中存在的问题，提出利益相关者治理的建议，主要包括环保并购利益相关者的界定、利益诉求分析、利益相关者治理原则、主要利益相关者利益冲突治理的一般性建议；在环保并购过程中存在哪些利益相关者，各自有怎样的利益诉求及利益冲突；环保并购过程中利益相关者治理应遵循的基本原则；环保并购过程中利益相关者治理的一般性方法和建议。环保并购中应遵循以下利益相关者治理原则：主次利益相关者利益平衡原则；证券公司自身利益与社会利益兼顾的原则；利益相关者治理安排的动态调整原则。总结多次环保并购失败的经验，结合利益相关者治理原则，提出了相应的解决办法：确立共同治理模式；建立激励和约束机制；最大限度地保护标的环保企业员工的根本利益；建立行之有效的监事会和独立董事制度等。

二、国企环保并购中利益相关者问题

重点关注国有环保企业并购的动因，从公司治理角度分析公司并购的具体过程，分析研究并购后公司治理结构及利益相关者的权益协调方面出现的一些问题。

由于在国有控股大中型环保企业中存在着严重的内部人控制现象，以及外部治理机制的缺失，国有环保企业所作出的决策往往会忽视如员工、客户、供应商等重要利益相关者的权益，从而对环保企业发展产生不利影响。国有控股环保企业的性质导致委托人与代理人之间平等的信托关系有时被政府与环保企业之间的行政指挥关系所代替。环保企业员工在公司重大问题的决策上话语权很少，控制权往往自上而下地集中在国有环保企业领导层手中，对员工及客户等利益相关者重视程度不足。由于决策话语权的缺失，他们往往会采取一些更为消极的方式来对抗对自己不利的决策，对环保企业的发展带来不利的影响。

三、环保并购中员工权益的保护

环保并购中必须高度重视员工权益，无论是并购过程中员工的参与程度，还是公司解散后与员工劳动关系的变动及救济，以及在并购完成前员工在公司内形成的债权的实现，都必须妥善安排，周密处理，维护员工的权益。

解决环保并购中劳动者权益保护问题，完善环保并购中劳动者参与制度，健全劳动合同程序，平衡劳资关系，强化政府在环保并购中的监督和保护作用。要从根本上解决环保公司治理问题，必须从宏观政策角度进行一系列的改革，完善环保公司外部治理环境，对环保公司内部人治理现象形成更为有效的监督机制，实现有效的公司治理。

四、海外环保并购利益相关者的保护

在跨国公司环保并购中，利益相关者的利益关系的协调与调整是决定其能否成功的关键因素。我国在跨国环保并购中的利益相关者利益保护措施有：推动国有股流通与转让，消除环保公司并购的股权障碍；建立环保公司经理人控制权损失的合理补偿机制；实行员工持股制；重塑银行和环保企业关系机制。

保留被并购环保企业重要的技术和管理人员特别重要，能保持被并购环保企业持续不断地运行，而且可以帮助并购方了解新市场、新文化和新环境，有利于处理好并购双方及其所在国等几方面利益相关者的关系。

五、机构投资者参与公司治理

曾经，大部分机构投资者放弃了用脚投票华尔街准则，在对环保公司业绩不满或对环保公司治理问题有不同意见时，套牢之后必然开口说话，不再是简单地"逃离劣质公司"，开始积极参与和改进环保公司治理，执行一种环保公司治理导向的投资战略。社会责任是机构投资者参与环保公司治理的一个重要原因。在以敌意并购为主要手段的环保公司控制权市场因反敌意并购措施而受阻之后，投资者便以积极投资和参与环保公司治理来对抗。在一些积极行动的大投资者公开宣布抵制之后，许多环保公司不得不放弃使用毒药丸计划等反敌意并购的措施。

六、环保上市公司并购基金

环保上市公司的成长扩张方式分为内生式与外延式，外延式扩张主要依靠环保并购来实现。环保并购可以通过多种方式进行融资，其中，环保并购基金由于能够和环保上市公司形成有效的配合和互补，已经成为资本市场的热点。

要发挥资本市场作用，符合条件的环保企业可以通过发行股票、企业债券、非金融企业债务融资工具、可转换债券等方式融资；允许符合条件的环保企业发行优先股、定向发行可转换债券作为兼并重组支付方式；并研究推进定向权证等作为支付方式。

环保上市公司并购基金，属于私募股权基金的一种。由环保上市公司参与发起设立，主要采用向特定机构或个人非公开募集的方式筹集资金，投资与环保上市公司业务或未来发展相关的行业。通过发挥杠杆作用撬动社会资本，收购特定产业链上或是新的业务领域中具有核心能力和发展潜力的企业，经过一段时间的培育，环保上市公司按照事先约定的条件收购或采取其他方式退出。

专业基金管理公司与环保上市公司合作，发起设立环保并购基金。专业基金管理公司作为合作的一方，不但拥有募资优势、丰富的基金管理经验、专业的投资知识和风险控制能力，还拥有对环保并购基金所投资行业深入的了解和充足的项目储备。环保上市公司作为合作的另一方，通常是该行业的产业龙头或具有进入新的投资领域的某些优势，同时，环保上市公司拥有一定的品牌和社会公信力、比较成熟的管理和运营团队以及较强的融资能力，二者结合形成优势互补。

环保并购基金通过相应的结构设计可以使得环保上市公司在产业整合的过程中，实现以小搏大，充分发挥杠杆作用。环保并购基金投资的项目，经过一定时间的培育并产生稳定的收益后，可由环保上市公司进行收购。环保上市公司通过收购这些项目，不但可以大幅提升企业利润，同时增加了资本市场的预期，推动市值持续增长。环保并购基金的运作流程主要分为四个阶段：基金募集→投资方式→投资管理→退出渠道。

七、逸闻轶事——企业文化

Z 环保公司是一家民营企业，该公司的创始人王总创业精神非常强，随着公司的发展壮大，他感觉到企业文化很重要，员工得有归属感，尤其是对老板要忠心耿耿。

王总的夫人姓李，她在公司也是董事，经营层的各位老总也都要让她三分。每周一上班前，全公司人员都要拿着一个写有公司文化和对老板表忠心的内容、类似"红宝书"一样的小册子，按部门划分，排成几路纵队，由各部门的分管领导每周轮番站到前面领读。这一周，大家诵读的声音似乎有点小，于是，站在楼上观兵瞭阵的李夫人有点生气，就跑到广播室里，通过大喇叭让大家再读一遍。于是，大家打起精神，又读了一遍，不过，总感觉到有些言不由衷。

有一次，Z 环保公司抛出橄榄枝，要出让部分股份，面对这样一种文化的公司，作为并购方项目经理的我，即将前去接洽，该当祭出何种策略才更好呢？

第十五章　环保并购中的创新

第 一 节　环 保 并 购 创 新

一、何为创新

创新，即创造新的事物。溯其源有《广雅》：创，始也；新，与旧相对。《魏书》有"革弊创新"。《周书》有"创新改旧"。《南史·后妃传上·宋世祖殷淑仪》："据《春秋》，仲子非鲁惠公元嫡，尚得考别宫。今贵妃盖天秩之崇班，理应创新。"创新是指人类为了满足自身需要，不断拓展对客观世界及其自身的认知与行为过程和结果的活动。创新是指人为了一定的目的，遵循事物发展的规律，对事物的整体或其中的某些部分进行变革，从而使其得以更新与发展的活动。

创新的英文 Innovation 起源于拉丁语。有三层含义：更新，即对原有的东西进行替换；创造新的东西，即创造出原来没有的东西；改变，即对原有的东西进行发展和改造。熊彼得提出创新者将资源以不同的方式进行组合，创造出新的价值，这种"新组合"往往是"不连续的"。他界定了创新的五种形式：开发新产品；引进新技术；开辟新市场；发掘新的原材料来源；实现新的组织形式和管理模式。德鲁克提出创新是组织的一项基本功能，是管理者的一项重要职责。

在知识社会条件下，以需求为导向、以人为本的创新模式进一步得到关注。要完善科技创新体系急需构建以用户为中心、以需求为驱动、以社会实践为舞台的共同创新、开放创新的应用创新平台，通过创新双螺旋结构的呼应与互动形成有利于创新涌现的创新生态，打造以人为本的创新模式。

环保并购创新包括：理论创新、制度创新、科技创新、文化创新及其他创新。理论创新是指导，制度创新是保障，科技创新是动力，文化创新是智力支持。它们相互促进，密不可分。

环保并购创新的关键就是改变。向新的方向、有效的方面进行量和质的变化。创新的特征：价值取向性；明确目的性；综合新颖性；高风险、高回报性。

二、环保并购创新过程

1. 信息搜集与整理

管理者要从管理目标与需要出发，大量搜集与整理信息资料，弄清环保并购创新的大致方向。

2. 环保并购创新方案的制定

创新有风险，为了将这种风险降到最低，根据环保企业内外的实际情况，结合整体发展战略和业务特点，制定创新方案。

3. 环保并购实施创新

有了创新方案，就要迅速付诸实施，不要等到创新方案达到完美的时候再行动。

4. 不断完善

环保并购创新者在开始行动后，要不断研讨，集思广益，对原有方案修改和完善。

5. 环保并购再创新

本轮创新成功，则为下一轮创新提供了动力。创新不能停止，必须要在一个新的起点上实施再创新。

三、环保并购创新原则

1. 遵循科学发展规律

环保并购创新必须遵循科学发展规律。在进行创新构思时，对发明创造设想进行科学原理相容性检查。与科学原理是否相容，是检查创新设想有无生命力的根本条件。对创新设想进行技术方法可行性检查。任何事物都不能离开现有条件的制约。对创新设想进行功能方案合理性检查。

2. 市场评价原则

环保并购创新成果必须经受走向市场的严峻考验，实现商品化和市场化要按市场评价的原则来分析。评价通常是从市场寿命观、市场定位观、市场特色观、市场容量观、市场价格观和市场风险观几个方面入手，考察创新对象的商品化和市场化的发展前景，而最基本的要点则是考察该创新的使用价值是否大于它的销售价格，也就是要看它的性能、价格是否优良。在进行市场评价时把握住评价事物使用性能最基本的几个方面：解决问题的迫切程度；功能结构的优化程度；使用操作的可靠程度；维修保养的方便程度；美化生活的美学程度。

3. 相对较优原则

环保并购创新产物不可能十全十美。需要人们按相对较优的原则，对设想进行判断选择。从创新技术先进性、创新经济合理性、创新整体效果性等方面进行比较选择。

4. 机理简单原则

在环保并购创新的过程中，要始终贯彻机理简单原则。结构复杂、功能冗余、使用繁琐已成为技术不成熟的标志。检查新事物所依据的原理是否重叠，即是否超出应有范围；新事物所拥有的结构是否复杂，即是否超出应有程度；新事物所具备的功能是否冗余，即是否超出应有数量。

5. 构思独特原则

环保并购创新贵在独特，创新构思需要新颖性、开创性、特色性。

6. 不轻易否定原则

在分析评判环保并购创新方案时，应注意避免轻易否定。不要随意在两个事物之间进行简单比较。不同的创新，包括非常相近的创新，原则上不能以简单的方式比较其优势。创新的广泛性和普遍性都源于创新具有的相融性，相关技术在市场上的优势互补，形成了共存共荣的局面。

四、环保并购创新原理

1. 环保并购创新综合原理

综合是在分析各个构成要素基本性质的基础上，综合其可取的部分，使综合后所形成的整体具有优化的特点和创新的特征。

2. 环保并购创新组合原理

这是将两种或两种以上的学说、技术、产品的一部分或全部进行适当叠加和组合，用以形成新学说、新技术、新产品的创新原理。

3. 环保并购创新分离原理

分离原理是把某一创新对象进行科学的分解和离散，使主要问题从复杂现象中暴露出来，从而理清创造者的思路，便于抓住主要矛盾。

4. 环保并购创新还原原理

要善于透过现象看本质，在创新过程中，能回到设计对象的起点，抓住问题的原点，将最主要的功能抽取出来并集中精力研究其实现的手段和方法，以取得创新的最佳成果。任何发明和革新都有其创新的原点。

5. 环保并购创新移植原理

把一个研究对象的概念、原理和方法运用于另一个研究对象并取得创新成果的创新原理。有"纵向移植""横向移植"和"综合移植"。

6. 环保并购创新换元原理

换元原理是指创造者在创新过程中采用替换或代换的思想或手法，使创新活动内容不断展开、研究不断深入的原理。有目的、有意义地去寻找替代物，如果能找到性能更好、价格更省的替代品，这本身就是一种创新。

7. 环保并购创新迂回原理

创新会遇到许多暂时无法解决的问题。鼓励人们开动脑筋、另辟蹊径。不妨暂停在某个难点上的僵持状态，转而进入下一步行动或进入另外的行动，带着创新活动中的这个未知数，继续探索创新问题，通过解决侧面问题或外围问题以及后继问题，可能会使原来的未知问题迎刃而解。

8. 环保并购创新逆反原理

要求人们敢于并善于打破头脑中常规思维模式的束缚，对已有的理论方法、科学技术、产品实物持怀疑态度，从相反的思维方向去分析、去思索，以探求新的发明创造。

9. 环保并购创新强化原理

强化就是对创新对象进行精炼、压缩或聚焦，以获得创新的成果。强化原理是指在创新活动中，通过各种强化手段，使创新对象提高质量、改善性能、延长寿命、增加用途，或产品体积的缩小、重量的减轻、功能的强化。

10. 环保并购创新群体原理

需要创造者们能够摆脱狭窄的专业知识范围的束缚，依靠群体智慧的力量和科学技术的交叉渗透，使创新活动从个体劳动的圈子中解放出来，焕发出更大的活力。

五、环保并购创新几个时期

1. 环保并购创新准备期

环保并购创新是从发现问题、提出问题开始的，力求使问题概念化、形象化和具有可行性。准备期是准备和提出问题阶段。对知识和经验进行积累和整理，搜集必要的事实和资料，了解自己提出问题的社会价值、能满足社会的何种需要及价值前景。

2. 环保并购创新酝酿期

酝酿期要对搜集的资料、信息进行加工处理，探索解决问题的关键，要从纵横、正反等方面进行思考，让各种设想在头脑中反复组合、交叉、撞击、渗透，按照新的方式进行加工。科学的创造都发端于选择，充分地思索，让各方面的问题都充分暴露出来，从而把思维过程中那些不必要的部分舍弃。创造性思维的酝酿期通常是漫长的、艰巨的，也很有可能归于失败。但只要方法正确，坚持下去，就有希望。

3. 环保并购创新明朗期

明朗期寻找到了解决办法，即顿悟或突破期。明朗期呈猛烈爆发状态，很短促、很突然。明朗期灵感思维往往起决定作用，高度兴奋甚至感到惊愕，久盼的创造性突破在瞬间实现。

4. 环保并购创新验证期

验证期是完善和充分论证阶段、评价阶段。验证期是把明朗期获得的稚嫩、粗糙结果加以整理、完善和论证，并且进一步得到充实。创新思维所取得的突破，经过这个阶段，才能真正取得。论证即通过理论上验证和实践中检验。验证期需耐心、周密、慎重，心态平静，不能急功近利。

六、环保并购如何创新

要有环保并购创新意识和科学思维。创新意识要在竞争中培养；要善于大胆设想，要敢想、要会想；要敢于标新立异，要有创新精神，要有敏锐的发现问题的能力，要有敢于提出问题的勇气；要有兴趣，要适合所从事的事业。确立科学思维，要有发散思维、相似联想、动态思维、逆向思维、侧向思维。

环保并购开拓创新要有坚定的信心和意志。坚定意志，顽强奋斗；坚定信心，不断进取；当创新活动误入歧途时，能够强迫自己转向。

七、逸闻轶事——百年树人

《管子权修篇》："一年之计，莫如树谷；十年之计，莫如树木；终身之计，莫如树人。一树一获者，谷也；一树十获者，木也；一树百获者，人也。我苟种之，如神用之，举事如神，唯王之门。"

董奉与杏林。三国时期东吴名医董奉医术高明，乐善好施。董奉隐居庐山期间，为贫苦百姓看病，从来不取分文，只要求病人病愈后按病情轻重，在他住所前后种杏树，重病者栽五株，轻病者栽一株。几年光阴，他的房前屋后竟有十万余株杏树。每当杏熟，董奉用来换谷米救济贫民，人们称这片杏林为"董仙杏林"，后人遂以"誉满杏林"称颂医家。

诸葛亮与桑树。为建立蜀国立下汗马功劳的诸葛亮，在病危时给后主刘禅的遗书上写道："臣家有桑八百株，子孙衣食，自可足用。"他把自己栽种的八百株桑树作为子女生活费的来源，为子女生活作长久安排。一代名相，两袖清风，死后留给子孙的唯有自己栽种的桑树，令人不胜感慨。

世上本来是"十年树木，百年树人"，然则桃李春风都已去，留给后世一树林。其实，上述二个小故事，留给后世的是一种精神。那么，咱们在环保并购中，是否也得有一些创新，留给后来人一点精神呢？

第二节　环保企业创新

环保企业创新是企业管理的一项重要内容，从整个公司管理到具体业务运行，贯穿在每一个部门、每一个细节中。环保企业创新涉及组织创新、技术创新、管理创新、战略创新等，各个创新关联度较强。

一、环保企业创新特点

1. 环保企业创新多维性

环保企业创新决策是多维决策。环保企业创新投入系统要与各个部门发生关系，在投入决策时必须考虑：把满足创新企业最低必要资金的需要作为筹集的数量目标；把创新能力作为投资的重要条件；把投入产出风险作为投资的评估条件，考虑企业的还款保证或能力；考虑从什么渠道取得投资的资金。

2. 环保企业创新时效性

环保企业创新的关键在于创造，时效性是创新的重要因素，是创新决策的一大特点。

面对市场环境条件的迅速变化，创新有很强的时效性。

3. 环保企业创新层次性

现代环保企业决策层周围往往是围绕一层至多层的组织，组织结构呈多层次性，环保企业创新可能在企业不同层次的组织中产生，呈现出与企业组织结构相对应的多层次性。环保企业的重要创新，其决策主要是由环保企业的高层决策者来完成，要有智囊团参加，在可能的情况下征求不同层次组织的意见。

4. 环保企业创新战略性

环保企业高层决策往往是战略性的决策。重要的环保企业创新最终是由高层作出决策。环保企业的战略性创新决策往往是在更大范围的市场中考虑的，如果环保企业没有周期性的有计划的创新决策，就很难创造新的核心能力，使其在市场竞争中处于被动的局面，使其内部失去生存与发展的动力。

二、环保企业创新内容

管理创新、制度创新、技术创新、市场创新等是现代环保企业创新内容，它几乎囊括了环保企业系统的每一个层面，对于涉及与环保企业的生存、发展有关的环保并购重大创新项目，则要由环保企业高层来决策。环保企业创新决策包括如何寻找创新突破口，对创新机遇进行预测；如何保证市场份额，对以环保企业创新为基础提高市场竞争力的各种商业活动进行决策；如何通过创新使环保企业保持良好的组织形式，建立最佳的激励机制激发环保企业活力的管理决策。

三、环保企业创新动力及阻力

创新动力机制是能够推动创新实现优质、高效运行并为达到预定目标提供激励的一种机制，是环保企业创新的动力来源和作用方式。对于以营利为目的的环保企业来说，这种机制主要是使自身的经济利益最大化。其一，环保企业产权制度创新是建立创新机制的前提条件。其二，要求环保企业家具有创新精神。其三，要建立激发环保并购创新意识的人事制度、工资制度和鼓励人们勇于创新的其他激励制度。其四，要搞好推动环保企业创新的文化建设，通过环保企业文化建设形成具有特色的环保企业精神。这样，才能使环保企业创新具有强大的动力源泉。

环保企业组织创新会遇到阻力，阻力一是来源于投入的费用和既得利益，二是对环保企业组织创新的目的、机制和后果的误解。由于创新需要冲破原有的环保企业结构和思想观念，因而出现阻力。比如，环保企业文化相对保守，缺乏创新、冒险精神，环保企业对新形势、新事物反应迟缓，对创新有畏难情绪；对现有的路径习惯、依赖，习惯于日常的工作方式、内容；不适应环保企业创新所提出的新挑战，不愿意改变现有的管理模式；环保企业创新效益难以评估；缺乏具体的成果评价标准，导致环保企业创新的积极性不高。

环保企业创新决策阻力存在于整个决策过程之中，主要来自于：其一，在环保企业生命周期的成熟期，整个处于惰性状态，缺少环保企业创新所需的内部条件；其二，环保企业的组织结构创新滞后，影响环保企业创新决策实施效果；其三，环保企业可能受发展空间的制约，环保企业创新动力受阻，而一般的局部创新，从效益评估的角度看，对环保企业发展的作用不大；其四，环保企业高层决策者的创新意识薄弱，或者创新决策能力不强，害怕环保企业创新会给企业带来风险。

四、逸闻轶事——箪醪劳师

古文中酒的别称：杜康、欢伯、杯中物、金波、秬鬯、白堕、冻醪、壶觞、壶中物、酌、酤、醑、醍醐、黄封、清酌、昔酒、缥酒、青州从事、平原督邮、曲生、曲秀才、曲道士、曲居士、曲蘖、春、茅柴、香蚁、浮蚁、绿蚁、碧蚁、天禄、椒浆、忘忧物、扫愁帚、钓诗钩、狂药、酒兵、般若汤、清圣、浊贤。

白酒产业发展到今天，生产工艺已经趋于成熟，尤其是随着国家对生产企业监管的加强，酒的质量、品质得到了保障，白酒的竞争更多地体现在品牌层次的竞争。每一瓶好酒的背后都有一个动听的故事，而每一个动听的故事千百年来争相传颂的背后正是它所蕴含的文化。中国的酒文化特别是白酒文化源远流长，好的白酒和有历史底蕴的白酒也是非常值得收藏的。消费者在选择时，更多的是选择有品牌内涵、有文化底蕴的白酒，谁的白酒更会讲故事，能打动消费者内心的柔软部分，谁最终才能俘获消费者。"山远近，路横斜，青旗沽酒有人家。""云际客帆高挂，烟外酒旗低亚。""借问酒家何处有，牧童遥指杏花村。"描述酒家的古诗词数不胜数，足见饮酒之风自古盛行。古代文人骚客饮酒是雅事，醉意浓时诗意更浓，"李白斗酒诗百篇"的传说妇孺皆知。

箪醪劳师。东周春秋时期，越王勾践被吴王夫差战败后，为了实现"十年生聚，十年教训"的复国战略，下令鼓励人民生育，并用酒作为生育的奖品。越王勾践率兵伐吴，出师前，越中父老献美酒于勾践，勾践将酒倒在河的上游，与将士一起迎流共饮，士气大振，然后，一举击败吴国。至今，绍兴还有一个"投醪河"，不分昼夜向东流呢。

醉酒、烂饮自然不是什么好事，但是，有时候，对酒当歌也反映出一种豪气。那么，我们在环保并购中，遇到万般挫折，很正常，不能借酒浇愁。而要促使我们越挫越勇，发扬革命的大无畏精神。在山重水复疑无路时，创新思维，另辟蹊径，往往会迎来柳暗花明又一村的戏剧性反转。

第三节　环保并购解决创新难题

一、环保并购解决创新

环保企业内、外部双管齐下，除了通过内部研发投入自主创新以外，也可以通过并购创新型公司从外部获得创新性。当标的环保企业技术能力较弱且技术高度重叠时，并购其技术能力会损害股东利益。但是，当标的环保企业拥有较强的技术能力时，并购其技术能力会创造价值。一是选择机制，即创新效率低的环保公司直接选择创新效率高的环保公司进行并购。二是协同效应，两个资产有互补性的环保公司合并后，整体的创新能力将得以提升，实现协同效应。

环保并购对创新的影响。创新是在大量项目中挑出能改变标准的极少数项目，很多环保并购是因为短期利润无法满足投资者需求。保留优质资产、去掉竞争力不足的产品和项目，成本下降，利润上升。从资源运用的观点出发，环保并购创新目的可归纳为资源深化和资源拓展两种。资源深化并购可增强并购方的现有资源和能力，而资源拓展并购可为并购方带来独特的资源和能力。

环保并购创新促成许多起技术并购。推进环保技术创新、掌握关键技术、提高核心竞争力是推进环保企业转型升级的关键所在。获取和掌握关键环保技术的途径一般有自主研发、技术同盟、技术购买和技术并购四种。相比于自主研发的长周期性、高风险性、高投入性，技术同盟的诸多限制，技术购买难以引进核心环保技术，技术并购虽然成功难度较大，但是具有快速构建环保技术能力的重要优势，不失为环保企业提升技术创新能力的一个更为快捷、更为有效的途径。

二、环保并购解决融资难创新

深度研究有效解决环保并购融资难的多种实际方法，丰富并购战术体系，也是为了更好地为有需要的环保企业并购融资解决实际问题。环保企业并购融资最容易造成的就是环保企业的财务危机，为了降低环保并购融资成本和风险，坚持内部融资为先，尤其是现在民营企业，欲买先卖，剥离非相关主业资产，特别是那些长期利润低下甚至亏损的业务，趁早退出，为环保并购留下更充裕的资金保证。

环保并购创新融资观念。想做并购整合的环保企业要转变以往的融资观念，环保并购需要创新意识，要敢于创新、善于创新。转变资本观，不仅现金是资金，一些设备、债权、技术、品牌、管理、专利等都可以用来作为环保并购支付的资本方式，标的环保企业需要的不一定都是现金，他们可能更需要其他的一些东西。不能用非现金的方式来支付并购资金，但通过环保并购创新支付方式，可以大大缓解环保并购融资难题，比如延期支付、部分支付等。环保并购融资是为了支付，创新使之相得益彰。

借助股权投资基金以及专项环保并购贷款，需要环保企业一半的自有并购资金。由于当前的债权市场不完善，而环保并购需要的是长期融资，短期的过桥资金难以满足，所以只能更多地寻求外部股权融资。出让一部分股权，换来一笔真金白银和一些增值服务，帮助实施环保并购交易。投资是为了赚取高额利润，要精明选择外援，控制外部融资的高成本。股权基金的资金到位周期有一定的时间，需要环保并购企业早做准备，以免因为资金问题错失并购良机。

信托融资就是信托公司的自有资金或者信托资金，巧妙选择信托融资破解环保并购融资难题，帮助环保并购企业收购标的环保企业的股权。信托融资的周期长达几年，再加上其灵活性以及可以接受的成本，有时可以满足环保并购交易的周期要求。

编制环保并购预算表和融资方案。实施环保并购交易是关乎环保企业发展的大事，为了确保环保并购交易成功，并购方一定要未雨绸缪，及早编制环保并购预算体系，包括重要的环保并购融资方案，更好地解决环保并购融资难题，提前做好准备，打好基础，环保并购交易才会成功。

三、环保并购解决文化创新

1. 什么是文化创新

文化创新是指为了使环保企业的发展与环境相匹配，根据本身的性质和特点形成体现环保企业共同价值观的企业文化，并不断创新和发展的活动过程。面对日益深化、日益激烈的国内外市场竞争环境，越来越多的环保企业不仅从思想上认识到创新是环保企业文化建设的灵魂，是不断提高环保企业竞争力的关键，而且逐步深入地把创新贯彻到环保企业文化建设的各个层面，落实到环保企业经营管理的实践中。创新的实质在于环保企业文化建设中突破与经营管理实际脱节的僵化的文化理念和观点的束缚，实现向贯穿于全部创新过程的新型经营管理方式的转变。

2. 文化创新思路

环保企业文化创新要对构成企业文化的诸要素，包括经营理念、企业宗旨、管理制度、经营流程、仪式、语言等进行全方位系统性的弘扬、重建或重新表述，使之与环保企业的生产力发展步伐和外部环境变化相适应，以对传统企业文化的批判为前提。要进行环保企业文化创新，经营管理者必须转变观念，提高素质。要对环保企业文化的内涵有更全面更深层次的理解，积极进行思想观念的转变，认真掌握现代化的管理知识和技能，有强烈的创新精神，及时将外界的信息重新组合构造出新的创新决策。

对于环保企业文化创新，培训是推动变革的根本手段，激励和约束机制是创新的不竭动力。要使员工坚定共同的价值观、目标和信念，产生稳定的归属感。建立学习型组织。环保企业文化是核心竞争力，关键是环保企业的学习能力。环保企业要生存与发展、提高核心竞争力，就必须强化知识管理，从根本上提高员工的综合素质。

3. 文化创新价值

企业文化是环保企业的灵魂，是制度创新与经营战略创新的理念基础，是经营战略实现的重要思想保障，是环保企业行为规范的内在约束，是活力的内在源泉。环保企业文化的核心是其良好的思想观念，它所带来的是群体的智慧、协作的精神、新鲜的活力，为环保企业的创新和发展提供源源不断的精神动力。环保企业文化创新是可持续发展的重要依托，需要适时进行调整、更新、丰富、发展，从而提高竞争力。

4. 创新是环保企业文化的本质

彼得·德鲁克说：行之有效的创新在一开始可能并不起眼。创新要做的是某件具体的事，否则只能是一句空话。环保企业要不断引导创新，适应变革，鼓励改进。用知识的眼光来看，环保企业组织就是一个对知识进行整合的结构。

5. 如何进行环保企业文化创新

环保企业文化创新，认识先行，要有新的思想去支撑，要用发展的方式方法去创新，要创新发展企业文化，要认识到位，然后才能措施到位。环保企业文化创新是在一定基础上的发展，深入调研，系统分析，客观评估。明确哪些是优秀的文化，哪些是过时的文化。要继承优秀的理念文化、制度文化、行为文化、物质文化。在继承过程中，必须摒弃矛盾，注重其有机的匹配和结合。

有效地创新理念文化。理念文化是环保企业文化创新的核心和重点，是最困难的。充分了解竞争企业的经营思想和经营理念，借鉴国内外各种先进的经营理念和经营思想，分析环保企业自身的实际情况，对其经营理念、价值理念进行创新，提出更具有竞争力的理念文化体系。有效地创新制度文化，以理念文化为基础，修正和完善不符合环保企业理念的制度，使制度与理念充分匹配。有效地创新行为文化，以理念和制度为指导，以理念为最高要求，以制度为最低要求，实现行为文化与理念文化相吻合。有效地创新物质文化，以理念文化为指导，对各种物质文化进行系统梳理和排查，彻底消除、调整和改进，最终实现物质文化与理念文化相吻合。

6. 并购后的环保企业文化创新融合

并购后如何顺利度过环保企业文化整合期？实际上环保企业间的整合重组，表面上是资产的重新打包和洗牌，其更深层次的是以文化为核心的组织变革过程。如何实现重组后员工队伍的稳定，将员工的思想和行为凝聚到新组建的公司中，发挥更大的才智，是重组过程中环保企业文化整合与融合要解决的问题。

环保并购中企业文化融合的原则：要尊重传统，发扬特色；坚持一主多元、统分结合、经营理念、管理思想。文化整合与融合措施分为前期准备、基础建设、快速整合、长期融合四个阶段。环保企业文化整合与融合的周期一般至少为3年。

环保并购中文化融合成功的关键要素：一是对人的充分尊重；二是通过职位重塑建立员工对重组后企业的身份认同；三是尽快形成新公司的企业文化体系，建立明确的价值观与规范。

环保企业文化是员工精神面貌和行为规范的综合体现，企业要具备强大的创新能力，营造有利于创新的环境氛围，培养、激发员工的创新意识，从而有利于发挥员工的创造力。环保企业文化创新是企业增强员工凝聚力和归属感的重要途径。环保企业文化创新力的培育要充分发挥企业管理者在文化创新方面的引导作用，不断提高环保企业团队的综合素质，保持企业文化理念的更新。

7. 颠覆性环保并购交易

新形势下，出现了颠覆式创新。颠覆性技术的快速发展、消费者行为的根本转变以及新的数字化商业模式的出现，使得创新型初创企业的准入门槛不断降低；在此环境下，这些环保企业颠覆传统的产品、市场和业务类型也应运而生。颠覆式创新的出现也模糊了传统的行业界限，使得不同行业的商业模式逐渐趋同。这为非传统参与者创造了机会，使得非传统参与者能够凭借新的市场产品进入成熟市场。实际上，这些非传统参与者在某些情况下甚至取代了市场的现有参与者。

多数交易涉及由非技术领域的公司收购技术资产，这表明交易出现了新范式。除了财务回报外，这些交易也提供了新的技术、人才和运营模式。开展此类交易通常是为了实现环保企业收入协同效应，相比成本协同效应，实现收入协同的难度更大。由于上述因素的存在，形成了颠覆性环保并购交易复杂的本质。从快速演变的产业生态系统中的交易发起，到对新兴技术的尽职调查，以及通过投资创造价值，这些交易需要在执行过程中的每个阶段进行战略性反思，同时要求对初创环保企业的文化整合做出周密计划。

环保企业能否从这些交易中获得价值将取决于环保企业如何执行这些交易。这需要强有力的领导，在平衡短期市场需求和长期转型目标的同时，转变思维定势，接受新的业务模式和工作方式。创新驱动增长释放新资源；确定恰当交易并顺利执行交易；创造价值，赢得预期收益。随着创新和变革的不断加速，能否成功开展颠覆性环保并购交易，将成为判定环保企业是否具有成长性的又一显著特征。

颠覆性环保并购交易的兴起成为过去几年来并购市场的显著特征之一。颠覆性环保并购交易的主要转变之一体现为非技术领域的买家收购技术资产。颠覆性环保并购交易和环保企业风险投资正在推动跨产业融合。没有哪个行业能独立于这一趋势之外，同时颠覆性技术的收购成为环保产业融合的主要方式。这类产业融合交易旨在将不同行业或产品的优势相结合，从而整合为全新的模块化产业和产品。

多重选择是颠覆性环保并购交易的战略。战略源于深思熟虑的选择，领导者应确定环保企业增长路径，实事求是地衡量实现宏伟蓝图的内部实力，并抓住以下机会。一是提升核心能力：提升服务现有市场和客户的能力，优化当前服务及运营的能力。环保企业通过收购创新型产品和技术，升级其当前市场服务，加强核心能力。二是渗透毗邻环保业务领域：这样的创新型投资可以让环保企业扩张现有业务进入到新业务。这包括通过产品或服务衍生开发来拓展新业务。环保企业可以投资新产品、新技术，从而拓展毗邻业务。三是建立转型新业务：这类投资还会为尚未发展成熟的市场创造转型机遇，提供突破性产品。但因为本身的风险性和复杂性，此类投资往往是最困难的。当整个环保行业颠覆性改革势在必行时，投资人通常会进行转型投资，他们正通过这种方式跟随科技公司所引领的颠覆性改革的潮流。在制定创新引导型增长战略时，环保企业应将短期和长期的愿景纳入考量，将如何提升核心能力、进入毗邻市场以及建立全新的业务三个层级拟定投资战略。颠覆性环保并购交易为企业新建投资组合创造了机会，包括环保企业风险投资、合作结构、合作联盟以及并购，帮助环保企业解锁创新引导型增长模式，实现业务转型。

日新月异的环保技术革新，不断影响着全球商业环境。受全球大环境的驱动，企业发展和监控市场更替的核心能力至关重要。这种能力可以帮助领导人作出有效的决策，决定在哪个领域开展业务，并充分利用市场环境的变化。环保企业应发展自身市场感知能力，不仅是对颠覆性技术革新的监控，同时也是对消费者行为及未来行业可能的跨产业融合影响的监控。通过监控这些变化，应对变化，环保企业将能在核心、毗邻以及转型投资中进行慎重选择，抓住环保企业成长机会。

创新信息融合，企业的生态系统结合战略应与主要的环保行业创新中心实现信息相通，因为多数投资信息集中于这些信息枢纽中心。

创新激发新动能，环保并购回归理性。环保创新是市场永恒的话题，传统的环保上市公司做转型，利用资本平台和新兴行业进行最有效的结合，这也是环保并购市场、资源整合一个重要的表现形式。环保创新引领财富，资本的创新必须要与国家的大战略、大趋势、大政策协同。资本创新必须要紧密结合所在企业的战略规划，必须要回报社会、回报股东，要成为一个有良知的环保企业。

四、逸闻轶事——按图索骥

元朝袁桷有《示从子瑛》诗："隔竹引龟心有想，按图索骥术难灵。"

明·杨慎《艺林·伐山》卷七："伯乐《相马经》有'隆颡蛈日，蹄如累曲'之语，其子执《马经》以求马，出见大蟾蜍，谓其父曰：'得一马，略与相同；但蹄不如累曲尔。'伯乐知其子之愚，但转怒为笑曰：'此马好跳，不堪御也。'所谓'按图索骏'也。"

秦国有个叫孙阳的人，擅长相马，无论什么样的马，他一眼就能分出优劣。他常常被人请去识马、选马，人们都称他为伯乐（"伯乐"本是天上的星名，据说负责管理天马）。孙阳为了让更多的人学会相马，使千里马不再被埋没，也为了自己一身绝技不至于失传，他把自己多年积累的相马经验和知识写成了一本书，配上各种马的形态图，书名叫《相马经》。孙阳有个儿子，希望自己也能像父亲那么厉害。伯乐的儿子把《相马经》背得很熟，以为自己也有了认马的本领。《相马经》里有"高大的额头，像铜钱般圆大的眼睛；蹄子圆大而端正，像堆迭起来的块"的话语。他出门看见一只大癞蛤蟆。"这家伙的额头隆起来，眼睛又大又亮，不正是一匹千里马么?"他非常高兴，把癞蛤蟆带回家，对父亲说："父亲，我找到一匹千里马，只是蹄子小些。"父亲一看，哭笑不得，便幽默地说："可惜这马太喜欢跳了，不能用来拉车啊!"

　　这就揭示了我们在环保并购活动中，要有全面的创新思维方法。事物的存在具有复杂性、立体性和动态性。认识事物，必须通过实践，要懂得知识的变通，透过表象，抓住事物的本质，不能生搬硬套，不能拘泥成法办事，应放宽视野，在立体和动态中寻找和探索事物，避免僵化和教条主义。

第十六章 环保并购绩效评价

环保人读史

《语》曰："夫人同明者相见，同听者相闻。德合则未见而相亲，声同则处异而相应。"韩子曰："趋舍同则相是，趣舍同则相是，趣舍异则相非。"何以明之？楚威王问宋玉曰："先生其有遗行欤？何士人众庶不誉之甚？"宋玉曰："夫鸟有凤而鱼有鲸，凤凰上击九万里，翱翔乎窈冥之上；夫蕃篱之鷃，岂能与料天地之高哉？鲸鱼朝发于昆仑之墟，暮宿于孟津；夫尺泽之鲵，岂能与量江海之大哉？故非独鸟有凤而鱼有鲸，士亦有之。夫圣人瑰琦意行，超然独处。夫世俗之民，又安知臣之所为哉？"

——《反经·论士》

意思是，《论语》中说："眼力一样的人才能看见同样的东西，听力一样的人才能听见同样的声音。同心同德的人没有谋面也会相亲相爱。声音的频率相同，即使在不同的地方也会互相呼应。"韩非子说："志趣相同才会彼此欣赏，志趣不同就会互相排斥。"怎么才能证明这一点呢？楚襄王问宋玉说："先生你莫非哪些地方做得不够好吗？为什么大家都不钦佩你呢？"宋玉回答说："鸟中有凤凰，鱼中有巨鲸。凤凰一飞，冲上九万里云霄，翱翔于清空之中。那笼中的鹌鹑怎能知道天有多高？鲸鱼早发昆仑，晚宿孟津，水沟里的小鱼，怎能知道海有多大？所以不单是鸟中有凤，鱼中有鲸，士人中也有与凤和鲸一样的人啊。圣人心志瑰玮，超然独处。世俗之人，又怎会了解我的所作所为呢？"

第一节 环保并购绩效评价概述

一、环保并购绩效

环保并购绩效是指并购行为完成后，标的环保企业被纳入到并购方中经过整合后，实现并购初衷、产生效率的情况。环保并购绩效评价能够通过系统的科学评价方法，验证环保并购是否发挥了预期的协同效应，是否加快了并购双方的发展进程，是否促进了资源的有效配置，分析并购目标是否实现。

基于不同的金融理论观点，衍生出不同的环保并购绩效评估方法，如事件研究法、因子分析法、非财务指标分析法、贴现现金流量法、专家评分法、头脑风暴法等。

二、环保并购项目后评价

环保并购项目后评价，就是对当初决策或决策依据的质量，是否可以更加科学和合理等进行回顾和检验，做认真的反省、审视和量化的评价评估工作。更多是要向前看，积累经验，更成熟地去决策和投资。环保并购项目后评价，是指在项目已经完成并运行一段时间后，对项目的目的、执行过程、效益、作用和影响进行系统的、客观的分析和总结的一种技术经济活动。

项目后评价是一种项目投资或并购完成后的自我评估工作。环保并购项目后评价，应当在项目并购完成并投入使用或运营一段时间后，对照项目可行性研究报告及审批文件的主要内容，与项目并购后所达到的实际效果进行对比分析，找出差距及原因，总结经验教训，提出相应对策建议，不断提高投资决策水平和投资效益。

环保并购项目后评价内容包括：项目实施过程总结，如前期准备、建设实施、项目运行等；环保并购项目效果评价，如技术水平、财务及经济效益、社会效益、环境效益等；环保并购项目目标评价，如目标实现程度、差距及原因、持续能力等。对项目取得的财务效益、经济效益、社会效益和环境效益进行综合评价。

从财务和经济效益角度来说，环保并购项目后评价的内容，一般主要是指对协同效应和净现值增加的分析和评估。环保并购交易不好是指并购后1~2年内预期的共享销售渠道、扩大销售、联合采购以降低单位采购成本、合并精简内部管理机构、降低管理人力成本等的实现程度并不理想。若并购方是上市公司的话，另一个可量化的评价指标是，环保并购投资后半年到2年内，股价对于股票指数的相对涨幅是否增加？有没有获取超额收益？或者剔除其他影响因素后总市值是否增加等。

对于重大国外环保并购项目，扩大销售和进入国际市场一般是项目中的重点。环保并购从项目后评价的角度来看，可能会着重评价原来预期的外国商品或服务是否能进入中方现成的销售渠道，迅速实现销售收入的增量。中方的产品或服务是否能够通过外方的国际营销渠道，进入当地和其他海外市场实现出口的增量。外方在商品服务的质量管理、国际市场营销和收入渠道管理、应收款存货等流动资金管理软实力方面，是否实现了预期的输入、培训或借鉴。

环保并购项目可选择适当的后评价方法，比如对比分析法、逻辑框架法、成功度分析法等。逻辑框架法主要是列表对照原定指标和实现情况，并分析原因的方法。成功度分析法是就各项指标进行专家打分，并根据总得分来得出其完全成功、部分成功或者不成功的评价结论。

委托具备相应资质的咨询机构承担环保并购项目后评价任务。成立环保并购项目后评价工作领导小组，明确责任部门，制定相关工作制度和环保并购项目后评价工作计划。基本要求是企业自评，专业机构出具评价报告，发展改革委组织、统计和管理，国资委备案等。环保并购项目成立项目后评价工作领导小组，部分成员可以聘请第三方专业机构的资深人员兼任，同时也有利于指导评价的方式方法等具体操作细节和做法。环保并购项目后评价的人员最好没有参与项目原来的投资决策，从而使评价更加独立客观。

环保并购项目后评价的成果和应用：认真总结同类项目的经验教训，将环保并购项目后评价成果作为规划制定、项目审批、投资决策、项目管理的重要参考依据，大力推广通过环保并购项目后评价总结出来的成功经验和做法，不断提高投资决策水平。环保并购项目后评价的内容，应重点评估项目决策情况、资金使用情况、项目投产或正式运行后的效益情况。应依据报表数据，客观准确作出评估，充分体现对出资人负责同时也对企业负责的原则。

环保并购项目后评价和投后管理的结合。投后管理是在收购兼并后，投资方对于标的环保企业的持续管理。管理的内容和形式大多是通过董事会上的重大战略建议、财务报告的审阅等体现和完成的。同时，投后管理也体现在具体经营团队的对接、销售渠道和联合采购的协同效应、高级人才的协助物色等方面。由此可见，投后管理在先，环保并购项目后评价在后。良好的投后管理是投资方保证投资回报，实现预设的协同效应的最重要方式。投后管理的效果好，环保并购项目后评价的结论也自然好。

三、影响环保并购绩效的因素分析

1. 环保并购准备阶段

环保并购是一项非常复杂而且艰难的任务，要求并购方能够正确预见产业未来发展趋势，正确识别自身和标的环保企业的资源优势，制定正确的收购价格标准，科学判断产品寿命周期，合理估计协同效应，正确把握环保并购时机。

2. 环保并购支付阶段

环保并购中的支付手段有现金支付、承债支付、换股支付等多种形式。其一，现金支付。现金支付的资金可以是环保企业自筹资金，承受的现金压力较大，会占用环保企业的流动资金。降低了环保企业对外部环境变化的快速反应及适应能力，增加了其运营风险。使用现金支付的并购交易的规模常会受到获现能力的限制，不能享受税收优惠。这些因素会影响环保企业的长远发展，影响环保并购最终目标的实现。因此，环保并购尽可能不使用现金支付。其二，承债支付。采用承债的方式并购，虽然减少了并购方自有资金的压力，但是风险更大。如果并购方举债过重，可能会导致负债比例过高，资本结构恶化，进而破产倒闭。杠杆收购是举债方式中比较常见的方式，就是借助大量的负债实现环保并购交易，要用标的环保企业资产运营的收入来偿还债务，这种方式在环保并购成功以后，可能会对标的环保企业产生巨大而且深远的不利影响。其三，换股支付。从降低资金压力和减少偿债风险来说，采用换股的方式是比较好的方式。可以使并购方有充足的资金用于生产经营，有利于长远发展。主要适用于环保股份公司，尤其是环保上市公司，并不是每个企业都适合。经过股东会的同意，通过证券市场监管部门的批准，换股方式才能够实施。

3. 环保并购后整合阶段

环保并购成功后，如果整合效果不好，也可能会使并购活动功亏一篑。整合阶段影响并购绩效目标实现的因素较多。其一，规模经济。通过环保并购可以扩大生产能力、降低生产成本、提高市场占有能力，形成规模经济。但是，环保并购后，能否真正形成规模经济，与有效的整合有很大关系。其二，企业家。在环保并购中，最终能取得胜利，与其掌门人超强的运筹帷幄能力是分不开的。能在很短的时间内找到投资银行解决巨额资金的来源，能够把握时机、摸清标的环保企业管理者的心态，这都是一个优秀的环保企业家应该具有的素质。其三，企业文化。企业文化包括环保企业的价值观、传统信仰以及处理问题的准则。如果环保并购后未能对企业文化进行有效整合，就必然会导致许多矛盾和冲突，致使合并后的企业低效运行。

四、环保并购决策评价的四个维度

环保并购决策评价可划分为四个维度：政策目标实现、战略目标实现、市场目标实现和财务目标实现。国内环保企业并购受政策影响的程度较高，在后评价阶段应对项目提出的政策目标实现进行验证，评价决策阶段的政策分析是否正确。战略目标实现评价是从环保企业发展战略的角度，分析项目是否符合环保企业战略的发展方向，是否符合环保企业战略的实现路径。市场目标实现评价是将决策阶段的环保市场目标和评价时点的市场情况进行对比，包括获取或加强垄断地位、增强市场影响力、提高市场占有率和拓展新业务、新产品、新市场等目标，评价环保并购项目市场目标实现与否。财务目标实现评价是对比决策阶段和评价时点的项目财务指标，包括项目收入、利润、内部收益率、财务净现值等。

五、环保并购项目后评价的原则

环保并购项目后评价的原则包括：全面性、客观性、适应性、反馈性。全面性是指环保并购项目后评价需要对项目自决策、实施到运行的全过程进行评价。客观性是对后评价工作人员的要求，从独立第三方的角度评价，保持态度的中立，如实反映项目并进行客观陈述。适应性是指环保并购项目后评价必须适应项目的特点，有针对性地进行评价，评价内容和方法要适应项目的特殊性。反馈性是指评价结论对决策和实施阶段的反馈，得出的结论应当反馈到具体的相关部门，形成有效的管理循环。

六、逸闻轶事——酒薄邯围

典出《庄子·胠箧》："鲁酒薄而邯郸围。"但对它的解释有两种说法：

《音义》注曰："楚宣王朝诸侯，鲁恭公后到而酒薄，宣王怒。恭公曰：我，周公之后，勋在王室，送酒已失礼，方责其薄，毋乃太甚。遂不辞而还，宣王乃发兵与齐攻鲁。梁惠王常欲击赵而畏楚，楚以鲁为事，故梁得围邯郸。"说的是：楚宣王会见诸侯，鲁国恭公后到并且送的酒很淡薄，楚宣王很不高兴。恭公说，我是周公之后，勋在王室，给你送酒已经是有失礼节和身份的事了，你还指责酒薄，不要太过分了。于是不辞而归。宣王便发兵与齐国攻鲁国。梁惠王一直想进攻赵国，但却畏惧楚国趁虚而入，这次楚国发兵攻鲁，便不必再担心被人背后下手了，于是放心大胆地发兵包围邯郸，赵国因为鲁国的酒薄不明不白地做了牺牲品。

《淮南子》云："楚会诸侯，鲁赵俱献酒于楚王，鲁酒薄而赵酒厚。楚之主酒吏求酒于赵，赵不与，吏怒，乃以赵厚酒易鲁薄酒，奏之。楚王以赵酒薄，故围邯郸。"说的是：当时鲁、赵两国争相向楚王献酒。楚国的主酒吏垂涎于赵国的酒味醇而美，便索贿于赵。被赵王的使者拒绝，便心怀嫉恨。于是就将赵国的好酒与鲁国的薄酒调了包，并向楚王进谗说："赵国进薄酒，分明是对大王不敬，亵渎我楚国神威。"楚王一气之下乃发兵围攻邯郸。

这个典故本意是讲鲁国酒味淡薄，与赵国本不相干，赵国的国都邯郸反而因此被围，后遂用"鲁酒围邯郸"比喻无端蒙祸，或莫名其妙受到牵扯株连。这下，"鲁酒"也成为普通酒或劣质酒的代名词。《稗史汇编》附会说："中山人善酿酒，鲁国有人取其糟回来渍以成鲁酒，冒充说是中山酒，被中山人发觉，所以酿酒味薄称鲁酒。"庾信《哀江南赋序》："楚歌非取乐之方，鲁酒无忘忧之用。"刘筠《秋夜对月》诗："欲消千里恨，鲁酒薄还醒"，都是借用鲁酒薄的含义来泛指味薄之酒的。

只因酒薄，引发战争，国与国之间的交往尚且如此，何况公司与公司之间的合作，以及环保公司的并购呢？如果不按照程序推进，有所瑕疵，则想要并购成功难矣。

第二节　环保并购绩效评价指标

一、偿债能力

环保企业要维持正常的生产经营，就必须保持充分的偿债能力。如何在环保并购发生后的尽可能短的时间内改善偿债能力，是并购方首先应该关注的问题。反映环保企业偿债能力的主要指标有：流动比率、速动比率、资产负债率、现金负债率等。

二、盈利能力

环保企业必须盈利，才有生存的价值。追求利润是并购方进行环保并购活动的最主要动因之一，因此，环保并购是否提升了公司的盈利能力至关重要。盈利能力方面的指标有：销售净利率、净资产收益率、总资产收益率等。

三、资产管理能力

资产管理能力反映的是环保公司在资产管理和使用方面的效率。往往环保并购的是经营业绩较差、面临破产的环保公司，对该标的环保企业进行重新改造以后所具有的潜力，使资产管理能力得到显著改善，实现其追求利润的目标。主要指标有：存货周转率、应收账款周转率、固定资产周转率、总资产周转率等。

四、主营业务状况

不少环保公司主业不鲜明，主营业务盈利能力较差。很多环保公司盲目地搞多元化经营，把经济规模等同于规模经济。用主营业务鲜明率来反映主营业务收入在总利润中所占的比重。其计算公式为：主营业务鲜明率＝（主营业务利润－其他业务利润）/利润总额。

五、核心竞争力

环保企业发展壮大可以通过内部资源积累稳扎稳打，也可以通过吸收外部资源跳跃式前进。环保企业核心竞争力是支持企业健康持续发展的原动力。必须将本企业内部所拥有的各种能力和资源与外部获取的各种能力和资源进行有机整合，才是形成核心能力的关键。主要用环保企业市场占有率及新产品研发能力、市场拓展能力、生产能力等指标来反映。

六、逸闻轶事——惟楚有材

惟楚有材，同义词有"惟楚有才"，出处源于《左传·襄公二十六年》："晋卿不如楚，其大夫则贤，皆卿材也。如杞梓、皮革，自楚往也。虽楚有材，晋实用之。"

"于斯为盛"的出处：泰伯篇载："舜有臣五人而天下治。武王曰：'予有乱臣十人。'孔子曰：'才难，不其然乎？唐虞之际，于斯为盛。有妇人焉，九人而已。……'"大意是：

孔子说："舜有五位（能干的）大臣，因而天下得到（很好的）治理。周武王说：'我有十个（同心同德）造纣王反的谋士和将领（不愁战胜不了纣王而一统天下）。'"孔子接着评论说："（古人说）人才难得，难道不是这样吗？尧舜以后到周武王那个时期（人才）才称得上兴盛。（不过周武王说的十个人中）有一名妇人（注：主管内务的武王夫人邑姜），实际不过九个人而已。"

岳麓书院有"惟楚有材，于斯为盛"的名联。这是一副典型的集句联，上联"惟楚有材"出自前述的《左传·襄公二十六年》："虽楚有材，晋实用之"，下联"于斯为盛"出自《论语·泰伯》："唐虞之际，于斯为盛"。传说清嘉庆年间，时任山长袁名曜出上联，贡生张中阶对下联。"惟"在这里是个语气词，"惟楚有材，于斯为盛"就是说"楚国出人才，而这里的人才又最为兴盛"。

记得当年进行环保并购如日中天、如火如荼的时候，我有个朋友老胡，湖北人，只身一人背着一个黄书包，从南方来到江浙一带，最牛的时节，一年搞成 4 个大的环保并购项目，令人刮目相看。然后，在上海成立办事处，越做越红火。老胡有一个非常了不起的优点，就是对环保并购项目的洞察力和关键时机的把握，这正是我佩服的地方。

第三节　环保并购评价体系研究

一、环保并购后评价指标体系设计

运用多案例分析法，针对环保并购后评价工作报告，归纳案例间相似的评价指标，设计环保并购后评价指标体系以评价并购活动。单独分析所有的案例之后，对案例进行两两比较，筛选出共同的变量，并以此构建初步的环保并购后评价指标框架。将环保并购后评价分为三个一级维度：决策评价、过程评价以及效益评价。然后，针对环保并购后评价关键问题，从环保并购立项决策、可行性研究决策、实施决策、交易结构、尽职调查、环保并购后整合、经济评价以及社会评价 8 个二级指标、18 个三级变量角度评价环保并购活动，并基于此，定量分析环保并购项目最终取得的结果，由专家组依靠专业判断及评价准则分级表，对上述每个评价指标进行打分，对环保并购成功度形成综合评价结论。通过对环保并购后评价指标体系的研究，构建模型。其中，以评价立项决策为出发点，衡量可行性研究决策及实施决策；从过程评价维度，开展尽职调查评价、交易结构评价以及环保并购后整合评价；从经济评价和社会评价两个角度开展效益评价。此外，将实务研究进展与多案例分析法相结合，用定量、定性分析相结合的方法，对环保并购后评价指标体系进行研究，最大限度剔除特殊因素的干扰，最终形成统一的指标体系。推进环保并购后评价工作的制度化和规范化，为环保企业后续实施环保并购后评价工作奠定基础。

二、环保企业能力视角的绩效评价

将环保企业能力的思想用于环保并购绩效的评价，从综合运转效能、行业势能、发展潜能三个维度建立评价体系，对环保并购绩效进行深入分析与评价。环保并购后净资产收益率有所下降，但是环保企业能力大幅增长。结合并购方目的的达成情况，认为利用环保企业能力分析环保并购绩效比单纯利用盈利指标分析更加全面深入，可以为环保企业管理者和投资者评价环保并购绩效提供新视角。

对于环保并购企业而言，可以通过灵活、有效地运用自己的动态能力，适时开展环保并购活动，以应对不断变化的外部环境带来的各种机遇和威胁；此外还可以通过环保并购来发展和提升自己的动态能力，因此，可以通过动态能力的变化衡量环保并购绩效。环保企业战略并购的目的不仅是获得优质资产，更重要的是将优质资产整合后，提高环保企业整体的能力，因此，从环保企业能力角度评价环保并购效果，更能显示环保并购目的的达成情况。

三、反思环保并购的初心

环保并购的初心是出于社会责任与探索，一个个环保企业通过环保并购的方式，改变整个行业竞争力，改变一个产业，甚至提升国家的竞争力。对于环保并购投资市场的生存规则，可以了解金融投资大鳄乔治·索罗斯的思想：世界经济史是一部基于假象和谎言的连续剧。要获得财富，做法就是认清其假象，投入其中，然后在假象被公众认识之前退出游戏。

环保并购可以带来改变，这是一个能够改变社会，改变环保企业，同时增加新的价值，提升价值的过程。从环保企业层面，通过环保并购，改变企业结构，提升创造价值。由于大家的参与、智慧和运作，使企业获得成功，这种成就感和快乐就是环保并购人的动力。

从国家层面，通过环保并购重组提升竞争力，助力环保产业调整升级，推动经济发展和社会进步，最后实现成就。这种成就会导致社会进步，感觉会非常欣慰。环保并购的核心不靠执照、牌照，不靠特权，也不靠大资本，很大程度是个人、集团的视野、激情和妥协精神。我国环保行业现在有三个层面，一个是国企，国企环保公司是高歌猛进；一个是外资环保公司，部分外资也在转移战场；还有一个是中小环保企业，正在曲折中前进。

四、逸闻轶事——猴模人样

有个猴子，经常与人在一起，看见人戴帽子挺好看，于是就抢了一顶帽子戴在头上。学做人的样子，坐在一堆戴帽子的人那里，久之，大家也就习惯了。如此一来，猴子每天戴着帽子，找到了感觉。有一天，天太热，有人就摘下帽子。这时，猴子立即扑过去，拍打其头，令其戴上，并对其龇牙警示。

人字如山，书法上有稳重、秀美、行草、隶书之形，亦有平实、坡缓、陡峭、俊奇之态。而有些当下之人，难以真正弄懂其中之哲学，就像这只戴帽子的猴子一样。有些环保企业的老板，盲目地通过疯狂并购来扩张公司，每天亦如这个猴子一样，根本不知道最终目的是什么。

第十七章　环保并购风险控制

环保人读史

　　臣闻求木之长者，必固其根本；欲流之远者，必浚其泉源；思国之安者，必积其德义。源不深而望流之远，根不固而求木之长，德不厚而思国之安，臣虽下愚，知其不可，而况于明哲乎？人君当神器之重，居域中之大，不念居安思危，戒奢以俭，斯亦伐根以求木茂，塞源而欲流长也。凡百元首，承天景命，善始者实繁，克终者盖寡。岂取之易守之难乎？盖在殷忧必竭诚以待下，既得志则纵情以傲物；竭诚则胡越为一体，傲物则骨肉为行路。虽董之以严刑，振之以威怒，终苟免而不怀仁，貌恭而不心服。怨不在大，可畏惟人；载舟覆舟，所宜深慎。诚能见可欲则思知足以自戒，将有作则思知止以安人，念高危则思谦冲而自牧，惧满溢则思江海下百川，乐盘游则思三驱以为度，忧懈怠则思慎始而敬终，虑壅蔽则思虚心以纳下，惧谗邪则思正身以黜恶，恩所加则思无因喜以谬赏，罚所及则思无因怒而滥刑：总此十思，宏兹九德，简能而任之，择善而从之，则智者尽其谋，勇者竭其力，仁者播其惠，信者效其忠；文武并用，垂拱而治。何必劳神苦思，代百司之职役哉？

——《谏太宗十思疏》魏征

　　意思是，我听说：想要树木生长，一定要稳固它的根；想要泉水流得远，一定要疏通它的源泉；想要国家安定，一定要厚积道德仁义。源泉不深却希望泉水流得远，根系不稳固却想要树木生长，道德不厚实却想要国家安定，我虽然最愚昧无知，（也）知道这是不可能的，何况（您这）明智的人呢！国君掌握着国家的重要职权，据有天地间重大的地位，不考虑在安逸的环境中想着危难，戒奢侈，行节俭，这也（如同）是砍断树根来求得树木茂盛，堵住源泉而想要泉水流远啊。（古代）所有的君主，承受上天（赋予的）重大使命，开头做得好的实在很多，能够保持到底的（却）很少。难道是取得天下容易守住天下困难吗？因为处在深重忧患之中，一定会竭尽诚心地来对待臣民。既已成功，则放纵自己的情感来傲视别人。竭尽诚心，就会使敌对的势力（和自己）联合，傲视别人，就会使亲人成为陌路之人。即使（可以）用严酷的刑罚监督（人们），用威风怒气来吓唬（人们），（人们）最终苟且免于刑罚但不会感恩戴德，表面上恭敬而在内心里却不服气。怨恨不在大小，可怕的只有老百姓；（他们像水一样）能负载船只，也能颠覆船只，这是应当深切戒慎的。如果真的能够做到：见到自己喜欢的，就想到知足来自我克制；将要兴建什么，就要想到适可而止，来使百姓安宁；想到（自己的地位）高高在上充满危机，就要不忘谦虚来（加强）自我修养；害怕会骄傲自满，就想到要像江海那样能够容纳千百条河流；喜爱狩猎，就想到网三面，留一面；担心意志松懈，就想到（做事）要慎始慎终；害怕受蒙蔽，就想到虚心采纳臣下的意见；畏惧说坏话的人，就想到端正自己的品德来斥退奸恶小人；施加恩泽，就要考虑不要因为一时高兴而奖赏不当；动用刑罚，就要想到不要因为一时发怒而滥用刑罚。全面地做到这十件应该深思的事，发扬光大"九德"的修养，选拔有才能的人而任用他，挑选好的意见而听从它，那么有智慧的人就能充分献出他的谋略，勇敢的人就能完全尽到他的力量，仁爱的人就能散播他的恩惠，诚信的人就能献出他的忠诚；文臣武将一起任用，垂衣拱手、不亲自处理政务，天下就能治理好。为什么一定（自己）劳神费思，代替百官的职责呢？

第一节　环 保 并 购 风 险

一、环保并购风险的概念

环保并购风险是指由于环保企业并购未来收益的不确定性，造成的未来实际收益与预期收益之间的偏差。实际中，环保并购风险是指环保企业在实施并购行为时遭受损失的可能性，这种损失可能是企业收益的下降、负收益，甚至导致企业破产。分析风险形成机理，目的是为了识别风险，了解风险发生的可能性和风险的性质。

二、环保并购风险的形成机理

环保并购风险的形成机理是环保企业并购中存在的各种不确定因素，这些可能既是显性的也是隐性的，可能存在于环保企业实施并购活动前或者实施并购活动中，还可能存在于环保企业并购完成后的经营管理整合过程中。分析环保并购风险的形成机理，目的是为了了解风险来自哪些方面和环节、风险的分布状况、风险造成影响的大小，明确风险防范和控制的目标和范围。

1. 并购前的决策风险

实施并购决策的首要问题是标的环保企业的选择和对自身能力的评估，这是一个科学、理智、严密谨慎的分析过程。如果选择不当或自身能力评估失误，负面影响自然很大。并购实施前的风险主要有：其一，环保并购动机不明风险。有些环保企业的并购动机，不是从战略发展的总目标出发，而是受舆论宣传的影响，只是在感觉并购可能带来的利益，或是因为看到竞争对手的并购行为，就非理性地产生了冲动。这种不是从环保企业实际情况出发的盲目并购冲动，潜伏着导致并购失败的风险。其二，环保并购能力膨胀风险。基于提升和完善核心竞争力的要求，环保并购本身也是一种能力。有些环保企业看到了竞争中劣势企业的软弱地位，产生了低价买进大量资产的动机，却没有充分估计到自身改造这种劣势环保企业的能力的不足，如资金能力、技术能力、管理能力等，从而做出错误的并购选择，陷入了低成本扩张的陷阱。

2. 实施操作风险

环保并购寻求的是管理协同、经营协同和财务协同等方面的协同效应，但要识别和控制风险。其一，信息不对称风险。由于信息不对称和道德风险，被并购环保企业有时为了获得更多利益而向并购方隐瞒对自身不利的信息，甚至杜撰有利的信息，并购方很难在相对短的时间内辨别真伪。因此，有些并购因事先对标的环保企业的盈利状况、资产质量、或有事项等可能缺乏深入了解，没有发现隐瞒着的债务、诉讼纠纷、资产潜在问题等关键情况，从而掉进陷阱，难以自拔。其二，财务风险。一项环保并购活动需要大量资金支持，环保企业很难完全利用自有资金来完成并购。并购后能否及时形成足够的现金流入，偿还借入资金以及满足并购后环保企业整合工作，至关重要。财务风险主要有：筹资方式的不确定性和多样性、筹资成本的高增长性、外汇汇率的多变性等。

3. 环保并购整合中的不协同风险

环保并购是实现股东财富最大化的方式之一。为了实现这一目标，并购后的环保企业必须要实现经营、管理等诸多方面的协同整合，有时却事与愿违。其一，管理风险。环保并购后的管理人员能否得到合适配备，能否采用得当的管理方法，管理手段能否具有一致性、协调性，管理水平能否因环保企业发展而提出更高的要求，这些都存在不确定性。其二，规模经济风险。并购方在完成并购后，不能采取有效的办法使人力、物力、财力达到互补，不能使各项资源真正有机结合，低水平重复建设，实现不了规模经济。其三，环保企业文化融合风险。并购双方环保企业文化能否融合，形成共同的经营理念、团队精神、工作作风，受很多因素的制约，对环保并购成败的影响极其深远，特别是在跨国环保并购中。其四，经营风险。并购后的环保企业必须改善经营方式，甚至生产结构，加大产品研发力度，严格控制产品质量，调整资源配置，否则就会出现经营风险。

三、环保并购风险的控制管理

环保并购的各个环节相互关联，采取有效的控制措施必不可少。

1. 核心竞争力

通过环保并购能获得对方的核心资源，增强自身的核心竞争力和持续发展能力。环保企业扩张，要根据战略规划选择并购对象。符合环保企业战略布局，有利于长远发展，即使价格不菲，也值得收购。不符合环保企业战略布局，只有短利可图，即使价格低廉，也不可轻易涉足。

2. 掌握标的环保企业信息

在选择标的环保企业时，要大量搜集其产业环境、财务状况、生产经营、管理层、管理水平、组织结构、企业文化、市场链和价值链等方面的信息，改善并购方信息不对称问题。

3. 管控财务风险

其一，严格制定环保并购资金需求量及支出预算。应在环保并购前对并购各环节的资金需求量进行认真核算，据此做好资金预算。根据预算，确定环保并购资金的支出程序，把握支出时间和支出数量，保证环保并购活动所需资金的有效供给。其二，主动与债权人达成偿还债务协议。为了防止陷入不能按时支付债务资金的困境，对已经资不抵债的环保企业实施并购时必须考虑标的环保企业债权人的利益，与债权人取得一致的意见后方可并购。其三，采用减少资金支出的灵活的环保并购方法。其四，对于环保并购后整合风险的控制，除明确整合的内容和对象外，还要注意时间进度的控制和恰当的方法选择。其五，生产经营整合风险的控制。环保并购完成后，其核心生产能力必须跟上环保企业规模日益扩大的需要，根据既定的经营目标调整经营战略和产品结构体系，建立统一的生产线，使生产协调一致，取得规模效益，稳定上下游企业，保证价值链的连续性。其六，管理制度整合风险的控制。随着环保并购工作的完成及企业规模的扩大，并购方既要客观地对标的环保企业原有制度进行评价，还必须尽快建立起新的资源管理系统。其七，人员整合风险的控制。通过正式或非正式的形式对员工做思想工作，做好沟通工作；采取优胜劣汰的用人机制，建立数据库，重新评估员工，建立健全的人才梯队；推出适当的激励机制等。其八，环保企业文化整合风险的控制。为了使标的环保企业能按本领域要求正常发展，可以使其保持文化上的自主，并购方不直接强加干预，但要保持宏观上的调控。

四、监管防范环保并购风险

承诺"三高"（高估值、高商誉、高业绩）现象突出，防控"三高"环保并购风险。中、美等主要国家执行的国际会计准则皆取消了强制摊销的方法，改为对商誉进行减值测试。商誉减值冲减资产的同时，也会抵减净利润，直接拖累上市公司当期业绩。跨行业、轻资产环保并购的"三高"问题尤为突出。监管政策的变化成为市场风向标。上市环保公司并购重组行为伴随政策鼓励、限制、放松，明显呈现周期性变化趋势。部分环保并购标的对赌业绩的真实性令人怀疑，少数被并购方无法兑现业绩补偿承诺，并购标的难以整合控制。一是对赌业绩真实性存疑，业绩补偿难以到位。二是商誉减值逐渐成为业绩变脸的主要原因之一。承诺期满后财务"洗大澡"问题始终是上市环保公司"三高"并购后的隐忧。三是对轻资产类环保并购标的监管难。轻资产类环保企业通常表现为无形资产（包括品牌、渠道、专利等能力价值）占总资产的比例相对较大，有形资产占比相对较小。此类监管风险主要体现在：评估的有效性难以把握，调查取证难，缺乏对核心人才的约束。

六举措防范风险：一是加强政策引导，进一步完善相关环保并购制度。从严控制"三高"跨界环保并购，重拳打击"忽悠式""跟风式"重组。二是鼓励延长业绩承诺期间，强化业绩补偿保证措施。三是严格"竞业禁止"约束，防止"人去业空"。四是逢"满"必查，强化对赌期间业绩真实性核查和业绩补偿不兑现的处罚。五是强化信息披露要求，防止商誉减值"洗大澡"。六是强化对评估审计、财务顾问等中介机构的问责。

五、逸闻轶事——老外司机

W 环保公司获得 J 市水务项目股权并购后，要组建合资公司。由于投资了 30 亿元，W 环保公司上上下下都非常重视，组织了一个阵容强大的项目运营筹建小组，前去组建新的合资公司。在这个小组里面，有个老外，名字翻译过来叫尼古拉斯。为便于开展工作，合资公司给尼古拉斯配了一辆专车，同时，配了一名专职司机叫老杜。当时，办公室打印通讯录，在司机老杜的后面标注为：尼古拉斯司机。因为尼古拉斯是老外，中文不太好，合资公司有中方员工要找尼古拉斯时，办公室工作人员就说，你问一下尼古拉斯司机啊。不熟悉情况的，一下子就懵了，你让我找这位好像是俄罗斯的，我更不懂俄语啊，怎么办？

有一次，因为新建的水厂工地上事情比较急，尼古拉斯就戴上安全帽，穿上防穿刺鞋，全副武装，独自驾车前去工地。在途经一个十字路口时，有位交警眼尖，发现这个满脸络腮胡子的人戴着安全帽在开车，长相与国人还有些区别，甚觉奇怪，于是，就把他拦下来，要求出示证件，尼古拉斯习惯性地掏出驾驶证和行车证，交警检查了一下，也没毛病。于是，就问你这是要干啥去？尼古拉斯也听不懂，就在那摇头摆手。几经周折，交警用笔写出来：你去哪里？尼古拉斯看懂了，用笔写道：工地。交警盘问了一番，最后觉得也没问题，就挥挥手说，走吧。尼古拉斯秒回：好的。交警看看他，中文不是挺好么。

以后，大家见到尼古拉斯司机老杜就调侃：看来，尼古拉斯出门不带上你这位俄罗斯的外宾还真是寸步难行啊！

第二节　环保并购中的法律风险

一、标的环保企业的股权权利

环保并购时，如果出让的股权存在权利瑕疵，将导致并购交易出现本质上的风险。因此，并购前的尽职调查，可通过工商档案记录等对出让股权进行查询，还可以通过对标的环保企业内部文件查阅（如重大决策文件、利润分配凭证等）及向其他股东、高管调查等各种手段予以核实，并通过律师完善相应法律手续，锁定相关人员的法律责任，最大限度地使真相浮出水面。

二、标的环保企业原始出资行为

在环保股权并购后，并购方将根据股权转让协议的约定向出让方支付收购款，进而获取股权、享有股东权利、承担股东义务。因为并购方不是标的环保企业的原始股东，不应当承担其在出资设立时的相关法律责任，因此，并购方往往对此类风险容易忽视。但是，根据相关法律规定，如标的环保企业存在未履行或未全面履行出资义务即转让股权的情况，并购方有可能基于此种情况而与其承担连带责任。在环保股权并购中，并购方应当特别注意标的环保企业是否已全面履行完毕出资义务，同时可以通过就相关风险及责任分担与标的环保企业进行明确的约定，以规避可能发生的风险。

三、标的环保企业的主体资格

标的环保企业主体资格瑕疵主要是指，因设立或存续期间存在违法违规行为而导致其主体资格可能存在的障碍。如标的环保企业设立的程序、资格、条件、方式等不符合当时法律、法规和规范性文件的规定，设立行为或经营项目未经有权部门审批同意，设立过程中有关资产评估、验资等不合法合规，标的环保企业未依法存续等。存在持续经营的法律障碍、经营资质被吊销、营业执照被吊销、标的环保企业被强制清算等情形，均可能导致标的环保企业主体资格存在障碍。

四、主要财产和权利风险

环保股权并购的常见动因之一，往往出于直接经营标的环保企业资产税收成本过高而采用股权并购这一方式，进行变相的资产收购。在这种情况下，标的环保企业的主要资产及财产权利就成为并购方尤为关注的问题。

对于标的环保企业财产所涉及的收购风险主要体现在：标的环保企业拥有的土地使用权、房产、商标、专利、软件著作权、特许经营权、主要生产经营设备等是否存在产权纠纷或潜在纠纷；标的环保企业以何种方式取得上述财产的所有权或使用权，是否已取得完备的权属证书，若未取得，则取得这些权属证书是否存在法律障碍；标的环保企业对其主要财产的所有权或使用权的行使有无限制，是否存在担保或其他权利受到限制的情况；标的环保企业有无租赁房屋、土地使用权等情况以及租赁的合法有效性等。

五、重大债权债务风险

标的环保企业重大债权债务是影响股权价值及并购后公司经营风险的重要因素，并购风险主要包括：标的环保企业是否对其全部债权债务进行如实披露并纳入股权价值评估范围；重大应收、应付款和其他应收、应付款是否合法有效，债权有无无法实现的风险；标的环保企业对外担保情况，是否有代为清偿的风险以及代为清偿后的追偿风险；标的环保企业是否有因环境保护、知识产权、产品质量、劳动安全、人身权等原因产生的侵权之债等。

环保股权并购中，对于标的环保企业担保的风险、应收款诉讼时效以及实现的可能性应予以特别关注，通常还应当要求出让方对标的环保企业债权债务特别是或有债权债务的情形作出承诺和担保。

六、诉讼、仲裁或行政处罚风险

该风险为标的环保企业是否存在尚未了结的或可预见的重大诉讼、仲裁及行政处罚案件。如存在此类情况，可能会对标的环保企业的生产经营产生负面影响，进而直接导致股权价值的降低。在环保股权并购中，除需要对标的环保企业是否存在上述情况予以充分的调查和了解，做到心中有数外，还可以通过与标的环保企业就收购价款的确定及支付方式的约定以及就上述风险的责任分担作出明确划分予以规避。

七、税务等风险

对于某些特定的标的环保企业而言，税务等风险也是收购风险的易发地带。此类风险一般与标的环保企业享受优惠政策、财政补贴等政策是否合法、合规、真实、有效，标的环保企业生产经营活动和拟投资项目是否符合有关环境保护的要求，产品是否符合有关产品质量和技术监督标准，近年有无因违反环境保护方面以及有关产品质量和技术监督方面的法律、法规和规范性文件而被处罚等情况密切相关。如不能充分掌握情况，则可能在并购后爆发风险，导致股权权益受损。

八、劳动用工风险

随着《中华人民共和国劳动法》《中华人民共和国劳动合同法》及劳动保障相关法律法规政策的完善，在劳动用工方面，立法对劳动者的保护倾向也越来越明显，用工企业承担相应用工义务也就更加严格。然而，在实际操作中，标的环保企业作为用人单位未严格按照法律规定履行用人单位义务的情况时有发生。尤其是对于设立时间已久、用工人数众多、劳动合同年限较长的标的环保企业，此类风险尤为值得关注。针对此类风险，并购方可以采取要求标的环保企业就依法用工情况作出承诺与担保，就相关风险发生后的责任承担进行明确约定，在可能的情况下要求在并购前清退其相关用工的方式予以规避。

九、并购方控制力风险

环保公司作为一种人合为主、资合为辅的公司形式，决定了其权力机关主要由相互了解、友好信任的各方股东所构成，同时也决定了一般情况下，股东按照出资比例行使股东权利。基于以上特征，并购方在收购标的环保企业股权时，既需要注意与其达成两相情愿的交易，还应当充分了解己方在并购后的合作方即其他股东的合作意向，以避免因不了解其他股东无意合作的情况而误陷泥潭；同时，还应当充分关注标的环保企业的实际控制力，避免出现误以为标的环保企业基于相对控股地位而拥有控制权，实际上，其他小股东均为某一主体所控制，标的环保企业根本无控制权的情况。针对此类风险，除通过一般沟通访谈了解其他股东有无合作意向外，还可以通过委托专业机构对其他股东的背景情况进行详细调查的方式予以防范。

信息不对称引发的法律风险，指交易双方在并购前隐瞒一些不利因素，待环保并购完成后给对方造成不利后果。现实中比较多的是标的环保企业一方隐瞒一些影响交易谈判和价格的不利信息，比如对外担保、对外债务、应收账款实际无法收回等，等完成并购后，给并购方埋下巨大潜在债务，使得其代价惨重。

违反法律规定的法律风险。作为为并购提供法律服务的专业人士，律师要注意使并购中尽量不出现违反法律规定的情况，这突出的表现在信息披露、强制收购、程序合法、一致行动等方面导致收购失败。如在环保上市公司收购中，董事会没有就并购事宜可能对公司产生的影响发表意见，或者独立董事没有单独发表意见，导致程序不合法。

十、逸闻轶事——时空转换

范蠡既已协助越王洗雪了会稽被困之耻，便长叹道："计然的策略有七条，越国只用了其中五条，就实现了雪耻的愿望。既然施用于治国很有效，我要把它用于治家"。于是，他便乘坐小船漂泊江湖，改名换姓，到齐国改名叫鸱夷子皮，到了陶邑改名叫朱公。朱公认为陶邑居于天下中心，与各地诸侯国四通八达，交流货物十分便利。于是就治理产业，囤积居奇，随机应变，与时逐利，而不责求他人。所以，善于经营致富的人，要能择用贤人并把握时机。十九年期间，他三次赚得千金之财，两次分散给贫穷的朋友和远房同姓的兄弟。这就是所谓君子富有便喜好去做仁德之事了。范蠡后来年老力衰而听凭子孙，子孙继承了他的事业并有所发展，终致有了巨万家财。所以，后世谈论富翁时，都称颂陶朱公。

端木赐，是卫国人，字子贡。子贡擅长囤积居奇，贱买贵卖，随着供需情况转手谋取利润。他喜欢宣扬别人的长处，也不隐瞒别人的过失。曾出任过鲁国和卫国的国相，家产积累千金，最终死在齐国。孔子的另一位高徒颜回穷得连糟糠都吃不饱，隐居在简陋的小巷子里。而子贡却乘坐四马并辔齐头牵引的车子，携带束帛厚礼去访问、馈赠诸侯，所到之处，国君与他只行宾主之礼，不行君臣之礼。使孔子得以名扬天下的原因，是由于有子贡在人前人后辅助他。这就是所谓得到形势之助而使名声更加显著吧？子贡问孔子说："富有而不骄纵，贫穷而不谄媚，这样的人怎么样？"孔子说："可以了；不过，不如即使贫穷乐于恪守圣贤之道，虽然富有却能处事谦恭守礼。"

对于环保并购人士来说，从范蠡和子贡的身上可以悟到，治国经商，道理相同。根据市场供需情况，以时间换空间，避开风险，获得利润。

第三节　海外环保并购风险

一、海外环保并购存在的风险

面对当前世界经济发展的机遇，我国环保企业在并购行为中需要谨慎，要全面分析机遇背后的风险，以防陷入并购陷阱。如何寻找战略并购的对象，在谈判的前期、中期如何甄别风险，合并后如何整合企业，都是迈向海外的中国企业需要特别关注的问题。

1. 政治风险

如果两国在经济上是合作伙伴与互利共赢关系，东道国就会对我国环保企业到其国内投资持欢迎态度；如果两国在经济上是竞争甚至是敌对关系，东道国便有可能对我国环保企业的投资行为百般阻挠和刁难。因此，进行海外并购，需要清楚地了解一些国家的敏感领域，比如能源、金融先进技术，特别是军民两用的技术和基础设施等。

政府在许多跨国环保并购中扮演着重要角色，政府对跨国环保并购的态度，反映在其制定的相关政策与法规中。为了保障本国经济的发展以及国家安全，有些国家规定本国资源类企业不能被外国的国有企业收购，即使允许收购的，也要经过严格的审查和审批等。政治风险具有不可预见性和可控性差等特点，一旦发生往往无法挽救，常常使投资者血本无归，后果严重。

2. 法律风险

各国针对外商投资的法律、审查制度、监管制度差别很大。例如，每个国家都有反托拉斯法，虽然内容大同小异，但在审查程序上差别很大。若这方面处理不当，就会导致谈判成本升高、交易时间拉长，最终可能导致并购谈判失败。海外环保并购还面临国际法律法规的适应问题。包括东道国关于外商投资的法律规范以及国际商务行为需要遵守的法律规范。由于对当地法律的疏忽和陌生，我国许多环保企业在从事海外投资时都曾遭遇法律麻烦。因此，海外环保并购过程中必须重视、了解和遵守东道国的法律法规。

3. 财务风险

海外环保并购中的财务风险主要存在于并购定价、融资和并购支付等环节，一旦某项财务决策引起了企业财务状况的恶化，将可能导致并购行为的终结或者失败。信息不对称的瓶颈和对资金链的隐忧都是控制财务风险需要考虑的问题。为抵御财务风险，海外环保并购可在谈判中设置特别条款，通过估值的方式将风险排除，以避免交割时交易成本增加；也可对投资架构进行税务筹划，以降低融资等行为涉及的实际税负。海外环保并购财务风险主要包括融资风险和流动性风险，表现在由于大量支付并购资金而导致的借贷利息增加或股权稀释而造成的新公司的财务压力。不同的支付方式会对企业整合运营期间的财务框架造成重大影响，相应带来财务风险，导致企业资本结构偏离于最佳资本结构和企业价值的下降。并购方在选择支付方式时，一般有现金支付、股利支付与杠杆支付等方式。杠杆效应使负债的财务杠杆效益和财务风险都相应放大。

4. 整合风险

对于海外环保并购，并购方应充分考虑并购后的整合问题，如成本整合、人力资源整合和企业文化整合等。然而，很多企业没有重视这个环节，最终导致并购失败。一般来讲，并购整合的过程中，会面临企业管理文化的差异、市场定位的差异以及一些政治因素所导致的整合不畅等问题。对于打算进行海外并购的我国环保企业，一定要做好并购前的市场调查工作，熟悉国外的经济、法律和政治环境，并需要与标的环保企业进行充分的沟通，保证并购行为与自身的整体发展战略一致。

有了好的预期效益，才算真正实现了海外环保并购的目标。但是，由于不同环保企业的成长经历和外部环境不同，它们在信仰和价值观以及行为规范和经营风格、组织结构、管理体制和财务运作方式上都存在较大的差异，而跨国并购双方所在国的文化差异会进一步加大彼此的文化距离。在整合过程中不可避免地会出现摩擦，或通过并购形成的新环保企业因规模过于庞大而产生规模不经济，甚至整个环保企业集团的经营业绩都被并购进来的新环保企业所拖累。海外环保并购就是要让并购双方产生 $1+1>2$ 的效果，而这仅仅靠环保企业规模的扩大是远远不够的，还需要对被并购企业的治理结构、企业文化、原有业务等要素进行认真协调、全面整合，避免企业内部出现权利纷争、利益冲突、内部控制体系不健全、财务资源不足等问题，最终形成双方的完全融合，并产生较好的预期效益，才算真正实现了并购的目标。

5. 经营风险

在实施海外环保企业混合并购时，如果盲目地进行经营领域的拓展，特别是进入一些非相关性新领域，就有可能导致规模不经济。环保公司的经营风险是指并购后，由于无法使整个环保企业集团产生经营上的协同效应，难以实现规模经济和优势互补，或者并购后规模过大，管理跨度增大而产生规模不经济，导致经营不善、生产产品滞压、公司销售额减少、竞争力下降等。经营风险表现在：其一，通过海外环保企业混合并购，将过多的资金投入到非相关业务中，会削弱原主营业务的发展、竞争和抵御风险的能力。当主营业务遇到风险，而此时新的业务未能发展成熟，或其规模太小，就有可能危及环保企业的生存。其二，随着市场竞争的加剧，环保企业进入新行业的成本较高，当向不熟悉、与现有业务无关的新领域扩展时，要承受技术、业务、管理、市场等不确定因素的影响，这将带来极大的经营风险。

二、海外环保并购风险防范措施

1. 理性对待海外环保并购

由于非经济风险因素众多，在不同国家、不同行业所面临的情况都不一样，这就要求环保企业首先要认真研究，对可能受到的各种非经济干扰因素作出系统评估。要对海外标的环保企业有较为全面的了解，尽量减少信息不对称，选好项目后再进行海外并购。环保并购的范围、时机应服从环保企业的长期发展战略。一是寻找那些自己比较熟悉并且有能力去控制和经营的环保产业或公司；二是按照环保企业的现状与发展目标制定一些反映企业发展前景的规划，如制定标的环保企业的价格和成本范围；三是考察标的环保企业是否真正具备资源优势；四是评估并购后环保企业能否顺利实现整合，产生管理、技术协同效应。在做好市场评估的同时，做好政治风险评估是海外并购的必要程序。只有熟悉东道国的政治制度、民族政策，掌握东道国有关环保并购的政策，才能从容应对。可以通过大型国际投资咨询公司和我国国有商业银行设在该国的分支机构了解投资国的政治、法律、社会状况以及限制海外环保并购的政策和投资项目的资信等状况，尽量避免参与政治阻力巨大、法律障碍多的环保并购项目。

2. 增强管理层风险意识

健全财务风险预测与监控体系，提高环保企业管理层的风险意识，可以从源头上防范环保企业并购的财务风险。为了确保环保并购的成功，必须对标的环保企业进行全方位的审查和分析，特别是从财务角度进行审查，确保标的环保企业所提供的财务报表和财务资料的真实性及可靠性。环保并购是一种投资行为，并购方应关注自身与标的环保企业是否拥有互补优势。要在审慎调查的基础上，根据整体发展战略规划和环保并购财务目标，制定包括环保并购价格范围、并购成本和风险、财务状况、资本结构、并购预期财务效应等在内的并购财务标准，从而准确选择并购方式。另外，在环保企业内部建立健全企业自身的财务风险控制体系，加强环保企业对并购风险的预测预警，这也是建立风险防御体系中重要的一环。完成并购后，财务风险集中地体现在环保并购支付方式与融资方式的选择两个重要环节。环保企业实施并购支付对价时，应遵循资金成本最小化和风险最低化的原则，选择合理的对价方式。环保并购企业可以根据自身获得流动性的能力、股价的不确定性以及股权结构的变动等情况，对环保并购支付方式进行结构设计，以满足并购双方的需要，降低环保企业的并购成本和风险。

3. 了解标的环保企业情况

为了防范经营风险，首先要充分了解情况，在环保并购时选择可融性强、善于合作的标的环保企业。在环保并购后，要对并购方和标的环保企业的经营战略进行调整，使其目标一致，以利于实现并购后的协同效应和规模经济。在环保并购的同时要建立风险管理体系，避免盲目扩张带来的经营不善。最后，要努力争取将本土企业的低成本经营模式与被并购的海外环保企业的创新意识和技术领先优势结合起来，合理安排不同环保企业之间股权与资产的重新配置；适当调整管理模式和销售策略，加强环保公司的运营能力，提高整体管理效率。环保企业要早着手实施有效的人才聘用制度，留住原企业的关键人才，在新环保企业的不同层级和同一层级要建立有效的沟通渠道，充分的沟通可以使员工迅速完整地了解到新环保企业的发展方向、战略规划，指引员工形成新的愿景体系，快速形成组织凝聚力。

4. 正确选择整合战略规划

通过海外环保并购可以扩大企业经营规模和知名度，成为扬名海内外的大的环保企业，这可能是很多环保领域企业家们的良好愿景。规避海外环保并购的整合风险，应当从战略的高度来重视和搞好整合的战略规划。要对被并购的海外环保企业进行制度上的调整，使之更适合于并购后的环保企业。培育环保企业一体化的经营理念，努力化解整合过程中出现的各种冲突和潜在冲突，建立新的反映环保并购后企业内部各方共同发展的企业文化，环保并购后组建的新企业应在公司总体战略指导下，使两种文化水乳交融，吸收一切有利于新企业发展的文化，达到文化协同的效应。整合过程中的任何安排，包括产品和服务的重新设计、人事调整等都应该考虑到是否可能对客户产生冲击。要在环保并购前充分估计整合的难度，对整合成本及标的环保企业风险进行评估，提前制定好各种方案和措施，加快运营整合的速度和效果。只有正确处理它们的相互关系，环保并购整合才能达到最佳协同效应。

三、逸闻轶事——轻装上阵

某跨国 C 环保公司，在进军中国环保市场时，总喜欢与一些大的企业组成联合体。然后，C 环保公司出技术、出管理，负责运营，让联合体中的合作企业出资金。

这种联合方式，对于 C 环保公司来说，轻资产上阵，性价比很高，风险很小；也可以利用联合的公司本土优势资源，摆平很多棘手事务；而且，在后期的运营当中，能由己方的管理团队全程跟进，以获取利益最大化。

比如，在 Z 市的污水、自来水一体化项目中，C 环保公司只在合资公司里占了一点股份。同时，成立了一个轻资产的运营公司，在这个公司中，C 环保公司绝对控股。合资公司委托这个轻资产的运营公司来运营，从几年的运营效果来看，情况还是非常好的。

参 考 文 献

[1] 国家发展和改革委员会，商务部. 外商投资准入特别管理措施（负面清单）（2020 年版）[EB/OL].
     [2020-06-23]. http://www. gov. cn/zhengce/zhengceku/2020-06/24/5521520/ files/be781ea640f445b
     3bb13ac3ad08604b1. pdf.
[2] 夏季春，夏天. 污水处理厂托管运营[M]. 北京：中国建筑工业出版社，2018.
[3] 周其春，王小炆. 城市供水特许经营项目中期评估初探[EB/OL]. [2010-07-02]. http：//www.
     h2o-china. com/news/89493. html.
[4] 黄建正. 城市供水业民营化改革的政府监管机制研究——基于对杭州赤山埠水厂监管现状和杭州主
     城区供水监管机制的探讨[J]. 城市发展研究，2007，14(3)：116-120.
[5] 傅涛，陈吉宁，张丽珍. 城市水业的认识误区与政府角色[J]. 中国城市经济，2004 (1)：63-65.
[6] 顾向东. 基于和谐理念的市政公用事业特许经营监管[J]. 城市公用事业，2008，22(2)：8-11.
[7] 张永刚. 市政公用事业的特许经营与行业监管[J]. 城市公用事业，2005，19(3)：1-4.
[8] 肖晓军. 特许经营制在我国目前公用事业市场化中面临的问题[J]. 城市发展研究，2007，14(3)：
     121-126.
[9] 中华人民共和国住房和城乡建设部. 市政公用事业特许经营管理办法[EB/OL]. [2014-03-19]. ht-
     tps：//wenku. baidu. com/view/b154259ea9114431b90d6c85ec3a87c240288a8c. html♯.
[10] 谭敬慧，沙姣. 特许经营协议的法律性质及可仲裁性[J]. 北京仲裁，2016(2)：56-81.
[11] 张树义. 行政法学[M]. 北京：北京大学出版社，2005.
[12] 任学青. 特许经营基本法律问题探析[J]. 法学论坛，2002，17(4)：56-62.
[13] 汪传才. 法国的特许经营立法及其启示[J]. 福建省政法管理干部学院学报，2002(3)：37-40.
[14] 邢鸿飞. 政府特许经营协议的行政性[J]. 中国法学，2004(6)：56-63.
[15] 董有德. 经济全球化和跨国公司并购新趋势[J]. 经济理论与经济管理，2000(5)：13-14.
[16] 贾升华，陈宏辉. 利益相关者的界定方法述评[J]. 外国经济与管理，2002(5)：13-14.
[17] 杨瑞龙. 现代契约观与利益相关者合作逻辑[J]. 山东社会科学，2003(3)：9-11.
[18] 韩世坤. 全球企业并购研究[M]. 北京：人民出版社，2002.
[19] 夏季春. 城市水环境管理[M]. 北京：中国水利水电出版社，2013.
[20] 冯福根，吴林江. 我国上市公司并购绩效的实证研究[J]. 经济研究，2006(6)：12.
[21] 刘焰. 公司购并中目标企业成长性期权价值计量模型[J]. 华中科技大学学报，2002(1)：20-22.
[22] 刘庆元. 制造业上市公司并购效率与公司绩效的实证研究[D]. 大连：东北财经大学，2006.
[23] 岳松. 企业并购与资源配置[M]. 大连：东北财经大学出版社，2008.
[24] 范如国. 企业并购理论[M]. 武汉：武汉大学出版社，2007.
[25] 陈四清. 公司购并之价值评估[J]. 企业经济，2004 (9)：70，93.
[26] 王莹莹. 从并购动因看价值评估策略的选择与应用[J]. 黑龙江金融，2004(3)：33-34.
[27] 刘志强. 上市公司并购绩效及其影响因素的研究[J]. 吉林大学学报，2007(19).
[28] 王倩倩. A 公司收购 T 公司股权项目的后评价研究[D]. 石家庄：河北地质大学，2016.
[29] 苑志杰，魏法杰，毕翠霞. 国有企业股权投资项目后评价若干问题研究[J]. 项目管理技术，2014
     (3)：15-19.
[30] 张明威，李玉菊. 基于企业能力视角的战略并购绩效评价[J]. 商业会计，2019(3)：39-43.
[31] 肖明，李海涛. 管理层能力对企业并购的影响研究[J]. 管理世界，2017(6)：184-185.

[32] Ramaswamy K P, Waegelein J F. Firm financial performance following mergers[J]. Review of Quantitative Finance & Accounting, 2003, 20(2): 115-126.

[33] 刘彦. 我国上市公司跨国并购绩效实证分析[J]. 商业研究, 2011(6): 106-111.

[34] 肖翔, 王娟. 我国上市公司基于EVA的并购绩效研究[J]. 统计研究, 2009(1): 108-110.

[35] Khanal A R, Mishra A K, Mottaleb K A. Impact of mergers and acquisitions on stock prices: The U. S. ethanol-based biofuel industry[J]. Biomass & Bioenergy, 2014, 61: 138-145.

[36] 张金鑫. 企业并购[M]. 北京: 机械工业出版社, 2016.

[37] Duysters G, Hagedoorn J. Core competences and company performance in the world-wide computer industry[J]. The Journal of High Technology Management Research, 2000, 11(1): 75-91.

[38] 彭晓英, 鲁永恒. 基于核心能力的企业并购绩效研究[J]. 财会月刊(B综合), 2005(4): 69-70.

[39] 张根明, 刘娟. 从核心竞争力的角度对我国上市公司不相关并购绩效的分析[J]. 税务与经济, 2011(5): 6-10.

[40] Teece D J, Pisano G, Shuen A. Dynamic capabilities and strategic management[J]. Strategic Management Journal, 1997, 18(7): 509-533.

[41] 苏志文. 基于并购视角的企业动态能力研究综述[J]. 外国经济与管理, 2012(10): 48-56.

[42] Barney J. Firm resources and sustained competitive advantage[J]. Journal of Management, 1991, 17(1): 99-120.

[43] 李玉菊. 基于企业能力的商誉计量方法研究[J]. 管理世界, 2010(11): 174-175.

[44] 孔令军. 企业并购绩效的研究方法探究[J]. 商业会计, 2018(6): 29-31.

[45] 凌唱. 我国水务企业效率评价研究[D]. 广州: 广东财经大学, 2018.

[46] 宋依蔓. 新常态下企业文化创新力的培育研究[J]. 企业科技与发展, 2019(1): 243-244.

[47] 熊彼得. 经济发展理论[M]. 北京: 华夏出版社, 2015.

[48] 彼得·德鲁克. 创新与企业家精神[M]. 北京: 机械工业出版社, 2009.

[49] 高振明, 庄新田, 黄玮强. 社会网络视角下的并购企业文化整合研究[J]. 管理评论, 2016(9): 218-227.

[50] 黄河涛, 田利民. 企业文化学概论[M]. 北京: 中国劳动社会保障出版社, 2010.

[51] 陈玉和. 企业并购中的知识产权问题[J]. 财经界, 2012(16): 104-106.

[52] 胡亚玲. 环保产业并购分析——以盈峰环境并购中联环境为例[J]. 商业经济, 2019(6): 124-125, 133.

[53] 程凤朝, 刘家鹏. 上市公司并购重组定价问题研究[J]. 会计研究, 2011(11): 40-46.

[54] 陈艳利, 宁美军. 国有企业战略并购中价值区间的确定[J]. 中国资产评估, 2014(10): 36-40.

[55] 姚文韵. 公司财务战略: 基于企业价值可持续增长视角[M]. 南京: 南京大学出版社, 2011.

[56] 郭炜华. 媒体企业价值管理[M]. 上海: 上海交通大学出版社, 2011.

后　记

本来是不想写后记的，但是，从着手写作本书到现在也有十多年了，期间，由于各种事情耽搁，就弄到现在，恰逢新冠疫情捣乱，世界经济发生了很大变化也就平添了几分感悟。面对世界千年之大变局，何去何从？作为我们环保人，自然亦是挑战与机遇并存。

《庄子·则阳》："丘山积卑而为高，江河合水而为大，大人合并而为公。"庄子的思想如此，作为环保界的企业家们，在市场经济大潮里奋勇搏击，都想把企业做大做强，做成百年老店，甚至千年老店，一代一代传承下去，因此，大家是有情结的。有的人认为，做环保也就是在做慈善，甚至不亚于做慈善，这说明咱们环保企业家们也是有境界的。

当下，成功人士，尤其是青年才俊们，皆以达到"财务自由"为人生的高级成就感。但是，诸多职场人士虽然孜孜努力，依旧是"自由财务"。在做环保并购过程中，有时候遇到挫折，照照镜子，自嘲一下："头发有点趴，混的比较差；头发有点翘，混的让人笑；头发有点短，混的人不满；头发有点潮，混的没人瞧……"。有时候，业绩不好，口袋没钱，揶揄自己，碰到工商银行（ICBC），说一分不存；碰到交通银行（BC），则重复不存不存……其实，我们时下为之打拼的、纠结的，待时过境迁后，回首往事，往往会不禁熙然一笑。有时候，工作并不只是为了挣钱，而是生活的一部分。有人会问：挣那么多钱干嘛？但是，发问的人忽略了：能挣到很多钱，证明了自己的本事和能力；能有意义地花出去钱，代表了自己的责任和境界。

有人认为，在做环保并购时，有满怀、襟怀、抒怀、开怀、情怀、长怀这些思绪和阶段。那么，在此书行将收官之际，确实还是有些感触的，于是，略略梳理了一下。

乍一出道，涉足环保并购，意气风发，雄心万里，可谓"鼠无大小皆称老，鹦有雌雄都为哥"。此时，用唐代诗人李白的《上李邕》表达自己亦不为过："大鹏一日同风起，扶摇直上九万里。假令风歇时下来，犹能簸却沧溟水。世人见我恒殊调，闻余大言皆冷笑。宣父犹能畏后生，丈夫未可轻年少。"

筛选环保并购项目，跟踪追击，数九寒冬也不敢懈怠，有时，正应了唐代诗人刘长卿的《逢雪宿芙蓉山主人》："日暮苍山远，天寒白屋贫。柴门闻犬吠，风雪夜归人。"归来之时，于沪上楼下便利店买一顺风耳（酱猪耳），一袋花生米，体会唐代诗人白居易的《问刘十九》："绿蚁新醅酒，红泥小火炉。晚来天欲雪，能饮一杯无。"微醺之时，更能领会宋代诗人王安石的《梅花》的滋味："墙角数枝梅，凌寒独自开。遥知不是雪，为有暗香来。"

做环保并购项目，成功者十之一二，有时也会困惑惆怅："金樽清酒斗十千，玉盘珍羞直万钱。停杯投箸不能食，拔剑四顾心茫然。欲渡黄河冰塞川，将登太行雪满山。闲来垂钓碧溪上，忽复乘舟梦日边。行路难！行路难！多歧路，今安在？长风破浪会有时，直挂云帆济沧海。"（唐·李白《行路难·其一》）。大多时候，皆为以下心情："胜败兵家事不期，包羞忍耻是男儿。江东子弟多才俊，卷土重来未可知。"（唐·杜牧《题乌江亭》）。

环保并购途中，更多时候，是自己给自己打气："胜日寻芳泗水滨，无边光景一时新。等闲识得东风面，万紫千红总是春。"（宋·朱熹《春日》）。

偶尔在侥幸之时，问鼎了一两个环保并购项目，小有成绩，难免也会踌躇满志起来"老夫聊发少年狂，左牵黄，右擎苍。锦帽貂裘，千骑卷平冈。为报倾城随太守，亲射虎，看孙郎。酒酣胸胆尚开张。鬓微霜，又何妨！持节云中，何日遣冯唐？会挽雕弓如满月，西北望，射天狼。"（宋·苏轼《江城子·密州出猎》）。更为甚者，往往也会找到如下感觉："昔日龌龊不足夸，今朝放荡思无涯。春风得意马蹄疾，一日看尽长安花。"（唐·孟郊《登科后》）。

环保并购行业，人才辈出，推陈出新，恰如清朝赵翼的《论诗五首·其二》："李杜诗篇万口传，至今已觉不新鲜。江山代有才人出，各领风骚数百年。"

光阴似箭，日月如梭，做环保并购做到一定程度，已经不羡慕虚名："千里黄云白日曛，北风吹雁雪纷纷。莫愁前路无知己，天下谁人不识君。"（唐·高适《别董大》）。将军百战归，但吾等凡夫俗子，曾经竭尽全力，也只是在环保并购领域冒了几个小泡泡，在滚滚东流的万里长江里，皆可忽略不计。此时，正所谓："皓天舒白日，灵景耀神州。列宅紫宫里，飞宇若云浮。峨峨高门内，蔼蔼皆王侯。自非攀龙客，何为欻来游。被褐出阊阖，高步追许由。振衣千仞冈，濯足万里流。"（晋·左思《咏史八首·其五》）。

2021 年元月作者于海州